前言 *Preface*

本書來自筆者的兩個疑問：我的程式看上去能正常執行，可這是為什麼呢？電腦在執行我寫的程式時在底層發生了什麼？

現代電腦系統的結構就像一個漢堡一樣，實際上是被層層抽象過的，程式設計師在最上層用高階語言撰寫程式時根本不用關心底層細節，這極大地提高了開發效率，但有時遇到一些較為棘手的問題，很多人往往束手無策，這其中大部分情況是因為對底層了解不夠而導致的，我們有時甚至都不能理解產生的問題本身，更何談解決問題呢？

這些看上去很難解決的問題在那些程式設計高手眼裡往往不值一提，他們幾乎能脫口而出直指本質，你一兩天都搞不定的問題在這些程式設計高手那裡可能會被瞬間解決掉，因為他們對自己寫下的每一行程式到底會對電腦系統產生什麼樣的影響瞭若指掌，如他們非常清楚地知道分配一塊記憶體在底層發生的一系列故事等。英文中有一個詞很形象—— mental model（心智模型），本書更多地為你揭示那些程式設計高手的心智模型和電腦系統底層的奧秘。

在講解方式上，首先筆者認為內容視覺化非常重要，一圖抵千言，因此本書中有多達 341 張圖，以圖解的方式來講解所涉及的內容；其次內容的可讀性也很重要，本書會以通俗易懂的方式從概念的起源開始講解，不僅告訴你是什麼、為什麼，還會告訴你這是怎麼來的，把對內容閱讀理解的門檻降到最低。

當然，除了上述較為「功利」的目的，筆者認為有趣的東西還是值得了解一下的，電腦系統其實就是這樣一個很有趣的東西，如果你不這麼認為的話，那麼很可能是你還不夠了解它。電腦系統中的許多設計是如此的有趣，即使是出於好奇，也應該去了解一下，就像 Linus 所說的那樣——Just for fun!

路線圖

本書分為 6 章:

■ 第 1 章關注程式語言,重點闡述到底什麼是程式語言、編譯器的工作原理,以及如何從程式生成最終的可執行程式。

■ 第 2 章重點講解程式執行起來後,也就是執行時期的奧秘,包括程式到底是以什麼樣的形式執行起來的,作業系統、處理程式、執行緒、程式碼協同到底是什麼,我們為什麼需要了解這些概念,回呼函式、同步、非同步、阻塞、非阻塞又是怎麼一回事,這些又能指定程式設計師什麼樣的能力等。

■ 第 3 章將帶你認識記憶體。程式的執行離不開記憶體,因此我們要了解記憶體的本質是什麼,到底什麼是指標,為什麼會有堆積區域、堆疊區域,函式呼叫的實現原理是什麼,申請記憶體時底層到底發生了什麼,該怎樣實現一個自己的 malloc 記憶體分配器等。

■ 第 4 章介紹電腦系統中最重要的 CPU,CPU 的實現原理是什麼,怎樣一步步打造出 CPU,CPU 是如何認識數字的,CPU 閒置時在幹什麼,以及 CPU 是如何演變進化的,為什麼會出現複雜指令集及精簡指令集,如何利用 CPU 與堆疊的組合實現函式呼叫、中斷處理、執行緒切換及系統呼叫等機制。

■ 第 5 章講解電腦系統中的 cache,為什麼需要 cache,以及程式設計師該如何撰寫出對 cache 友善的程式。

■ 第 6 章關注 I/O,電腦系統是如何實現 I/O 的,程式設計師呼叫 read 函式時在底層是如何一步步讀取到檔案內容的,程式設計師該如何高效處理 I/O 等。

致謝

　　首先感謝微信公眾號「藍領程式設計師的荒島求生」的忠實讀者，是你們讓我一直堅持到現在，是你們讓我能感受到自己做的事情是有價值的，是你們讓本書出版成為可能。

　　其次特別感謝我的愛人，是你的鼓勵讓我踏上了寫作之路，在此之前我從沒想過自己此生會與寫作有什麼連結，是你讓我發現了全新的自己，這無異於重生。

　　最後感謝我的父母，是你們的辛苦付出讓我遠離生活瑣事。「當你輕裝上陣時必定有人為你負重前行」，我無以為報，謹將此書獻給你們。

陸小風

目錄 *Contents*

2　程式執行起來了，可我對其一無所知

3　底層？就從記憶體這個儲物櫃開始吧

4　從電晶體到 CPU，誰能比我更重要

5 四兩撥千斤，cache

6　電腦怎麼能少得了 I/O

從程式語言到可執行程式，這是怎麼一回事

　　大家好，歡迎搭乘探索號旅行列車，本次旅行我們將從軟體到硬體、從上層到底層一路縱覽電腦系統中那些美妙的風景，衷心希望我們能共度一段愉快的時光。在本次旅行的第一站，我們來看看程式設計師敲出來的程式是怎麼一回事。程式語言幾乎是程式設計師之間討論最多的話題，不善社交的程式設計師總能用程式語言打開話題，圍繞程式語言也會有各種各樣的段子，各問答網站、討論區等最熱門的討論幾乎有一大半是關於程式語言的，這可能會讓人們認為學習電腦就是在學習程式語言，然而事實並非如此，讀完這本書你會發現程式語言僅是電腦科學中的一小部分。程式語言只是程式設計師對電腦發號施令的工具而已，我們只會在第 1 章討論程式語言，除此之外的章節都在討論電腦系統。

　　接下來，讓我們了解一下程式語言本身及其背後的故事。

作為程式設計師的你有沒有想過程式到底是怎麼一回事，電腦怎麼就能認識你寫的程式了呢？

```c
#include <stdio.h>

int main()
{
  printf("hello, world\n");
  return 0;
}
```

你可能會說是編譯器以程式設計師寫為基礎的程式生成了可執行程式，然後程式就能執行起來了。

這是正確的，但太籠統，編譯器是怎麼以程式生成可執行程式為基礎的呢？你會說是因為有程式語言。程式語言又是怎麼被創造出來的呢？可執行程式為什麼能被執行起來？又是怎麼執行並且以什麼形式執行的呢？執行起來後是什麼樣子的？怎麼才能更高效率地執行？

這些問題貫穿全書，讀完後你就能明白了。

我們首先來認識一下程式語言，要想深刻理解程式語言莫過於你自己創造一個，假如讓你來發明一門程式語言，你該怎麼解決這個問題呢？

思考一下，在往下看之前先停下來自己想一想。

沒有想法嗎？沒有就對了！如果你在沒有任何基礎的情況下就直接想通了這個問題，那麼趕緊丟下本書，去大學申請一個碩士、博士學位攻讀一下，電腦科學界需要你。

1.1 假如你來發明程式語言

聰明的人類發現把簡單的開關組合起來可以表達複雜的布林邏輯，於是在此基礎上建構了 CPU（第 4 章會講解 CPU 是怎樣構造的），因此 CPU 只能簡單地理解開關，用數字表達就是 0 和 1。從開關到 CPU 如圖 1.1 所示。

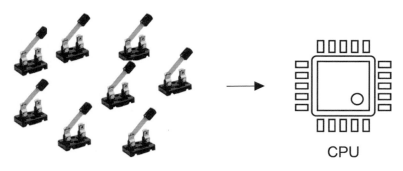

CPU

▲ 圖 1.1 從開關到 CPU

1.1.1 創世紀：CPU 是個聰明的笨蛋

CPU 相當原始，就像單細胞生物一樣，只能先把資料從一個地方搬到另一個地方，進行簡單計算，再把資料搬回去，這其中沒有任何高難度動作，這些操作雖然看上去很簡單、很笨，但 CPU 有一個無與倫比的優勢，那就是快，快到足夠彌補其笨，雖然人類很聰明，但就單純的計算來說人類遠遠不是 CPU 的對手。**CPU 出現後人類開始擁有第二個大腦。**

就是這樣原始的物種開始支配起另一個被稱為程式設計師的物種。

一般來說，兩個不同的物種要想交流，如人和鳥，就會有兩種方式：要不就是鳥說人話，讓人聽懂；要不就是人說「鳥語」，讓鳥聽懂，就看誰比誰厲害了。

最開始，程式設計師和 CPU 想要交流，CPU 勝出，程式設計師開始說「鳥語」並認真感受 CPU 的支配地位，好讓 CPU 可以工作，接下來感受一下最開始的程式設計師是怎麼說「鳥語」的。用打孔紙控制計算機工作如圖 1.2 所示。

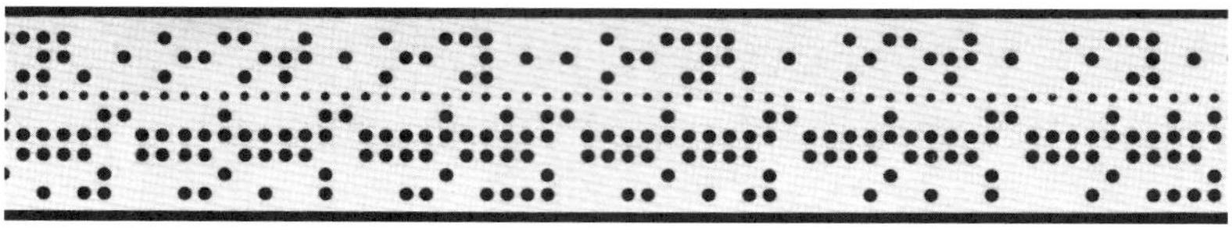

圖 1.2 用打孔紙控制計算機工作

程式設計師按照 CPU 的旨意直接用 0 和 1 撰寫指令，你沒有看錯，這就是程式了，就是這麼原生態。首先把指令以打孔紙的形式輸入電腦，然後電腦開始工作，這樣的程式看得見、摸得著，就是有點浪費紙。

這一時期的程式設計師必須站在 CPU 的角度來寫程式，畫風是這樣的：

```
1101101010011010
1001001100101001
1100100011011110
1011101101010010
```

乍一看你知道這是什麼意思嗎？你不知道，心想：「這是什麼鳥語？」，但 CPU 知道，心想：「這簡直就是世界上最美的語言」。

1.1.2 組合語言出現了

終於，有一天程式設計師受夠了說「鳥語」，好歹也是靈長類，嘰嘰喳喳地說「鳥語」太沒面子，你被委以重任：讓程式設計師說人話。

你沒有苦其心志、勞其筋骨，而是仔細研究了一下 CPU，發現 CPU 執行的指令來來回回就那麼幾個，如加法指令、跳躍指令等，因此你把機器指令和對應的具體操作進行了一個簡單的映射，**把機器指令映射到人類能看懂的單字**，這樣上面的 01 串就變成了：

```
sub $8, %rsp
mov $.LC0, %edi
call puts
mov $0, %eax
```

從此，程式設計師不必生硬地記住 1101……，而是記住人類可以認識的 add、sub、mov 等這樣的單字即可，並用一個程式將人類認知的一行行機器指令轉為 CPU 可辨識的 01 二進位，如圖 1.3 所示。

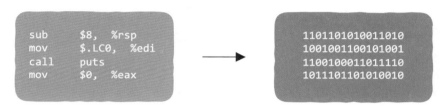

▲ 圖 1.3 將機器指令翻譯為 01 二進位

組合語言就這樣誕生了，程式語言中第一次出現了人類可以直接認識的東西。

這時程式設計師終於不用再「嘰嘰喳喳」，而是升級為「阿巴阿巴」，雖然人類認識 「阿巴阿巴」這幾個字，但這和人類的語言在形式上差別還有點大。

1.1.3 底層的細節 vs 高層的抽象

儘管組合語言中已經有人類可以認識的詞語，但是組合語言與機器語言一樣都屬於低階語言。

低階語言是指你需要關心所有細節。

關心什麼細節呢？我們說過，CPU 相當原始，只知道先把資料從一個地方搬到另一個地方，即簡單操作後，再從一個地方搬到另一個地方，因此，如果你想用低階語言來程式設計，**那麼需要使用多個「先把資料從一個地方搬到另一個地方，即簡單操作一下，再從一個地方搬到另一地方」這樣簡單的指令來實現諸如排序等複雜的問題。**

　　你可能對此感觸不深，這就好比，你想表達「給我端杯水」，如圖 1.4 所示。如果你用組合語言這種低階語言來表達，就要針對具體細節，如圖 1.5 所示。我想你已經明白了。

　　CPU 實在太簡單了！簡單到不能理解任何稍微抽象一點，如「給我端杯水」這樣的語言，但人類天生習慣抽象化的表達，人類和機器的差距有辦法來彌補嗎？

　　換句話說，**有沒有一種辦法可以把人類抽象的表達自動轉為 CPU 可以理解的具體實現**，這顯然可以極大地提高程式設計師的生產力，現在，這個問題需要你來解決。

　　怎樣彌補底層細節與上層抽象的差距（見圖 1.6）。

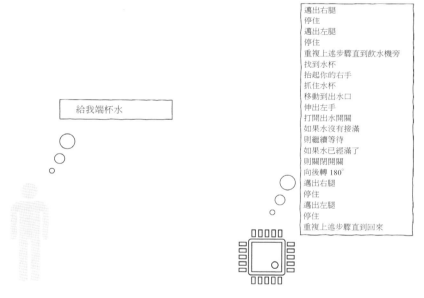

給我端杯水

邁出右腿
停住
邁出左腿
停住
重複上述步驟直到飲水機旁
找到水杯
抬起你的右手
抓住水杯
移動到出水口
伸出左手
打開出水開關
如果水沒有接滿
則繼續等待
如果水已經滿了
則關閉開關
向後轉 180°
邁出右腿
停住
邁出左腿
停住
重複上述步驟直到回來

▲ 圖 1.4 抽象的表達　　　▲ 圖 1.5 針對具體細節的表達

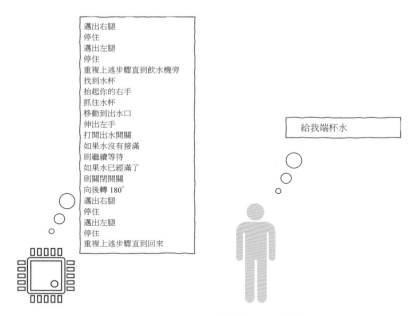

▲ 圖 1.6 怎樣彌補底層細節與上層抽象的差距

1.1.4 策略滿滿：高級程式設計語言的雛形

思來想去你都不知道該怎麼把人類可以理解的抽象表達自動轉為 CPU 能理解的具體實現，就在要放棄的時候你又看了一眼 CPU 可以理解的一堆細節，電光火石之間靈光乍現，你發現了滿滿的策略，或說模式。

大部分情況下，CPU 執行的指令都平鋪直敘，如圖 1.7 所示。

圖 1.7 中的這些指令平鋪直敘都是在告訴 CPU 要完成某個特定動作，你給這些平鋪直敘的指令取了個名字，姑且就叫陳述句（Statement）吧！

除此之外，你還發現了這樣的策略，那就是這些指令並不涉及某個具體動作，而是要做出選擇，需要根據某種特定狀態決定走哪段指令，這個策略在人類看來就是「如果……，就……；否則……，就……」：

```
if ***
    blablabla
```

```
else ***
  blablabla\
```

此外，在某些情況下還需要不斷重複執行一些指令，這個策略看起來就像是在原地打轉：

```
while ***
  blalabla
```

最後，這裡有很多看起來差不多的指令，如圖 1.8 所示。

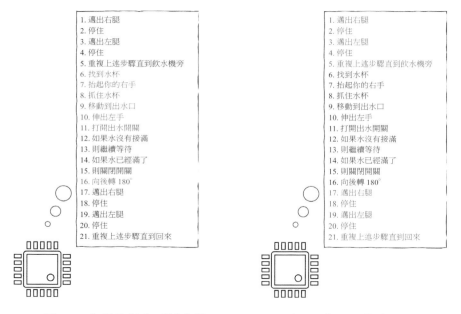

▲ 圖 1.7 大部分指令平鋪直敘　　▲ 圖 1.8 有一些指令會重複出現

圖 1.8 中的這些紅色指令是重複出現的，只是個別細節有所差異，把這些差異提取出來，即參數。剩下的指令打包到一起，用一個代號來指定這些指令就好了，就這樣，函式也誕生了：

```
func abc:
  blablabla
```

現在，你發現了好幾種策略：

```
// 條件轉移
if ***
    blablabla
else ***
    blablabla

// 迴圈
while ***
  blablabla

// 函式
func abc:
    blablabla
```

這些相比組合語言已經有了長足的進步，因為這已經和人類的語言非常接近了。接下來，你發現自己面臨兩個問題：

（1）這裡的 blablabla 是什麼呢？

（2）怎樣把上面人類可以認識的字串轉為 CPU 可以認識的機器指令呢？

1.1.5 《全面啟動》與遞迴：程式的本質

你想起來了，1.1.4 節說過大部分程式都是平鋪直敘的陳述句，這裡的 blablabla 僅就是一堆陳述句嗎？

顯然不是，blablabla 可以是陳述句，也可以是條件轉移 if else，也可以是迴圈 while，也可以是函式呼叫，這樣才合理。

是的，這樣的確更合理，但很快你就發現了另一個嚴重的問題：

blablabla 中可以包含 if else 等語句，而 if else 等語句中又可以包含 blablabla，blablabla 中反過來又可能會包含 if else 等語句，if else 等語句又可能會包含 blablabla，blablabla 又可能會包含 if else 等語句……

就像電影《全面啟動》一樣，一層夢中還有一層夢，夢中之夢……一層巢狀結構一層，子子孫孫無窮匱也，如圖 1.9 所示。

此時，你已經明顯感覺腦細胞不夠用了，這也太複雜了，絕望開始吞噬你，「誰來救救我！」

▲ 圖 1.9 《全面啟動》與遞迴

此時，你的高中數學課代表走過來拍了拍你的肩膀，遞給了你一本高中數學課本，你惱羞成怒，給我這東西幹什麼！我現在想的問題這麼高深，豈是一本高中數學課本能解決得了的！抓過來一把扔在了地上。

一陣妖風吹過，課本停留在某一頁，上面有一個數列運算式：

$$f(x) = f(x-1) + f(x-2)$$

這個數列運算式在表達什麼呢？$f(x)$ 的值依賴 $f(x-1)$ 和 $f(x-2)$，$f(x-1)$ 的值又依賴 $f(x-2)$ 和 $f(x-3)$，$f(x-2)$ 的值又依賴 $f(x-3)$ 和 $f(x-4)$。數列依賴子數列如圖 1.10 所示。

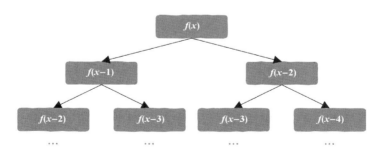

▲ 圖 1.10 數列依賴子數列

一層巢狀結構一層，夢中之夢，夢中之夢中夢，if 中巢狀結構 statement，statement 又可以巢狀結構 if。

等一下，這不就是遞迴嘛，上面看似無窮無盡的巢狀結構也可以用遞迴表達啊！

你的高中數學課代表仰天大笑，看似高深的東西竟然能用高中數學知識解決，你一時震驚得目瞪口呆。

有了遞迴這個概念加持，聰明的智商又開始佔領高地了。

不就是巢狀結構嘛，一層套一層，遞迴天生就是來表達這玩意的（注意，這裡的表達並不完備，真實的程式語言不會這麼簡單）：

```
if : if expr statement else statement
for: while expr statement
statement: if | for | statement
```

上面一層巢狀結構一層的《全面啟動》原來可以用這麼簡捷的幾句表達出來啊！你給這幾句表達取了一個高端的名稱——**語法**。

數學，就是可以讓一切都變得這麼優雅。

世界上所有的程式，不管有多麼複雜最終都可以歸結到語法上，原因也很簡單，所有的程式都是按照語法的形式寫出來的。

至此，你發明了人類可以認識的、真正的程式語言。

之前提到的第一個問題解決了，但僅有語言還是不夠的。

1.1.6　讓電腦理解遞迴

現在還有一個問題要解決，怎樣才能把程式語言最終轉化為電腦可以認識的機器指令呢？

人類可以按照語法寫出程式，這些程式其實就是一串字元，怎麼讓電腦也能認識用遞迴語法表達的一串字元呢？

這是一件事關人類命運的事情，你不禁感到責任重大，但這最後一步又看似困難重重，你不禁仰天長歎「電腦可太難了！」

此時，你的國中課代表走過來拍了拍你的肩膀，遞給了你一本國中植物學課本，你惱羞成怒，給我這東西幹什麼！我現在思考的問題這麼高深，豈是一本國中課本能解決得了的！抓過來一把扔在了地上。

此時，又一陣妖風吹過，課本被翻到了介紹樹的一頁，如圖 1.11 所示，你看著這一頁不禁發起呆來。樹幹下面是樹枝，樹枝下可以是樹葉，樹枝下也可以是樹枝，樹枝下還可以是樹枝，樹幹可以生樹枝，樹枝還可以生樹枝。一層套一層，夢中之夢，子子孫孫無窮匱，等一下，這也是遞迴啊！我們可以把

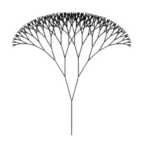

▲ 圖 1.11 樹，可以給我們什麼啟示

根據遞迴語法寫出來的程式用樹來表示啊！語法樹如圖 1.12 所示。

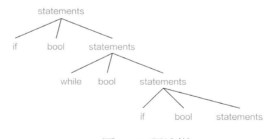

▲ 圖 1.12 語法樹

你的國中課代表仰天大笑，看似高深的東西竟然靠國中知識就解決了。

1.1.7　優秀的翻譯官：編譯器

電腦在處理程式語言時，可以按照語法定義把程式用樹的形式組織起來，由於這棵樹是按照語法生成的，因此你給它取了一個很高級的名稱——語法樹。

現在程式被表示成了樹的形式，你仔細觀察後發現，其實葉子節點的表達是非常簡單的，可以很簡單地翻譯成對應的機器指令，只要把葉子節點翻譯成機器指令，就可以把此結果應用到葉子節點的父節點，父節點又可以把翻譯結果應用到父節點的父節點，一層層向上傳遞，最終整棵樹都可以翻譯成具體的機器指令。根據語法樹生成機器指令的過程如圖 1.13 所示。

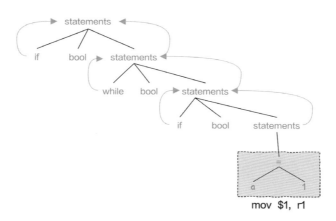

▲ 圖 1.13　根據語法樹生成機器指令的過程

完成這個工作的程式也要有個名字，取名字一定要有原則，必須顯得高深難懂，該原則被稱為「弄不懂」原則，以此你取了一個不怎麼響亮的名字——編譯器（Compiler）。

現在，你還覺得二元樹之類的資料結構沒有用嗎？

至此，你完成了一項了不起的發明創造，高級程式語言誕生了，從此程式設計師可以用人類認識的語言來寫程式，編譯器負責將其翻譯成 CPU 可以認識的機器指令，程式設計師的效率開始直線提升，軟體工業開始蓬勃發展。

1.1.8 直譯型語言的誕生

後來，你又發現了一個問題：市面上有各種各樣的 CPU，而 A 型號 CPU 生成的機器指令沒有辦法在 B 型號 CPU 上執行。

不同類型的 CPU 有自己的「語言」，如圖 1.14 所示。

就好比你針對 x86 生成的可執行程式沒有辦法直接在 ARM 平臺上執行，程式設計師顯然希望他寫的程式能在盡可能多的平臺上執行，但又不想重新編譯，該怎麼辦呢？

就在一籌莫展之際，你的小學英文課代表過來了，拍了拍你的肩膀，給了你一本小學英文課本，你再一次惱羞成怒，給我這東西幹什麼！我現在想的問題這麼高深，豈是一本小學英文課本能解決得了的！抓過來一把扔在了地上。

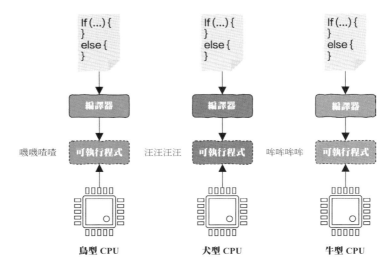

▲ 圖 1.14 不同類型的 CPU 有自己的「語言」

此時，又一陣妖風吹過，落在了某一頁，這一頁上是這樣寫的：「現在，世界上很多國家把英文當成國際通用語言」。

通用、標準，等一下，CPU 有各種各樣的類型，這是硬體廠商設計好的，不能改。既然 CPU 執行的是機器指令，那麼**我們也可以用程式來模擬 CPU 執行機器指令的過程，自己定義一套標準指令**，只要各類 CPU 都有對應的模擬程式，我們的程式就可以直接在不同的平臺上執行了，這就是「一次撰寫，到處執行」。

沒想到這個看似高深的問題竟然靠小學生的認知解決了。

根據「弄不懂」原則你給這個 CPU 模擬程式取了一個名字——虛擬機器，虛擬機器還有一個外號叫解譯器。

解譯器解釋執行程式的過程如圖 1.15 所示。

至此，我們提到的所有問題都解決完畢，並根據這些思想建構出了 C/C++，以及 Java、Python 等程式語言。

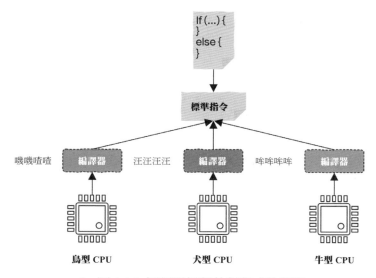

▲ 圖 1.15 解譯器解釋執行程式的過程

幸好，這一節快結束了，否則電腦科學中的難題還可以用幼稚園知識來解決。

世界上所有的程式語言都是遵照特定語法來撰寫的，編譯器根據該語言的語法將程式解析成語法樹，遍歷語法樹先生成機器指令（C/C++）或位元組碼（Java）等，然後交給 CPU（或虛擬機器）來執行。

因此，高階語言的抽象表達能力很強，代價是犧牲了對底層的控制能力，這就是作業系統的一部分需要使用組合語言撰寫的原因，組合語言對底層細節的強大控制力是高階語言替代不了的。

請注意，本節為通俗易懂講解程式語言犧牲了嚴謹性，這裡的語法沒有表現函式、運算式等，真實程式語言的語法遠遠比這裡的複雜。此外，編譯器也不會把語法樹直接翻譯成機器語言，這在 1.2 節中你就會看到。

我們以接近光的速度縱覽了程式語言，這其中關於編譯器的部分僅是驚鴻一瞥，但編譯器如此重要，值得我們仔細駐足欣賞，接下來我們稍微展開講解一下編譯器的工作原理。

1.2 編譯器是執行原理的

對程式設計師來說，編譯器是最熟悉不過的了！至少在使用方法上，不就是點擊一下 Run 按鈕嘛，簡單得很！但你知道這簡單的背後，編譯器默默付出了什麼嗎？

1.2.1 編譯器就是一個普通程式，沒什麼大不了的

什麼是編譯器？

編譯器是一個將高階語言翻譯為低階語言的程式，我們一定要意識到編譯器就是一個普通程式，和你寫的簡單的「helloworld」程式沒什麼本質區別，只不過從複雜度上講，編譯器這個程式的複雜度更高而已，沒什麼大不了的。

　　程式設計師用人類認識的文字並根據 1.1 節講解的程式語言的語法規則寫出程式，程式就以普通的文字檔形式儲存下來，這就是原始檔案。此後把該檔案餵給編譯器，編譯器大肆咀嚼一番，吐出來的就是可執行檔，這個檔案中儲存的就是 CPU 可以直接執行的機器指令。編譯器將原始程式碼翻譯為二進位元機器指令的過程如圖 1.16 所示。

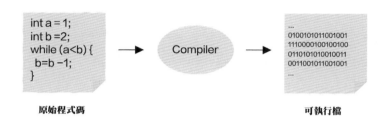

原始程式碼　　　　　　　　　　　　　　　　　　可執行檔

▲ 圖 1.16　編譯器將原始程式碼翻譯為二進位元機器指令的過程

　　接下來，我們看看編譯器的咀嚼過程，你會發現往大了說這是一個翻譯器，往小了說這就是一個文字處理常式，這樣講至少可以減輕你對編譯器的畏懼心理。

　　我們來看一段簡單的程式：

```
int a = 1;
int b = 2;
while (a < b) {
  b = b - 1;
}
```

　　從人類的角度來講，這段程式在說些什麼呢？

```
把變數 a 賦值為 1；
把變數 b 賦值為 2；
如果 a<b，則 b 減 1；
重複上一句，直到 a<b 不再成立為止。
```

　　CPU 顯然不能直接理解這麼抽象的表達，接下來就是編譯器大顯神威的時刻了。

1.2.2 提取出每一個符號

編譯器首先需要把每個符號切分出來，並把該符號與其所附帶的資訊打包起來，如第一行程式中的第一個單字 int，這個單字附帶了兩個資訊：①這是一個關鍵字；②這是一個關鍵字 int。這個包含對應符號資訊的東西有一個專屬名詞：符號（token）。

編譯器的第一項工作就是遍歷一遍原始程式碼，把所有 token 都找出來，上述程式處理完成後會生成以下 24 個 token：

```
T_Keyword       int

T_Identifier    a
T_Assign        =
T_Int           1
T_Semicolon     ;
T_Keyword       int
T_Identifier    b
T_Assign        =
T_Int           2
T_Semicolon     ;
T_While         while
T_LeftParen     (
T_Identifier    a
T_Less          <
T_Identifier    b
T_RightParen    )
T_OpenBrace     {
T_Identifier    b
T_Assign        =
T_Identifier    b
T_Minus         -
T_Int           1
T_Semicolon     ;
T_CloseBrace    }
```

其中每一行都是一個 token，左邊以 T 開頭的一列表示 token 的含義，右邊一列是其值。從原始程式碼中提取 token 的過程就是詞法分析——Lexical Analysis。

1.2.3　token 想表達什麼含義

現在，原始程式碼已經被轉成一個個 token 了，但只看這些 token 是沒有任何用處的，我們需要把這些 token 背後程式設計師想表達的意圖表示出來。

從 1.1 節中我們知道，程式都是按照語法來寫的，那麼編譯器就要按照語法來處理 token，這是什麼意思呢？

我們來看一下 while 語句：

```
while（運算式）{
    迴圈本體
}
```

這是 while 的語法，當編譯器發現一個是關鍵字 while 的 token 後，它就知道接下來的 token 必須為左括號，如果不是關鍵字 while 的 token，那麼編譯器開始報告語法錯誤；如果一切順利，那麼編譯器知道接下來必須是一個布林運算式，之後必須是一個右括號及一個大的左括號等，直到找到 while 語句最後的大右括號為止。

這個過程被稱為解析，即 parsing，**編譯器會根據語法一絲不苟地工作，哪怕差一個字元都不行。**

編譯器根據語法解析出來的「結構」該怎麼表達呢？用樹來表達最合適不過了。

解析生成的語法樹如圖 1.17 所示。

圖 1.17 中這棵在掃描 token 後根據語法生成的樹就是 1.1 節講解的語法樹，這個過程被稱為語法分析。

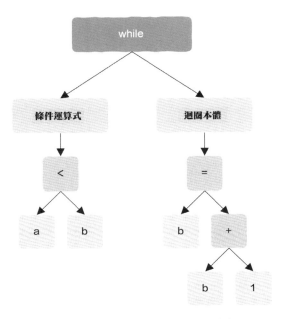

▲ 圖 1.17 解析生成的語法樹

1.2.4 語法樹是不是合理的

有了語法樹後我們還要檢查這棵樹是不是合理的，如我們不能把一個整數和一個字串相加，比較符號左右的類型要一樣等。

這一步通過後就證明了程式合理，不會有編譯錯誤，這個過程就叫語義分析，如圖 1.18 所示。

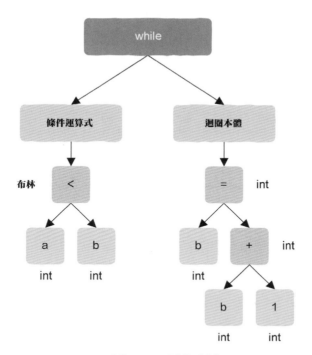

▲ 圖 1.18　語義分析

1.2.5　根據語法樹生成中間程式

　　語義分析之後，編譯器遍歷語法樹並用另一種形式來表示，用什麼來表示呢？那就是中間程式（Intermediate Representation code，IR code）。

　　上述語法樹可能就會被處理為這樣的中間程式：

```
   a = 1
   b = 2
   goto B
A: b = b - 1
B: if a < b goto A
```

　　當然，在一些情況下還會對上述中間程式進行最佳化，如迴圈本體中如果存在與迴圈狀態無關的計算，那麼這樣的操作可以被拿到迴圈本體之外。

1.2.6 程式生成

此後，編譯器將上述中間程式轉為組合語言指令，這裡以 x86 為例。

```
        movl    $0x1,-0x4(%rbp)   // a = 1
        movl    $0x2,-0x8(%rbp)   // b = 2
        jmp     B                 // 跳躍到 B
A:      subl    $0x1,-0x8(%rbp)   // b = b-1
B:      mov     -0x4(%rbp),%eax
        cmp     -0x8(%rbp),%eax   // a < b ?
        jl      A                 // if a < b 跳躍到 A
```

最後，編譯器將上述組合語言指令轉為機器指令，就這樣編譯器把人類認識的一串被稱為程式的字元轉換成了 CPU 可以執行的指令。

注意，這裡簡短地講解希望不要給大家留下編譯器非常簡單的印象，恰恰相反，現代編譯器是非常智慧並且極其複雜的，絕不是短短一節就能講清楚的，實現一個編譯器是困難的，實現一個好的編譯器更是難上加難。

至此，整個編譯過程就結束了嗎？經過這些步驟就把程式轉換成可執行程式了了嗎？事情沒有那麼簡單。

以 GCC 編譯器為例，假設剛才我們講解的 while 程式部分屬於原始檔案 code.c，那麼經過上述處理後生成的二進位元機器指令會被放到一個被稱為 code.o 的檔案中，副檔名為 .o 的檔案有一個名稱——目的檔案。

也就是說，每個原始檔案都會有一個對應的目的檔案，假設你的專案比較複雜，有 3 個原始檔案，那麼經過上述處理後就會有 3 個目的檔案，可是最後我們只會有一個可執行程式，那麼顯然要有個什麼東西把這 3 個目的檔案合併成最終的可執行程式才行。

這個合併目的檔案的工作有一個很形象的名稱：連結。與負責編譯的程式被稱為編譯器一樣，負責連結的程式被稱為連結器（Linker）。

連結不像編譯那樣有名，很多人可能甚至都不知道還會有連結這麼一個階段，通常連結器在背後都能工作得很好，為什麼還要了解它呢？

1.3 連結器不能說的秘密

不要重複發明輪子，這一點恐怕每個程式設計師都知道，其他人寫好的程式直接拿過來用就好了，問題是該怎麼用呢？如果能提供原始程式碼，那麼問題還相對簡單，但一般來說，協力廠商程式基本上是以靜態程式庫或動態程式庫形式舉出的，你該怎麼把這些引入自己的專案中呢？

哦，對了，上面這段話裡還出現了兩個名稱——靜態程式庫與動態程式庫。看到這兩個詞，你的腦海裡有兩種可能：①有清晰的認知，知道背後的原理；②這只是我認識的 10 個中文字。如果你腦海裡出現的是①，那麼直接跳過這一節，不要浪費時間，否則接下來好好看吧！

除了這裡提到的問題，學習 C/C++ 的人應該經常遇到這樣一個錯誤：「undefined reference to ***」，這類錯誤你通常能順利解決嗎？

這些問題的背後都指向了同一種東西：連結器。

對連結器的理解將極大地提高你對複雜軟體工程的駕馭能力。

1.3.1 連結器是運行原理的

與編譯器一樣，連結器也是一個普通程式，它負責把編譯器產生的一堆目的檔案打包成最終的可執行檔，就像壓縮程式把一堆檔案打包成一個壓縮檔一樣。

假設有原始檔案 fun.c，那麼該檔案被編譯後會生成對應的 fun.o，該檔案儲存的就是程式對應的機器指令，該檔案就被稱為目的檔案（Object File）。我們見到的所有應用程式，小到自己實現的「helloworld」程式，大到複雜的如瀏覽器、網路服務器等，這些應用程式（Windows 下是我們常見的 EXE 檔案，Linux 下為 ELF 檔案）都是由連結器透過將一個個所需用到的目的檔案匯集起來最終形成的。

現在，你應該對連結器有了一個初步的認知，接下來我們看看連結器是如何執行原理的。

實際上，我們可以把整個連結過程想像成裝訂一本書，這本書的內容由多個作者共同完成，每人負責一部分章節。

（1）書中某個章節可能會引用其他章節的內容，這就好比我們寫的程式相依其他模組的程式設計介面或變數，如我們在 list.c 中實現了一種特定的鏈結串列，其他模組需要使用這種鏈結串列，這就是模組間的相依。連結器的任務之一就是要確保這種相依是成立的，即被相依的模組中必須有該介面的實現。

用裝訂書的例子來說，就是被引用的內容必須存在，這樣一本書才是完整的，這個過程被稱為符號決議（Symbol Resolution），意思是我們引用的外部符號必須能在其他模組中找到唯一對應的實現。

（2）各個筆者在完成自己的內容後需要進行整理合併，這樣才能形成一本完整的書，一本完整的書就好比連結後最終生成的可執行檔。

（3）書中的某個章節在引用其他章節內容時需要指定在第幾頁，以你正在看的這本書為例，假如作者想引用 CPU 這一章的內容，那麼作者可能會這樣寫：「關於 CPU 的詳細講解請參見第 N 頁」，實際上當作者在寫這一段時並不知道 CPU 的內容到底會在第幾頁，原因很簡單，因為還沒有寫到 CPU 這一章，此時只能暫且用 N 來表示。當書成型時才能最終確定這裡的 N 到底是多少，假設 CPU 的內容在第 100 頁，此時我需要找散落在各個章節中的 N，把 N 都修改為 100，這就是重新定位，如圖 1.19 所示。

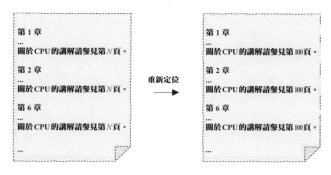

▲ 圖 1.19 重新定位

　　程式中同樣存在重新定位的問題，假設某個原始程式碼引用了其他模組定義的 print() 函式，那麼編譯器在編譯該原始檔案時根本不知道該函式到底會被放到哪個記憶體位址上，這時編譯器也僅用「N」來代替，當連結器整理合併生成可執行檔時就能知道該函式的確切位址了，這時再把 N 替換成真正的記憶體位址。

　　以上就是連結器工作過程的幾個重要階段：符號決議、生成可執行檔與重新定位。接下來我們詳細講解這幾個階段，首先來看符號決議。

1.3.2 符號決議：供給與需求

　　符號是指什麼呢？指的就是變數名稱，這包括全域變數名稱和函式名稱，由於區域變數是模組私有的，不可以被外部模組引用，因此連結器不關心區域變數。

　　連結器在這一步需要做的工作就是確保所有目的檔案引用的外部符號都有定義，該定義必須是唯一的。

　　接下來，我們來看一段 C 語言程式，該程式屬於 fun.c 原始檔案：

```
int g_a = 1; // 全域變數

extern int g_e; // 外部變數
```

```
int func_a(int x, int y); // 引用的函式

int func_b() { // 實現的函式
    int m = g_a + 2;
      return func_a(m + g_e);
}
```

這段程式裡的變數可以分為以下兩部分。

- ■ 區域變數：如 func_b 函式中的變數 m，區域變數是函式私有的，外部不可見，你沒有辦法在程式中引用其他模組的區域變數，因此連結器對此類變數不感興趣。

- ■ 全域變數：func.c 中自己定義了兩個全域變數——g_a 和 func_b，這兩個符號均可以被其他模組引用，此外該檔案還引用了兩個其他模組定義的變數——g_e 和 func_a。

連結器真正感興趣的是這裡的全域變數，它必須知道這樣兩個資訊：①該檔案有兩個符號可以供其他模組使用；②該檔案引用了兩個其他模組定義的符號。

問題是連結器怎麼能知道這些資訊呢？答案顯而易見，是編譯器告訴它的，那麼編譯器又是怎麼告訴它的呢？

在 1.1 節中我們知道，編譯器把人類可以理解的程式轉換成機器指令，並將其儲存在生成的目的檔案中，實際上編譯器不會只生成機器指令，目的檔案中還必須包括指令操作的資料，因此目的檔案中有兩部分非常重要的內容。

- ■ 指令部分：這裡的機器指令就來自原始檔案中定義的所有函式，該部分以下簡稱程式區。

- ■ 資料部分：原始檔案中的全域變數（注意，區域變數是程式執行起來後在堆疊上維護的，不會出現在目的檔案中），該部分以下簡稱資料區。

到目前為止，你可以把一個目的檔案簡單地理解為由程式區和資料區組成的，如圖 1.20 所示。

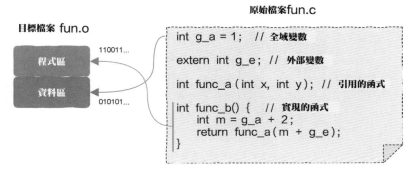

▲　圖 1.20　原始程式碼生成目的檔案

編譯器在編譯過程中遇到外部定義的全域變數或函式時，只要能找到對應的變數宣告即可，至於該變數是不是真的有定義，編譯器是不關心的，它會繼續愉快地處理下去，尋找所引用變數定義的這項任務就留給了連結器。

雖然編譯器給連結器留了一項任務，但為了讓連結器工作得輕鬆一點，編譯器還多做了一些工作，那就是把一個原始檔案可以對外提供哪些符號，以及該檔案引用了哪些外部符號都記錄了下來，並將該資訊存放在了一張表中，這張表就叫符號表。

本質上，整個符號表只想表達兩件事，即供給與需求：

■　我定義了哪些符號（可以供其他模組使用的）。

■　我用到了哪些外部符號（自己需要使用的）。

舉例來說，在剛才提到的程式中，該程式定義了 g_a 和 func_b 這兩個符號，引用了 g_e 和 func_a 這兩個外部符號。

編譯器生成符號表後又將其放到了哪裡呢？原來編譯器將其放到了目的檔案中。目的檔案中除了儲存程式和資料，還儲存了符號表資訊，如圖 1.21 所示。

▲ 圖 1.21 符號表儲存在目的檔案中

而連結器需要處理的正是目的檔案，現在你應該知道連結器是怎麼知道這些資訊的了吧？

有了這些資訊，剩下的就簡單了，連結器必須確定供給滿足需求，你可以把符號決議的過程想像成以下遊戲。

新學期開學後，幼稚園的小朋友們都各自帶了禮物要與其他小朋友分享，同時每個小朋友也有自己的心願單，可以依照自己的心願單去其他小朋友那裡挑選禮物，整個過程結束後，每個小朋友都能得到自己想要的禮物。

在這個遊戲中，小朋友就好比目的檔案，每個小朋友自己帶的禮物就好比目的檔案中已定義的符號集合，心願單就好比每個目的檔案中引用外部符號的集合，符號決議就是要確保每個目的檔案的外部符號都能在符號表中找到唯一的定義。

注意，在實際撰寫程式時供給可以超過需求，也就是說，我們可以定義一堆不會被用到的函式，但不能出現需求大於供給的情況，否則就會出現符號無引用的錯誤，就像下面這段程式一樣：

```
void func();

void main() {
```

```
  func();
}
```

這是一段簡單的 C 程式範例，位於檔案 main.c 中，編譯一下看看：

```
# gcc main.c
/tmp/ccPPrzVx.o: In function 'main':
main.c:(.text+0xa): undefined reference to 'func'
collect2: error: ld returned 1 exit status
```

可以看到，在這裡沒有編譯錯誤，唯一的錯誤是「undefined reference to 'func'」，

func 是一個沒有被定義的引用符號，這正是連結器在抱怨沒有找到函式 func 的定義。

還是以裝訂書為例，就好比你寫了「以下內容參考 func 這一章」，但在裝訂書時發現 func 這一章根本沒有寫，顯然這本書就是不完整的。

以上就是連結器工作過程中的符號決議階段。接下來我們看連結器工作過程中的生成可執行檔階段。

1.3.3　靜態程式庫、動態程式庫與可執行檔

假設有這樣一個場景，基礎架構團隊實現了很多功能強大的工具函式，業務團隊選取出他們需要的函式用來實現業務邏輯，最開始這兩個團隊的程式放在一起管理，但隨著公司的發展，基礎架構團隊的程式越來越複雜，導致專案編譯時間越來越長，且找到其中某個函式用來實現業務邏輯也越來越困難。

我們是不是可以把基礎架構團隊的程式單獨編譯打包，並對外提供一個包含所有實現函式的標頭檔呢？答案是肯定的。這就是靜態程式庫（Static Library），靜態程式庫在 Windows 下是以 .lib 為副檔名的檔案，在 Linux 下是以 .a 為副檔名的檔案。

利用靜態程式庫，我們可以把一堆原始檔案提前單獨編譯連結成靜態程式庫，注意是提前且可以單獨編譯，如圖 1.22 所示。

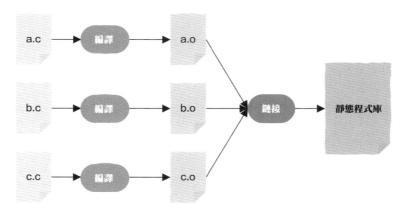

▲ 圖 1.22 生成靜態程式庫

在生成可執行檔時只需要編譯你自己的程式，並在連結過程中把需要的靜態程式庫複製到可執行檔中，這樣就不需要編譯專案相依的外部程式了，從而加快專案編譯速度，這個過程就是靜態連結，如圖 1.23 所示。

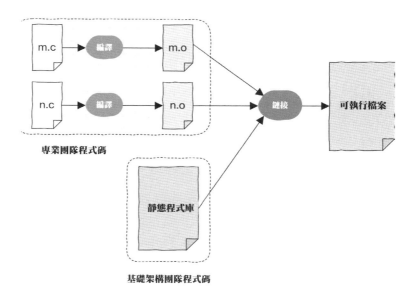

▲ 圖 1.23 靜態連結並生成可執行檔

可以簡單地將靜態連結理解為將目的檔案集合進行拼裝，並將各個目的檔案中的資料區、程式區合併起來，如圖 1.24 所示。

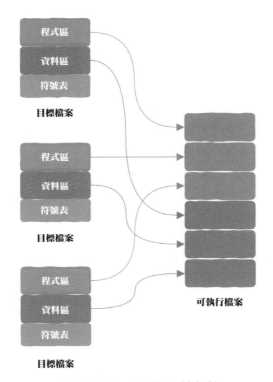

▲ 圖 1.24　合併為可執行檔

從這裡你可以看到，可執行檔其實和目的檔案是很相似的，都有程式區和資料區，只不過在可執行檔中還有一個特殊的符號 _start，CPU 正是從這個位址開始執行機器指令的，經過一系列的準備工作後正式從程式的 main 函式開始執行。

靜態連結會將用到的函式庫直接複製到可執行檔中，如果有一種幾乎所有的程式都要用到的標準函式庫，如 C 標準函式庫，那麼在靜態連結下生成的所有可執行檔中都有一份一樣的程式和資料，將會是對硬碟和記憶體的極大浪費，假設一個靜態程式庫為 2MB，那麼 500 個可執行檔就有將近 1GB 的資料是重複的（假設相依靜態程式庫中所有的內容），並且如果靜態程式庫有程式改動，那麼相依該靜態程式庫的程式將不得不重新編譯。

如何解決這個問題呢？答案就是使用動態程式庫。

動態程式庫（Dynamic Library），又叫共用函式庫（Shared Library）、動態連結程式庫等，在 Windows 下就是我們常見的 DLL 檔案，Windows 系統下大量使用了動態程式庫，在 Linux 下動態程式庫是以 .so 為副檔名的檔案，同時以 lib 為首碼，如進行數字計算的動態程式庫 Math，編譯連結後產生的動態程式庫就被稱為 libMath.so。

假如我們有兩個原始檔案，a.c 與 b.c，希望打包成動態程式庫 foo，那麼在 Linux 下可以透過以下命令生成動態程式庫：

```
$ gcc -shared -fPIC -o libfoo.so a.c b.c
```

從名稱中我們知道動態程式庫也是函式庫，本質上動態程式庫同樣包含我們已經熟悉的程式區、資料區等，只不過動態程式庫的使用方式和使用時間與靜態程式庫不太一樣。

當使用靜態程式庫時，靜態程式庫的程式區和資料區都會被直接打包複製（Copy）到可執行檔中，如圖 1.25 所示。

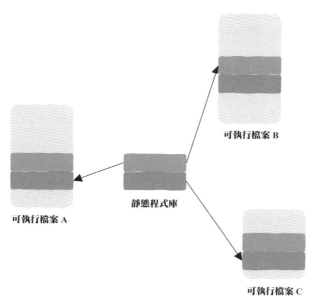

可執行檔案 B

可執行檔案 A

靜態程式庫

可執行檔案 C

▲ 圖 1.25 靜態程式庫與可執行檔

當使用動態程式庫時，可執行檔中僅包含關於所引用動態程式庫的一些必要資訊，如所引用動態程式庫的名稱、符號表及重新定位資訊等，而不需要像靜態程式庫那樣將該函式庫的內容複製到可執行檔中，這一點尤其重要，與靜態程式庫相比這無疑將減小可執行檔的大小，如圖 1.26 所示。

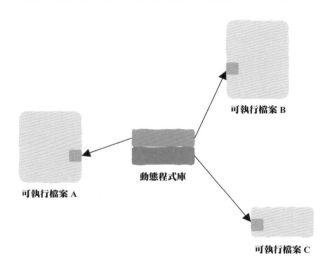

▲ 圖 1.26 動態程式庫與可執行檔

關於所引用的動態程式庫的必要資訊被存放到了哪裡呢？

答案是顯而易見的，這些資訊被存放到了可執行檔中，現在可執行檔中的內容就更豐富了，如圖 1.27 所示。

▲ 圖 1.27 可執行檔中包含關於動態程式庫的必要資訊

這些資訊在什麼時候會用到呢？答案是在進行動態連結時。

我們知道靜態程式庫在編譯期間被打包複製到了可執行檔中，可執行檔中包含了關於靜態程式庫的完整內容，但相依動態程式庫的可執行檔在編譯期間僅將一些必需的資訊儲存在了可執行檔中，從而獲取動態程式庫的完整內容，也就是動態連結被延後到了程式執行時期。

動態連結有兩種可能出現的場景。

第一種場景，在程式載入時進行動態連結，這裡的載入指的是可執行檔的載入，其實就是把可執行檔從磁碟搬到記憶體的過程，因為程式最終都是在記憶體中被執行的，系統中有一個特定的程式專門負責程式的載入，這個程式被稱為載入器。

載入器在載入可執行檔後能夠檢測到該可執行檔是否相依動態程式庫，如果是的話，那麼載入器會啟動另一個程式——動態連結器來完成動態程式庫的連結工作，主要是確定引用的動態程式庫是否存在、在哪裡，以及所引用符號的記憶體位置。如果一切順利，那麼到此時動態連結這一過程完成，應用程式將開始執行，否則程式執行失敗，如 Windows 下比較常見的啟動錯誤問題，就是因為沒有找到相依的動態程式庫，如圖 1.28 所示。

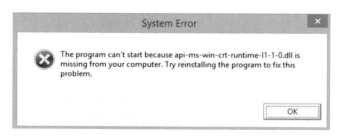

▲ 圖 1.28 缺少必要的動態程式庫，程式無法啟動

載入時進行動態連結需要我們把可執行檔相依哪些動態程式庫這一資訊明確地告訴編譯器，如我們有一個原始檔案 main.c，相依了動態程式庫 libfoo.so，想生成一個叫作 pro 的可執行檔，就可以用下面這個命令達到目的（注意，該命令同時包含編譯和連結兩個過程）：

```
$ gcc -o pro main.c /path/to/libfoo.so
```

像 pro 這樣生成的可執行檔在載入時就要進行動態連結。

第二種場景，除了在載入期間進行動態連結，我們還可以在程式執行期間進行動態連結。執行時期（run-time）指的是從程式開始被 CPU 執行到程式執行完成退出的這段時間。

執行時期動態連結這種方式對連結這一過程來說更加「動態」，因為可執行檔在啟動執行之前甚至都不需要知道相依哪些動態程式庫，與載入時動態連結相比，執行時期動態連結將連結這個過程再次往後延後，延後到了程式執行時期。

由於在生成可執行檔的過程中沒有提供所相依的動態程式庫資訊，因此這項任務就留給了程式設計師。程式設計師可以在撰寫程式時使用特定的 API 來根據需求動態載入指定動態程式庫，如在 Linux 下可以透過使用 dlopen、dlsym、dlclose 這樣一組函式在執行時期連結動態程式庫。

接下來，我們看一下動態程式庫的優勢和劣勢。

1.3.4　動態程式庫有哪些優勢及劣勢

現代電腦系統中有成百上千個用途各異的程式，如在 Linux 下這些程式幾乎都相依 C 標準函式庫，如果使用靜態程式庫，那麼在磁碟上就需要儲存成百上千份同樣的 C 標準函式庫程式，這顯然在浪費磁碟空間。

動態程式庫極佳地解決了上述問題，使用動態程式庫，無論有多少程式相依它，磁碟中都只需要儲存一份該動態程式庫，無論有多少執行起來後的程式相依它，記憶體中也只需要載入一份該動態程式庫，所有的程式（處理程式）共用這一份程式，因此極大地節省了記憶體和磁碟的儲存資源，這也是動態程式庫又叫共用函式庫的原因。

動態程式庫還有另外一個強大之處，那就是如果修改了動態程式庫的程式，我們只需要重新編譯動態程式庫即可，而不需要重新編譯相依該動態程式

庫的程式，因為可執行檔當中僅保留了動態程式庫的必要資訊，只需要簡單地用新的動態程式庫替換原有動態程式庫即可，下一次程式執行時期就可以使用最新的動態程式庫了，因此動態程式庫的這種特性極大地方便了程式升級和 bug 修復。我們平時使用的各種使用者端程式，大都利用了動態程式庫的這一優點。

動態程式庫的優點不止於此，我們知道動態連結可以出現在程式執行時期，動態連結的這種特性可以方便地用於擴充程式能力，如何擴充呢？你肯定聽說過一樣神器，沒錯，就是外掛程式，你有沒有想過外掛程式是怎麼實現的？首先我們可以提前規定好幾個函式，所有的外掛程式只要實現這幾個函式即可，然後這些外掛程式以動態程式庫的形式供主程式呼叫，只要提供新的動態程式庫，主程式就會有新的能力，這就是外掛程式的一種實現方法。

動態程式庫的強大優勢還表現在多語言程式設計上，我們知道使用 Python 可以加快專案開發速度，但 Python 的性能不及原生 C/C++ 程式，有沒有辦法可以兼具 Python 的快速開發性能及 C/C++ 的高性能呢？答案是肯定的，我們可以將對性能要求較高的部分用 C/C++ 程式撰寫，並把這一部分編譯連結為動態程式庫，這樣專案中的其他部分依然使用 Python 編程，但在性能要求比較高的關鍵程式部分可以直接呼叫動態程式庫中用 C/C++ 撰寫的函式。動態程式庫使得同一個專案使用不同語言混合程式設計成為可能，而且動態程式庫的使用更大限度地實現了程式重複使用。

了解了動態程式庫的這麼多優點，難道動態程式庫就沒有缺點嗎？當然是有的。

由於動態程式庫在程式載入時或執行時期才進行連結，同靜態連結相比，使用動態連結的程式在性能上要稍弱於靜態連結。動態程式庫中的程式是位址無關程式（Position-Idependent Code，PIC），之所以動態程式庫中的程式是位址無關的，是因為動態程式庫在記憶體中只有一份，但該動態程式庫在記憶體中又可以被其他相依此函式庫的處理程式共用，因此動態程式庫中的程式不能相依任何絕對位址。絕對位址是一個寫定的數值，就像這筆呼叫 foo 函式的指令：

```
call 0x4004d6 # 呼叫 foo 函式
```

　　函式位址 0x4004d6 這個值就是絕對值，動態程式庫中顯然不能有這樣的指令，因為動態程式庫載入到不同的處理程式後其所在的位址空間是不同的，foo 函式在不同的處理程式位址空間中顯然不可能都位於記憶體位址 0x4004d6 上。位址無關就是指無論在哪個處理程式中呼叫 foo 函式我們都能找到該函式正確的執行時期位址，這種位址無關的設計會導致在引用動態程式庫的變數時會多一點「間接定址」，但同動態程式庫可以帶來的好處相比這點性能損失是值得的。

　　動態程式庫的優點其實也是它的缺點，即動態連結下的可執行檔不可以被獨立執行（這裡討論的是載入時動態連結），換句話說，如果沒有提供所相依的動態程式庫或所提供的動態程式庫版本與可執行檔所相依的不相容，那麼程式是無法啟動的。動態程式庫的相依問題會給程式的安裝部署帶來一些麻煩。

　　下面讓我們再來看一眼 C 語言中經典的「helloworld」程式：

```
#include <stdio.h>

int main()
{
  printf("hello, world\n");
  return 0;
}
```

　　不知道你有沒有好奇過，printf 函式到底是在哪裡實現的呢？原來這些函式都是在 C 標準函式庫中實現的，這些標準函式庫以動態程式庫的形式被連結器自動連結到了最終的可執行檔中，在 Linux 下你可以使用 ldd 命令查看可執行檔相依了哪些動態程式庫，如將上面這個「helloworld」程式編譯為可執行程式並命名為「helloworld」後，我們用 ldd 命令看一下：

```
# ldd helloworld
    linux-vdso.so.1 => (0x00007ffee3bae000)
    libc.so.6 => /lib64/libc.so.6 (0x00007fd1562fd000)
    /lib64/ld-linux-x86-64.so.2 (0x00007fd1566cb000)
```

可以看到「helloworld」程式相依了好幾個動態程式庫,其中 libc.so 就是我們一直在說的 C 標準函式庫,現在你應該知道了吧?即使這樣一個最簡單的程式也離不開動態程式庫的幫助。

以上就是連結器生成可執行檔相關的內容,接下來我們看看連結器的重新定位功能。

1.3.5 重定位:確定符號執行時期位址

我們知道變數或函式都是有記憶體位址的,如果你去看一段組合語言程式碼的話,就會發現指令中根本沒有關於變數的任何資訊,取而代之的全部是對記憶體位址的使用,如有一段程式需要呼叫 foo 函式,其對應的機器指令可能是這樣的:

```
call 0x4004d6
```

這行指令的意思是跳躍到記憶體位址 0x4004d6 處開始執行,0x4004d6 就是 foo 函式第一行機器指令所在的位址。

顯然,連結器在生成可執行指令時必須確定該函式在程式執行時期刻的位址,問題是連結器怎麼知道要在 call 這筆機器指令後面放一個 0x4004d6 記憶體位址呢?

這就要從生成目的檔案說起了,編譯器在編譯生成目的檔案時根本不知道 foo 函式最終會被放在哪個記憶體位址上,也就是說編譯器不能確定 call 指令後的位址是什麼,因此它只能簡單地將其寫為 0,就像這樣:

```
call 0x00
```

　　顯然,這是編譯器挖的坑,需要連結器來填,連結器怎麼能知道要去找到這筆 call 指令,並且把其後的位址修正為該函式最終執行時期的記憶體位址呢?為了讓連結器日子好過一點,編譯器在挖坑時還留了一點線索,那就是每當遇到一個不能確定最終執行時期的記憶體位址的變數時就將其記錄下來,與指令相關的放到 .relo.text 中,與資料相關的放到 .relo.data 中,現在我們的目的檔案內容就更豐富了,如圖 1.29 所示。

▲ 圖 1.29 不能確定其執行時期記憶體位址的變數被儲存在目的檔案中

　　舉例來說,對於上面呼叫的 foo 函式,編譯器在生成該 call 指令時會在 .relo.text 中記錄下這樣的資訊:「我遇到了一個符號 foo,該符號相對於程式碼段起始位址的偏移為 60 位元組(假設),我不知道它的執行時期記憶體位址,你(連結器)在生成可執行檔時需要去修正這行指令」。

　　接下來就到了我們之前講到的符號決議階段了,連結器在完成符號決議後就能確定不存在連結錯誤,下一步就可以將所有目的檔案中同類型的區合併在一起,如圖 1.30 所示。

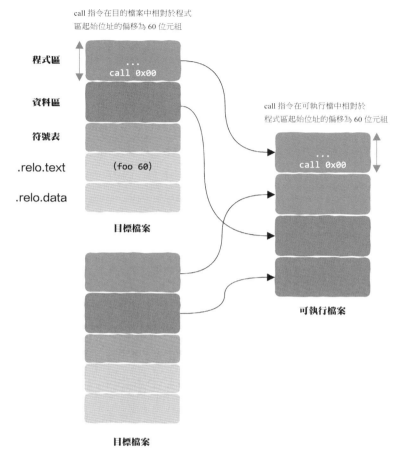

▲ 圖 1.30 可執行檔中的符號位址待確定

　　當將所有目的檔案中同類型的區合併在一起後,所有機器指令和全域變數在程式執行時期的記憶體位址就都可以確定了(後面會講為什麼),也就是說在這一時刻我們就能知道 foo 函式在執行時期的記憶體位址就是 0x4004d6 了。

　　接下來,連結器一個一個掃描各個目的檔案中的 .relo.text 段,發現這裡有個叫作 foo 的符號,其所在的機器指令需要修正,並且其相對於程式碼部分的起始位址偏移為 60 位元組,有了這些資訊連結器可以在可執行檔中準確地定位到對應的 call 指令,並將其要跳躍的位址從原來的 0x00,修正為 0x4004d6,如圖 1.31 所示。

這個修正符號記憶體位址的過程就叫重新定位。

你會發現這個過程和之前裝訂書的例子是非常相似的，只有當書最終成型時才能確定「關於 CPU 的講解請參見第 N 頁」中的 N 到底是多少，確定 N 後我們再找到所有使用到 N 的地方並將其替換成最終的頁數，其本質也是重新定位。

細心的你可能會問，為什麼連結器可以確定變數或指令在程式執行起來後的記憶體位址呢？變數或指令的記憶體位址不是只有當程式執行起來後才知道嗎？

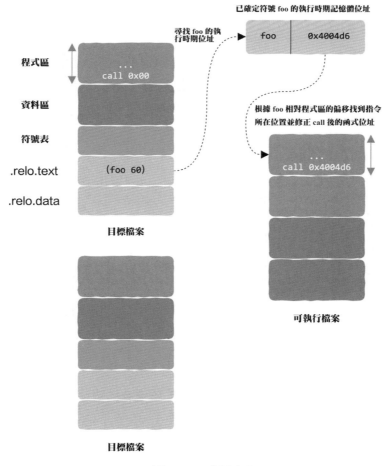

▲ 圖 1.31　重新定位

連結器是先知嗎？

是的，連結器的確是先知。連結器又是怎麼可能提前知道變數的執行時期記憶體位址的呢？

這就要說到當今作業系統中的一項絕妙的設計：虛擬記憶體。

1.3.6 虛擬記憶體與程式記憶體分配

不知道你有沒有這樣的疑問，在 C 語言課上經常會出現這樣一張圖（假設在 64 位元系統下），如圖 1.32 所示。

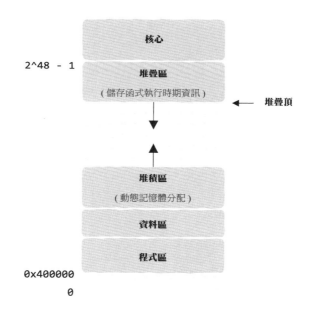

▲ 圖 1.32 程式執行起來後在記憶體中的樣子

從圖 1.32 中可以看出，有堆積區域、堆疊區域、資料區等，這到底是什麼意思呢？

程式執行起來後是處理程式（關於處理程式的概念我們將在第 2 章講解），圖 1.32 表示的是處理程式在記憶體中是什麼樣子的，堆疊區域在記憶體的最高位址處，中間有一大段空隙，接著是堆積區域，malloc 就是從這裡分配記憶體的，然後是資料區和程式區，這兩部分正是從可執行檔中載入進來的，這些你應該知道。

但真正有趣的是關於程式區的起始位置，每個程式執行起來後程式區都是從記憶體位址 0x400000 開始的，這不是很奇怪嗎？現在假設有兩個程式 A 和程式 B 正在執行，那麼 CPU 從 0x400000 這個記憶體位址處獲取到的機器指令到底是屬於程式 A 還是屬於程式 B 呢？

想一想這個問題。

答案是 CPU 在執行程式 A 時，從 0x400000 記憶體位址處獲取到的指令就屬於程式 A；當 CPU 在執行程式 B 時，從 0x400000 記憶體位址獲取到的指令就屬於程式 B，雖然都是從 0x400000 這個記憶體位址獲取到資料的，但兩次獲取到的資料是不一樣的！是不是很神奇！這究竟是怎麼做到的呢？

實現這一神奇效果的就是作業系統中的虛擬記憶體技術。

虛擬記憶體就是假的、物理上不存在的記憶體，虛擬記憶體讓每個程式都有這種幻覺，那就是每個程式在執行起來後都認為自己獨佔記憶體，如在 32 位元系統下每個程式都認為自己獨佔 232B 也就是 4GB 記憶體，而不管真實的實體記憶體有多大。

因此，圖 1.32 只是一種假像，在真實的實體記憶體上是不存在的，只存在於邏輯上，就好比你可以簡單地認為檔案是連續的，但實際上其資料可能散落在磁碟的各個角落。

這就是為什麼每個程式都會有一個標準的記憶體分配，就像我們看到的圖 1.32 那樣，程式設計師撰寫程式時可以以這樣一個標準為基礎的記憶體分配撰寫程式，而這也是連結器可以在生成可執行程式時就能確定符號執行時期記憶體位址的原因，因為即使在程式還沒有執行起來的情況下，連結器也能知道處

理程式的記憶體分配，如在 64 位元系統下程式區永遠都是從 0x400000 開始的，堆疊區域永遠都位於記憶體的最高位址。有了這樣一個記憶體分配就可以確定符號的執行時期記憶體位址了，儘管這個位址是假的，但連結器根本不關心指令或資料在程式執行起來後真正放到實體記憶體的哪個位址上。

針對標準的、虛擬的記憶體空間生成執行時期記憶體位址，大大簡化了連結器的設計。

但不管怎樣，資料和指令畢竟是要存放在真實的實體記憶體上的，當 CPU 執行程式 A 存取 0x400000 時，到底該從哪個真實的實體記憶體位址上取出指令呢？

我們知道可執行程式要載入到真實的實體記憶體上才可以執行，假設該可執行程式的程式區載入到實體記憶體 0x80ef0000 處，那麼系統中會增加這樣一個映射關係（注意，在真實作業系統中不會為每個位址都維護這樣一個映射，而是以分頁為單位來維護映射關係，但這並不影響我們的討論）：

```
虛擬記憶體        實體記憶體
0x400000        0x80ef0000
```

記錄這種映射關係的被稱為分頁表，注意每個處理程式都有單獨屬於自己的分頁表，當 CPU 執行程式 A 並存取記憶體位址 0x400000 時，該位址會在被發送到記憶體前由專門的硬體根據分頁表轉為真實的實體記憶體位址 0x80ef0000，如圖 1.33 所示。

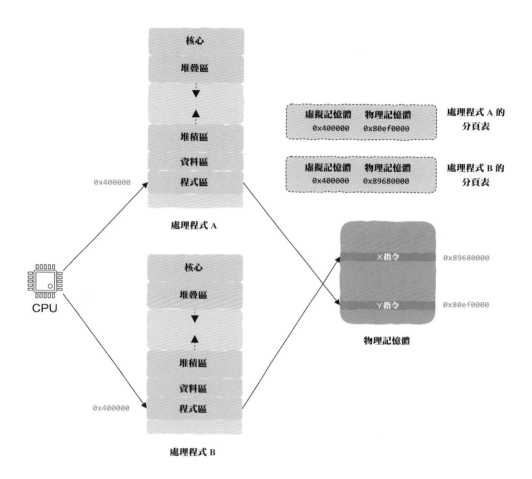

▲ 圖 1.33　程式執行起來後在記憶體中的樣子

從圖 1.33 中可以知道以下幾個重要的資訊。

（1）每個處理程式的虛擬記憶體的確都是標準的，大小都一樣，各區域的排放順序完全一致，只是各處理程式之間這些區域的大小可能不同。

（2）真實的實體記憶體大小與虛擬記憶體大小無關，實體記憶體中並沒有堆積區域、堆疊區域等，注意，這裡不考慮作業系統。

（3）每個處理程式都有自己的分頁表，相同的虛擬記憶體在查詢分頁表後得到不同的實體記憶體，這就是 CPU 從同樣的虛擬記憶體位址可以獲取到不同內容的根本原因。

以上就是虛擬記憶體的基本原理，在後續章節中我們還會多次談到虛擬記憶體。

好啦！本節關於連結器的內容就是這些，儘管生成可執行程式的連結過程不像編譯那樣鼎鼎有名，但連結是生成可執行程式時非常重要的一環，同時連結是架設編譯時（可執行程式）與執行時期（處理程式）之間關鍵的橋樑，這裡隱藏了關於虛擬記憶體的秘密，這是現代作業系統中非常重要也很有趣的設計，理解了這一點你才能真正明白程式是怎麼跑起來的。

到目前為止，我們知道了程式語言，也知道了從高級程式語言到機器指令一路是怎樣轉變的，還知道了是編譯器和連結器通力合作將程式設計師認識的程式轉變成可以被 CPU 執行的機器指令。

編譯器和連結器在電腦科學中有著基石般的重要作用，使得現代程式設計師根本不用關心機器指令這類細節就可以高效程式設計，這就是抽象的威力，可以說抽象是電腦科學中最為重要的思想之一。

接下來，讓我們具體了解抽象的作用。

1.4　為什麼抽象在電腦科學中如此重要

想像這種場景，如果我們的語言中沒有代詞，那麼我們想表達「張三是個好人」該怎麼說呢？可能是這樣的：

「你還記得我說過的那個人，整天穿著格子衫，工作在內科，家住在內湖，背著雙肩包，是寫程式的，天天加班到九點，這個人是個好人」，看到了，在這種情況下我們想表達一件事是非常困難的，因為我們需要具體地描述清楚所有細節，但是有了「張三」這種抽象後，一切都簡單了，我們只需要針對張三

這種抽象進行交流，再也不需要針對一堆細節進行交流了，抽象大大增強了表現力，提高了交流效率，遮罩了細節，這就是抽象的力量。

電腦世界也同樣如此。

1.4.1 程式設計與抽象

程式設計師也可以從抽象中獲得極大的好處，軟體是複雜的，但程式設計師可以透過抽象來控制複雜度，如提倡模組化設計，每個模組抽象出一組簡單的 API，使用該模組時只需要關注抽象的 API 而非一堆內部實現細節。

不同的程式語言提供了不同的機制讓程式設計師實現這種抽象，如物件導向語言（OOP）的一大優勢就是讓程式設計師方便進行抽象，像 OOP 中的多形、抽象類別等，有了這些程式設計師可以只針對抽象而非具體實現進行程式設計，這樣的程式會有更好的可擴充性，也能更進一步地應對需求變化。

1.4.2 系統設計與抽象

電腦系統從根本上講就是在抽象的基礎上建立起來的。

對 CPU 來說，其本身是由一堆電晶體組成的，但 CPU 透過指令集的概念對外遮罩了內部的實現細節，程式設計師只需要使用指令集中包含的機器指令就可以指揮 CPU 工作了。在機器指令這一層繼續抽象就是我們在 1.1 節提到的高級程式語言，程式設計師用高階語言程式設計時根本不需要關心機器指令這些細節，用高階語言即可「直接」控制 CPU，這讓程式設計效率有了長足的進步。

I/O 裝置被抽象成了檔案，當使用檔案時不需要關心檔案內容到底是怎樣儲存的，以及具體儲存到哪個磁軌的哪個磁區上等。

執行起來的程式被抽象成了處理程式，程式設計師在撰寫程式時可以開心地假設自己的程式獨享 CPU，這樣在即使只有一個 CPU 的系統中也可以同時執行成百上千個處理程式。

實體記憶體和檔案被抽象成了虛擬記憶體，程式設計師可以開心地假設自己的程式獨佔記憶體，還是標準大小的記憶體，儘管實際的實體記憶體可能大小不一，虛擬記憶體也可以讓我們像讀寫記憶體一樣方便地操作檔案（mmap 機制）。

網路程式設計被抽象成了 socket，程式設計師根本不需要關心網路資料封包到底是怎樣被一層層解析的、網路卡是怎樣收發資料的，等等。

處理程式與處理程式相依的執行環境被抽象成了容器，程式設計師再也不用擔心開發環境與實際部署環境的差異了，程式設計師最喜歡用的「甩鍋」利器——「在我的環境下明明可以執行」正式成為了歷史。

CPU 與作業系統及應用程式被打包抽象成了虛擬機器，程式設計師再也不用像以前一樣買一堆硬體來自己安裝作業系統、設定程式，並執行環境維護伺服器了，虛擬機器可以像一段資料一樣極速複製出來，程式設計師可以單槍匹馬運行維護成千上萬台伺服器，這在以前是不可想像的，也正是該技術支撐起了當前火熱的雲端運算。

正是抽象讓程式設計師離底層越來越遠，越來越不需要關心底層細節，程式設計的門檻也越來越低，一個沒有任何電腦基礎的人員，簡單學習幾天也可以寫出像模像樣的程式，這就是抽象的威力。

但程式設計師真的不需要關心底層了嗎？

每一層抽象本質上也像一個樂園，你可以很舒適地待在這裡享受程式設計的樂趣，但如果你想跨越抽象層級甚至想建立自己的樂園，那麼你勢必要理解底層，對底層的透徹理解是高階程式設計師的標識之一。

到目前為止，我們已經知道了程式語言與可執行程式的秘密，在本次旅行的第二站，我們將繼續領略底層的魅力，看看程式在執行起來後還有哪些壯麗的風景在前方等著我們。

1.5 總結

　　程式設計師寫出來的程式無非就是一堆字串，和你在文字檔中看到的一段話沒什麼不同，只不過文字檔中的內容你能看懂，因為這些內容遵循一定的語法，如主、謂、賓等。

　　相似地，程式也要遵循程式語言的語法，只不過 CPU 不能直接理解 if else 等，CPU 能執行的只有機器指令，這時編譯器充當了翻譯的角色，按照程式語言的語法來解析程式並最終生成機器指令。編譯器遮罩了 CPU 細節，使得程式設計師在對機器指令一無所知的情況下也可以程式設計，這就是抽象的威力（在第 4 章我們還會回到 CPU）。最後連結器充當打包的角色，把所有程式、資料和相依的函式庫聚合起來生成可執行程式。

　　現在，可執行程式已經有了，那麼程式執行起來後還有哪些有趣的故事呢？

第**2**章

程式執行起來了，
可我對其一無所知

　　程式，從人類認識的字串到 CPU 可以執行的機器指令，這一路的轉變非常精彩，程式執行起來後的故事也不遑多讓。

　　現在，讓我們把視線從靜態的程式轉移到程式的動態執行，這裡存在一些讓人疑惑的問題，程式是怎樣執行起來的？程式執行起來後到底是什麼呢？為什麼需要作業系統這種東西？處理程式、執行緒及近幾年出現的程式碼協同到底是怎麼一回事？回呼函式、同步、非同步、阻塞與非阻塞到底是什麼意思？程式設計師為什麼要理解這些概念？這些概念能指定程式設計師什麼能力？我們該怎樣利用這些概念充分壓榨機器性能？

　　這些程式在執行時期的秘密就是我們本次旅行第二站的主題。

2.1 從根源上理解作業系統、處理程式與執行緒

讓我們從根源上來了解為什麼電腦系統是現在這個樣子的。

2.1.1 一切要從 CPU 說起

你可能會有疑問，為什麼要從 CPU 說起呢？原因很簡單，**在這裡沒有那些讓人頭昏腦漲的概念，一切都是那麼樸素，你可以更加清晰地看到問題的本質。**

CPU 並不知道執行緒、處理程式、作業系統之類的概念。

CPU 只知道兩件事：

（1）從記憶體中取出指令。

（2）先執行指令，再回到（1）。

CPU 取出指令並執行指令的過程如圖 2.1 所示。

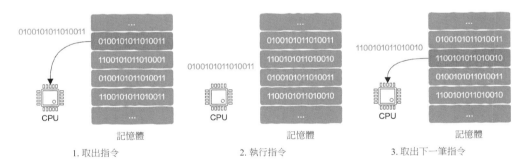

▲ 圖 2.1 CPU 取出指令並執行指令的過程

你看，在這裡 CPU 確實不知道什麼是處理程式、執行緒之類的。

CPU 根據什麼從記憶體中取出指令呢？答案是來自一個被稱為 Program Counter（簡稱 PC）的暫存器，也就是我們熟知的程式計數器，在這裡不要把暫存器想得太神秘，你可以簡單地把暫存器理解為記憶體，只不過容量很小但存取速度更快而已。

PC 暫存器中存放的是什麼呢？這裡存放的是指令在記憶體中的位址，是什麼指令呢？是 CPU 將要執行的下一行指令，如圖 2.2 所示。

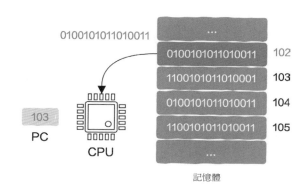

▲ 圖 2.2　PC 暫存器存放下一行被執行指令的位址

是誰設定的 PC 暫存器中的指令位址呢？

原來 PC 暫存器中的位址預設自動加 1，這當然是有道理的，因為大部分情況下 CPU 都在一行接一行地按照位址遞增的循序執行指令，但當遇到 if else 時或函式呼叫等時，這種循序執行就被打破了，CPU 在執行這類指令時會根據計算結果或指令中指定要跳躍的位址來動態改變 PC 暫存器中的值，這樣 CPU 就可以正確跳躍到需要執行的指令了。

你一定會問，PC 暫存器中的初值是怎麼被設定的呢？

在回答這個問題之前我們需要知道 CPU 執行的指令來自哪裡。答案是來自記憶體，記憶體中的指令是從磁碟中儲存的可執行檔裡載入過來的，磁碟中可執行檔是由編譯器生成的，編譯器又是從哪裡生成的機器指令呢？答案就是程式寫的程式，這個過程在第 1 章已經詳細講解過了，如圖 2.3 所示。

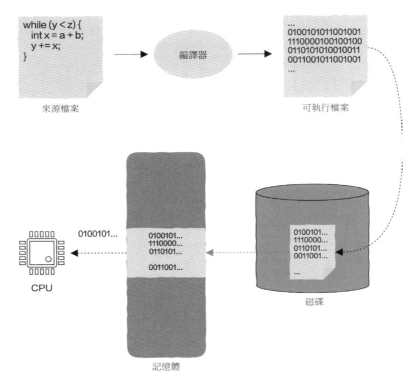

▲ 圖 2.3　從原始檔案到處理程式

　　我們寫的程式必定有個開始，沒錯，這就是 main 函式，程式啟動時會先找到 main 函式對應的第一行機器指令，然後將其位址寫入 PC 暫存器，這樣我們的程式就跑起來啦（當然，真實情況會更複雜一些，在真正執行 main 函式前會有一定的初始化工作，如初始化一部分暫存器等）！

2.1.2　從 CPU 到作業系統

　　現在我們知道，如果想讓 CPU 執行程式，那麼可以先手動把可執行檔複製到記憶體，然後找到 main 函式對應的第一行機器指令，並將其位址載入 PC 暫存器就可以了，這樣即使沒有作業系統，我們也可以讓 CPU 執行程式，雖然可行但這是一個非常煩瑣的過程，我們需要：

■　在記憶體中找到一塊大小合適的區域載入程式。

■　CPU 暫存器初始化後，找到函式入口，設定 PC 暫存器。

此外，這種純手工執行程式的方法還有很多弊端：

（1）一次只能執行一個程式，像你那樣一邊聽音樂一邊寫程式是做不到的，這種純手工維護的系統無法支援多工，即 Multi-tasking，不是只能寫程式，就是只能聽音樂。想充分利用多核心嗎？對不起，做不到。

（2）每個程式都需要針對使用的硬體連結特定的驅動，否則你的程式根本沒辦法使用外部設備。程式用到了音效卡，就要連結音效卡驅動。程式用到了網路卡，就要連結網路卡驅動。哦！對了，想要進行網路通訊你還得連結上一套 TCP/IP 協定層原始程式。

（3）想使用 print 函式列印 helloworld 嗎？不好意思，你可能得自己實現 print 函式，現代作業系統提供了很多有用的函式庫，如果沒有這些函式庫那麼喜歡重複造輪子的程式設計師可能會很高興。

（4）想要一套漂亮的互動介面，這個……自己實現一個吧！

實際上，這就是二十世紀五六十年代的程式設計方式，用現代的話說就是使用者體驗非常糟糕。

為什麼每次執行程式時都要自己手動把可執行檔複製到記憶體呢？不能寫個程式代替我們來完成這種無聊且重複的事情嗎？要知道電腦非常擅長此類工作。

說動手就動手，你寫了一個程式並將其命名為載入器（Loader），執行載入器就可以把程式載入到記憶體。執行起來以後呢？還是一次只能執行一個程式嗎？如果你想在即使只用一個 CPU 的單核心機器上也能一邊瀏覽網頁一邊寫程式，那麼該怎麼辦呢？你是不是要對執行起來的程式進行一些「管理」？

CPU 一次只能做一件事，不是執行程式 A 的機器指令，就是執行程式 B 的機器指令，怎樣讓程式 A 和程式 B 看起來在同時執行呢？很簡單，CPU 可以先

執行一會兒程式 A，然後暫停程式 A 轉而去執行程式 B，執行一會兒後暫停程式 B 再回過頭來執行程式 A，只要 CPU 切換的頻率足夠快，那麼程式 A 和程式 B 看起來就是在「同時執行」，如圖 2.4 所示。

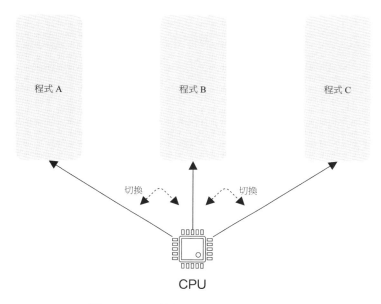

▲ 圖 2.4 CPU 快速地在多個程式之間切換

至此，多工的思想在你腦海中基本成型，看上去不錯，可是該怎麼實現呢？

這裡最關鍵的地方就在於該怎樣暫停一個程式執行，再恢復它的執行，就好比速凍一條魚，在解凍後這條魚還可以繼續活蹦亂跳地游來游去，這個類比不錯，但對你解決問題幫助不大，你的思緒繼續游離，想到了籃球比賽。

籃球比賽也可以暫停，暫停時大家記住各自的位置、球在誰手裡、比賽還剩下多少時間，比賽暫停結束後大家回到各自的位置、重新發球、繼續倒計時。你發現籃球比賽能暫停也能恢復的關鍵在於儲存了比賽暫停時的狀態，利用該狀態我們就可以恢復比賽，啊哈！這種機制正是我們需要的。

這裡的狀態也可以叫作上下文（Context）。

　　程式的執行和籃球比賽一樣也有自己的狀態，如 CPU 執行到了哪一行機器指令及當前 CPU 內部其他暫存器的值等，只要這些資訊能儲存下來，我們一樣可以先暫停程式的執行，然後利用儲存的上下文資訊來恢復程式的執行，就像解凍那條魚一樣，有了這些思考後你發現自己可以開始寫程式了，你定義了這樣一個結構用來儲存或恢復程式的執行狀態：

```
struct *** {
  context ctx; // 儲存 CPU 的上下文資訊
  ...
};
```

　　顯然，每個執行的程式都需要有這樣一個結構來記錄必要的資訊，這個結構總要有個名稱，根據「弄不懂」原則，取了一個聽上去比較神秘的詞——處理程式（Process）。

　　處理程式就這樣誕生了，程式執行起來後就以處理程式的形式被管理起來。

　　利用處理程式，你可以隨意暫停或恢復任何一個處理程式的執行，只要CPU 在各個處理程式之間切換的速度足夠快，即使在只有一個 CPU 的系統中也能同時執行成百上千個處理程式，至少看起來是在同時執行的。

　　至此，你基本實現了一個最簡單卻能正常執行的多工功能。

　　現在你發現幾乎每個人都需要用到你實現的這些非常棒的功能，這些功能包括自動載入程式的載入器，以及實現多工功能的處理程式管理程式等，這些實現各種基礎性功能的程式集合也要有個名稱，根據「弄不懂」原則，這個「簡單」的程式就叫作業系統（Operating System）吧！

　　作業系統也誕生了，程式設計師再也不用手動載入可執行檔，也不用手動維護程式的執行了，一切都交給作業系統即可。

　　我們常說程式重複使用，一提到重複使用很多人都能想到函式庫、框架、函式等，但在筆者看來，作業系統才是程式重複使用最貼切的案例，現代作業系統讓你幾乎免除了一切後顧之憂，你可以簡單地認為程式一直在獨佔 CPU、

獨佔一個標準大小的記憶體，不管系統中到底有多少其他正在執行的處理程式、有多少個 CPU，也不用關心真實的實體記憶體容量有多大。

這一切作業系統都幫你在背後搞定了。

高級程式語言、編譯器、連結器再加上作業系統這一整套堪稱基石的軟體徹底釋放了程式設計師的生產力。

現在，處理程式和作業系統都有了，看上去一切都很完美。

2.1.3 處理程式很好，但還不夠方便

假設我們有這樣一段簡單的程式：

```
int main() {
    int resA = funcA();
    int resB = funcB();

    print(resA + resB);

    return 0;
}
```

該程式執行起來後，在記憶體中對應的處理程式，如圖 2.5 所示。

我們之前提到過，作業系統中的虛擬記憶體可以讓每個處理程式看起來在獨佔一個標準的記憶體，如圖 2.5 所示。我們把圖 2.5 稱為處理程式的位址空間，注意，它非常重要，後續我們會經常提到位址空間一詞，處理程式的位址空間從下往上依次如下：

■　程式區：儲存的是程式編譯後形成的機器指令。

■　資料區：儲存的是全域變數等。

■　堆積區域：malloc 給我們傳回的記憶體就是在這裡分配的。

■　堆疊區域：函式的執行時期堆疊。

其中，資料區和程式區在第 1 章已經講解過了，關於堆積區域和堆疊區域在第 3 章會有詳細講解，此時圖 2.5 中只有一個執行串流，讓我們再看一下程式邏輯。

這段程式非常簡單，先呼叫 funcA 函式獲取一個結果，然後呼叫 funcB 函式獲取一個結果，再對這兩個結果進行加和，如圖 2.6 所示。

很簡單有沒有？但此時你發現了一個問題，其實 funcB 函式的計算並不相依 funcA 函式，也就是說這兩個函式是獨立的，從上述程式中看 funcB 函式不得不等待 funcA 函式執行完成後才能開始執行，假設這兩個函式的執行時間分別需要 3 分鐘和 4 分鐘，那麼這段程式執行完成總共需要 7 分鐘，可這兩個函式明明是相互獨立的，我們有辦法加速程式的執行嗎？

有的人說這還不簡單，不是有處理程式了嗎？先建立處理程式 A 和處理程式 B 分別計算 funcA 和 funcB，再把處理程式 B 的結果傳遞給處理程式 A 進行加和。這是可行的，但顯然將處理程式 B 的結果傳遞給處理程式 A 涉及處理程式間通訊問題。多處理程式程式設計與處理程式間通訊如圖 2.7 所示。

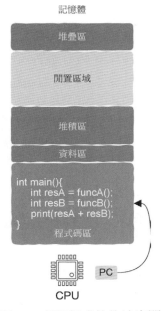

▲ 圖 2.5 處理程式的位址空間

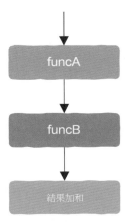

▲ 圖 2.6 串列的程式邏輯

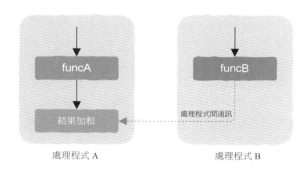

▲ 圖 2.7 多處理程式程式設計與處理程式間通訊

這就是多處理程式程式設計，但多處理程式程式設計有自己的缺點：

（1）處理程式建立銷耗比較大。

（2）由於處理程式都有自己的位址空間，處理程式間通訊在程式設計上較為複雜。

有什麼更好的辦法嗎？

2.1.4 從處理程序演變到執行緒

你仔細想了想，在處理程式的位址空間中儲存了 CPU 執行的機器指令及函式執行時期的堆疊資訊，要想讓處理程式執行起來，就需要把 main 函式的第一行機器指令位址寫入 PC 暫存器，從而形成一個指令的執行串流。

處理程式的缺點在於只有一個入口函式，也就是 main 函式，因此處理程式中的機器指令一次只能被一個 CPU 執行，有沒有辦法讓多個 CPU 來執行同一個處理程式中的機器指令呢？

聰明的你應該能想到，如果可以把 main 函式的第一行指令位址寫入 PC 暫存器，那麼其他函式和 main 函式又有什麼區別呢？

答案是沒什麼區別。main 函式的特殊之處無非就在於它是程式啟動後 CPU 執行的第一個函式，除此之外再無特殊之處。可以把 PC 暫存器指向 main 函式，也可以把 PC 暫存器指向任何一個函式從而建立一個新的執行串流。

最重要的是，這些執行串流共用同一個處理程式位址空間，因此再也不需要處理程式間通訊了，如圖 2.8 所示。

至此，我們解放了思想，一個處理程式內可以有多個入口函式，也就是說屬於同一個處理程式中的機器指令可以被多個 CPU 同時執行。

注意，這是一個與處理程式不同的概念，建立處理程式時我們需要在記憶體中找到一塊合適的區域以載入可執行檔，然後把 CPU 的 PC 暫存器指向 main 函式，也就是說處理程式中只有一個執行串流。

現在不一樣了，多個 CPU 可以在同一個屋簷下（共用處理程式位址空間）同時執行屬於同一個處理程式的指令，即一個處理程式內可以有多個執行串流。

執行串流這個詞好像有點太容易被理解了，再次根據「弄不懂」原則，又取了一個不容易弄懂的名稱——執行緒（Thread）。

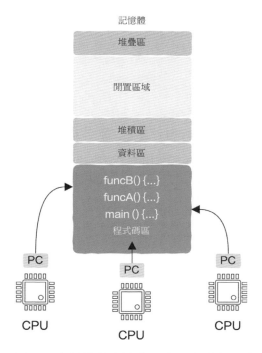

▲ 圖 2.8　多個執行串流共用處理程式位址空間

這就是執行緒的由來。

現在有了執行緒，我們可以改進程式了：

```
int resA;
int resB;

void funcA() {
    resA = 1;
}
void funcB()
    { resB = 2;
}

int main() {
    thread ta(funcA);
    thread tb(funcB);
    ta.join();
    tb.join();

    print(resA + resB);
    return 0;
}
```

在這裡我們建立了兩個執行緒，首先分別執行 funcA 和 funcB，然後將結果儲存在全域變數 resA 和 resB 中，最後加和，這樣 funcA 和 funcB 可以同時在兩個執行緒中執行。依然假設兩個函式的執行時間分別需要 3 分鐘與 4 分鐘，理想情況下假設這兩個執行緒分別在兩個 CPU 核心（多核心系統）上同時執行，那麼整個程式的執行時間取決於耗時較長的那個，即總共需要 4 分鐘。

注意，在加和時我們就不需要進行處理程式間通訊了，甚至多執行緒之間根本沒有「通訊」，因為變數 resA 和 resB 屬於同一個處理程式的位址空間，不再像多處理程式程式設計那樣屬於兩個不同的位址空間。在這種情況下，同一個處理程式內部的任何一個執行緒都可以直接使用這些變數，這就是執行緒共用所屬處理程式位址空間的含義所在，而這也是執行緒要比處理程式更輕量、

建立速度更快的原因，因此執行緒也有一個別名：輕量級處理程式。執行緒共用處理程式位址空間如圖 2.9 所示。

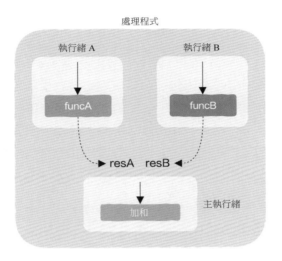

處理程式

執行緒 A　　　　　　執行緒 B

funcA　　　　　　funcB

resA　resB

加和　　　　　　主執行緒

▲　圖 2.9　執行緒共用處理程式位址空間

有了執行緒這個概念後，我們只需要開啟一個處理程式並建立多個執行緒就可以讓所有 CPU 都忙起來，充分利用多核心，這就是高性能、高並行的根本所在。

當然，不是說一定要有多核心才能使用多執行緒，在單核心的情況下一樣可以建立出多個執行緒，原因在於執行緒是作業系統層面的實現，和有多少個核心是沒有關係的。CPU 在執行機器指令時也意識不到執行的機器指令屬於哪個執行緒，除了充分利用多核心，執行緒也有其他用處，如在 GUI 程式設計時為防止處理某個事件需要的時間過長而介面失去回應，我們可以建立執行緒來處理該事件等。

由於各個執行緒共用處理程式的記憶體位址空間，因此執行緒之間的「通訊」自然不需要借助作業系統，這給程式設計師帶來極大方便，同時帶來了無盡的麻煩。尤其在多執行緒存取共用資源時，出錯的根源在於 CPU 執行指令時根本沒有執行緒的概念，程式設計師必須透過互斥及同步機制等顯性地解決多執行緒共用資源問題，後續兩節我們會特別注意這一問題。

2.1.5 多執行緒與記憶體分配

現在我們知道了執行緒和 CPU 的連結，也就是把 CPU 的 PC 暫存器指向執行緒的入口函式，這樣執行緒就可以執行起來了。這就是我們在建立執行緒時必須指定一個入口函式的原因，那麼執行緒和記憶體又有什麼連結呢？

函式在被執行時相依的資訊包括函式參數、區域變數、返回位址等資訊，這些資訊被儲存在對應的堆疊幀中，每個函式在執行時期都有屬於自己的執行時期堆疊幀。隨著函式的呼叫，以及傳回這些堆疊幀按照先進後出的順序增長或減少，堆疊幀的增長或減少形成處理程式位址空間中的堆疊區域，我們在第 3 章還會回到這一問題。

在執行緒這個概念還沒有出現時，處理程式中只有一個執行串流，因此只有一個堆疊區域，那麼在有了執行緒以後呢？

有了執行緒以後一個處理程式中就存在多個執行入口，即同時存在多個執行串流，只有一個執行串流的處理程式需要一個堆疊區域來儲存執行時期資訊。顯然，有多個執行串流時就需要有多個堆疊區域來儲存各個執行串流的執行時期資訊，也就是說要為每個執行緒在處理程式的位址空間中分配一個堆疊區域，即每個執行緒都有只屬於自己的堆疊區域，能意識到這一點是極其關鍵的，加入執行緒後處理程式的位址空間如圖 2.10 所示。

同時，我們可以看到，建立執行緒是要消耗處理程式記憶體空間的，這一點也值得注意。

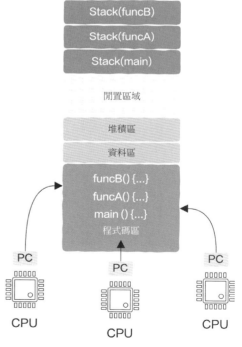

▲ 圖 2.10 加入執行緒後處理程式的位址空間

2.1.6 執行緒的使用場景

現在有了執行緒的概念，那麼我們該如何使用執行緒呢？

從生命週期的角度來講，執行緒要處理的任務有兩類：長任務和短任務。我們首先來看長任務。

顧名思義，長任務就是任務存活的時間很長，以 Word 為例，我們在 Word 中編輯的文字需要儲存在磁碟上，往磁碟上寫入資料就是一個任務，這時一個比較好的方法就是專門建立一個寫入磁碟的執行緒。該執行緒的生命週期和 Word 處理程式的生命週期是一樣的，只要打開 Word 就要建立出該執行緒，當使用者關閉 Word 時該執行緒才會被銷毀，這就是長任務。

這種場景非常適合建立專用的執行緒來處理某些特定任務，這種情況比較簡單。

有長任務，對應地就有短任務。

短任務這個概念也很簡單，那就是任務的處理時間很短，如一次網路請求、一次資料庫查詢等，這種任務可以在短時間內快速處理完成。因此，短任務多見於各種伺服器，如 Web 伺服器、資料庫伺服器、檔案伺服器、郵件伺服器等，這也是網際網路行業最常見的場景，這是我們要重點討論的。

這種場景有兩個特點：一個是任務處理所需時間短；另一個是任務數量巨大。如果讓你來處理這種類型的任務，那麼該怎麼實現呢？

你可能會想，這很簡單，當伺服器接收到一個請求後就建立一個執行緒來處理任務，處理完成後銷毀該執行緒即可。

這種方法通常被稱為 thread-per-request，也就是說來一個請求就建立一個執行緒，如果是長任務，那麼這種方法可以工作得很好，但是對大量的短任務來說，這種方法雖然實現簡單但是有這樣幾個缺點：

（1）執行緒的建立和銷毀是需要消耗時間的。

（2）每個執行緒需要有自己獨立的堆疊區域，因此當建立大量執行緒時會消耗過多的記憶體等系統資源。

（3）大量執行緒會使執行緒間切換的銷耗增加。

這就好比你是一個工廠老闆，手裡有很多訂單，每來一批訂單就要招一批工人，生產的產品非常簡單，工人們很快就能處理完。處理完這批訂單後就把這些千辛萬苦招過來的工人辭退，當有新的訂單時你再千辛萬苦地招一批工人。做事 5 分鐘招人 10 小時，因此一個更好的策略就是招一批人後不要輕易辭退，有訂單時處理訂單，沒有訂單時大家可以閑待著。

這就是執行緒池的由來。

2.1.7 執行緒池的運行原理

執行緒池的概念非常簡單，無非就是建立一批執行緒，有任務就提交給這些執行緒，因此不需要頻繁地建立、銷毀，同時由於執行緒池中的執行緒個數通常是受控的，也不會消耗過多的記憶體，因此這裡的思想就是重複使用。

現在執行緒建立出來了，但這些任務該怎樣提交給執行緒池中的執行緒呢？

顯然，資料結構中的佇列適合這種場景，提交任務的就是生產者，處理任務的執行緒就是消費者，實際上這就是經典的生產者 - 消費者問題，如圖 2.11 所示。

我們來看看提交給執行緒池的任務是什麼樣子的。

本質上，提交給執行緒池的任務包含兩部分：①需要被處理的資料；②處理資料的函式，可以這樣定義：

```
struct task {
    void* data;         // 任務所攜帶的資料
    handler handle;     // 處理資料的方法
}
```

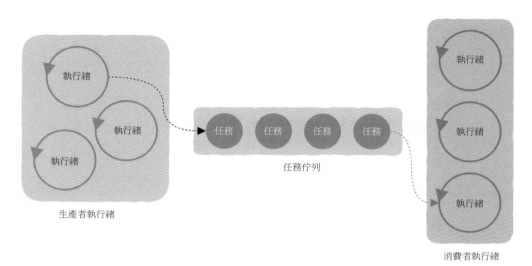

▲ 圖 2.11　生產者執行緒與消費者執行緒

　　執行緒池中的執行緒會阻塞在任務佇列上等待，當生產者向任務佇列中寫入資料後，執行緒池中的某個執行緒會被喚醒，該執行緒從任務佇列中取出上述結構並執行該結構中 handle 指向的處理函式：

```
while(true) {
  struct task = GetFromQueue();  // 從佇列中取出資料
  task->handle(task->data);      // 處理資料
}
```

　　以上就是執行緒池核心的部分，幾乎所有執行緒池都遵循相同的策略。當然，由於這裡的佇列是多執行緒之間的共用資源，因此必須解決同步互斥問題。

　　理解了這些以後，你就能明白執行緒池是執行原理的了。

2.1.8 執行緒池中執行緒的數量

　　現在執行緒池有了，那麼執行緒池中執行緒的數量該是多少呢？

　　要知道執行緒池中的執行緒過少就不能充分利用 CPU，建立過多的執行緒反而會造成系統性能下降、記憶體佔用過多、執行緒切換造成的性能銷耗等問題，因此執行緒的數量既不能太多也不能太少，那到底該是多少呢？

要回答這個問題，你需要知道執行緒池處理的任務有哪幾類，有的讀者可能會說你不是說有兩類嗎？長任務和短任務，這個是從生命週期的角度來看的。從處理任務所需要的資源角度來看也有兩種類型：CPU 密集型和 I/O 密集型。

CPU 密集型是在處理任務時不需要相依外部 I/O，如科學計算、矩陣運算等，在這種情況下，只要執行緒的數量和核心數大致相同就可以充分利用 CPU 資源。

I/O 密集型是其計算部分所佔用時間可能不多，大部分時間都用在了如磁碟 I/O、網路 I/O 等上面，這種情況下就稍複雜一些，你需要利用性能測試工具評估出用在 I/O 等待上的時間，這裡記為 WT（Wait Time），以及 CPU 計算所需要的時間，這裡記為 CT（Computing Time）。對一個 N 核心的系統，合適的執行緒數大概是 $N \times (1+WT/CT)$，假設 WT 和 CT 相同，那麼你大概需要 $2N$ 個執行緒才能充分利用 CPU 資源。注意，這只是一個理論值，而且通常來說評估消耗在 I/O 上的時間也不是一件容易的事情，因此這裡更推薦根據真實的場景進行測試，從而評估出執行緒數。

從這裡可以看到，評估執行緒數並沒有萬能公式，要具體情況具體分析。

本節我們從底層到上層、從硬體到軟體講解了作業系統、處理程式、執行緒這幾個非常重要的概念。注意，這裡通篇沒有出現任何特定的程式語言，執行緒不是程式語言層面的概念（這裡不考慮使用者態執行緒），但是當你真正理解了執行緒後，相信你可以在任何一門程式語言下用好它。

對程式設計師來說，執行緒是一個極其重要的概念，後續兩節將繼續圍繞執行緒介紹。接下來我們了解執行緒間會共用哪些處理程式資源，這是解決執行緒安全問題的關鍵。

2.2　執行緒間到底共用了哪些處理程式資源

　　處理程式和執行緒這兩個話題是程式設計師繞不開的，作業系統提供的這兩個抽象概念實在是太重要了！關於處理程式和執行緒有一個極其經典的問題——處理程式和執行緒的區別是什麼？

　　有的讀者可能已經「背得」滾瓜爛熟了：「處理程式是作業系統分配資源的單位，執行緒是排程的基本單位，執行緒之間共用處理程式資源。」

　　可是你真的理解上面這句話嗎？到底執行緒之間共用了哪些處理程式資源？共用資源表示什麼？共用資源這種機制是如何實現的？如果你對此沒有答案，那麼這表示你幾乎很難寫出能正確工作的多執行緒程式，也表示這一節是為你準備的。

　　實際上，對於這個問題你可以反過來想：哪些資源是執行緒私有的？

2.2.1　執行緒私有資源

　　從動態的角度來看，執行緒其實就是函式的執行，函式的執行總會有一個源頭，這個源頭就是入口函式。CPU 從入口函式開始執行從而形成一個執行串流，只不過人為地給這個執行串流取了一個名字：執行緒。這些在 2.1 節已經講過了。

　　既然執行緒從動態的角度來看是函式的執行，那麼函式執行都有哪些資訊呢？

　　函式的執行時期資訊儲存在堆疊幀中，堆疊幀組成了堆疊區域，堆疊幀中儲存了函式的傳回值、呼叫其他函式的參數、該函式使用的區域變數及該函式使用的暫存器資訊，如圖 2.12 所示。其中假設函式 A 呼叫函式 B，關於堆疊幀的詳解請參見第 3 章。

CPU 從一個入口函式執行指令形成的執行串流——執行緒，會有只屬於自己的堆疊區域，多個執行緒就會有多個堆疊區域，如圖 2.13 所示。

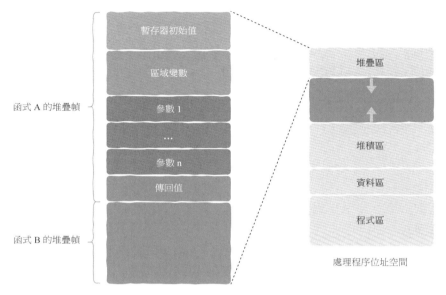

▲ 圖 2.12 堆疊幀與處理程式位址空間

此外，CPU 執行機器指令時其內部暫存器的值也屬於當前執行緒的執行狀態，如 PC 暫存器，其值儲存的是下一行被執行指令的位址；堆疊指標，其值儲存的是該執行緒堆疊區域的堆疊頂在哪裡等。這些暫存器資訊也是執行緒私有的，一個執行緒不能存取另一個執行緒的這類暫存器資訊。

從上面的討論中我們知道，所屬執行緒的堆疊區域、程式計數器、堆疊指標，以及執行函式時使用的暫存器資訊都是執行緒私有的。

以上這些資訊有一個統一的名稱：執行緒上下文。

現在你應該知道哪些是執行緒私有的了吧？除此之外，剩下的都是執行緒間的共用資源。剩下的還有什麼呢？從圖 2.14 中找找看。

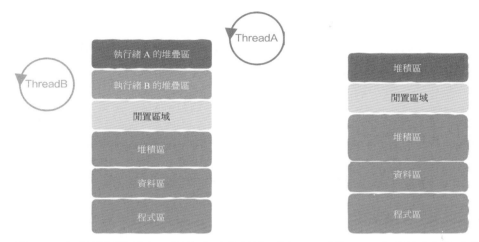

▲ 圖 2.13 每個執行緒都有只屬於自己的堆疊區域　　▲ 圖 2.14 處理程式位址空間

　　執行緒共用處理程式位址空間中除堆疊區域外的所有內容，接下來分別講解一下。

2.2.2 程式區：任何函式都可放到執行緒中執行

　　處理程式位址空間中的程式區儲存的就是程式設計師寫的程式，更準確地說其實是編譯後生成的可執行機器指令。這些機器指令被存放在可執行程式中，程式啟動時載入到處理程式的位址空間，如圖 2.15 所示。

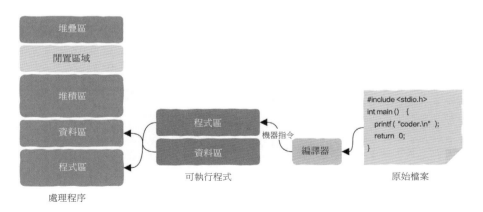

▲ 圖 2.15 從程式到處理程式

執行緒之間共用程式區，這就表示任何一個函式都可以放到執行緒中去執
行，不存在某個函式只能被某個特定執行緒執行的可能，從這個角度來看這個
區域可被所有執行緒共用。

這裡有一點值得注意，那就是程式區是唯讀的（Read Only），任何執行緒
在程式執行期間都不能修改程式區。這當然是有道理的，因此儘管程式區可以
被所有處理程式內的執行緒共用，但這裡不會有執行緒安全問題。

2.2.3 資料區：任何執行緒均可存取資料區變數

這裡存放的就是全域變數。

什麼是全域變數？在 C 語言中就像這樣：

```
char c; // 全域變數

void func() {

}
```

其中，字元 c 就是全域變數，其存放在處理程式位址空間中的資料區，如
圖 2.16 所示。

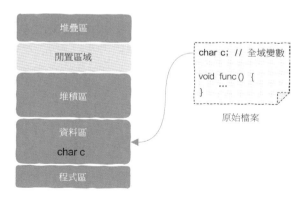

▲ 圖 2.16 全域變數

在程式執行期間，資料區中的全域變數有且僅有一個實例，所有的執行緒都可以存取到該全域變數。

2.2.4 堆積區域：指標是關鍵

堆積區域是程式設計師比較熟悉的，我們在 C/C++ 中用 malloc/new 申請的記憶體就是在這個區域分配出來的。顯然，只要知道變數的位址，也就是指標，任何一個執行緒都可以存取指標指向的資料，因此堆積區域也是執行緒間共用的資源，如圖 2.17 所示。

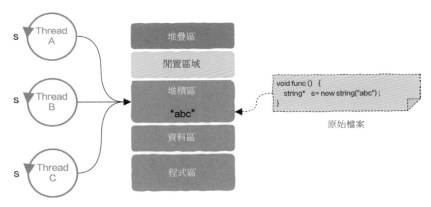

▲ 圖 2.17 只要獲取到指標 s，所有執行緒都可以存取其指向的資料

2.2.5 堆疊區域：公共的私有資料

等等！剛不是說堆疊區域是執行緒私有資源嗎，怎麼現在又說起堆疊區域了？

確實，從執行緒這個抽象的概念上來說，堆疊區域是執行緒私有的，然而從實現上來看，堆疊區並不嚴格是執行緒私有的，這是什麼意思？

不同處理程式的位址空間是相互隔離的，虛擬記憶體系統確保了這一點，你幾乎沒有辦法直接存取屬於另一個處理程式位址空間中的資料，但不同執行緒的堆疊區域之間則沒有這種保護機制。因此如果一個執行緒能拿到來自另一

個執行緒堆疊幀上的指標，那麼該執行緒可以直接讀寫另一個執行緒的堆疊區域，也就是說，這些執行緒可以任意修改屬於另一個執行緒堆疊區域中的變數，如圖 2.18 所示。

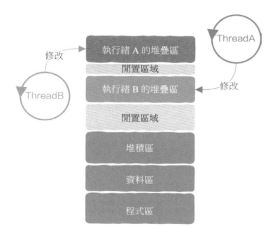

▲ 圖 2.18 執行緒可以修改屬於另一個執行緒堆疊區域中的變數

從某種程度上來講，這給程式設計師帶來了極大的便利，同時，這可能導致極其難以排除的 bug。

試想一下，你的程式正在平穩執行，結果某個時刻突然出現問題，定位到出現問題的程式行後根本就排除不到原因。你當然是排除不到問題原因的，因為你的程式（執行緒）本來就沒有任何問題，可能是其他執行緒的問題導致你的函式堆疊幀資料被寫壞，從而產生 bug，這樣的問題通常很難定位原因，需要對整體的專案程式非常熟悉，常用的一些 debug 工具這時可能已經沒有多大作用了。

說了這麼多，有的讀者可能會問，一個執行緒是怎樣修改屬於其他執行緒堆疊區域中資料的呢？接下來，我們用程式講解一下，不要擔心，這段程式足夠簡單：

```
void foo(int* p) {
    *p = 2;
}
```

```
int main() {
    int a = 1;

    thread t(foo, &a);
    t.join();
    return 0;
}
```

這是一段用 C++11 寫的程式，這段程式是什麼意思呢？

首先，主執行緒中定義了一個儲存在堆疊區域中的區域變數，也就是 int a = 1; 這行程式，

區域變數 a 屬於主執行緒私有資料；然後，建立了另一個執行緒，在主執行緒中將區域變數 a 的位址以參數的形式傳給了新建立的執行緒，新執行緒的入口函式 foo 執行在另一個執行緒中，它獲取了區域變數 a 的指標；最後，將其修改為 2，可以看到新建立的執行緒修改了屬於主執行緒的私有資料，如圖 2.19 所示。

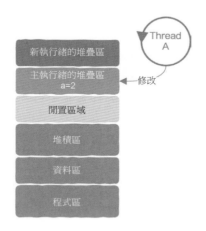

▲ 圖 2.19 修改主執行緒中的區域變數

現在你應該明白了，儘管堆疊區域是執行緒的私有資料，但由於堆疊區域沒有任何保護機制，一個執行緒的堆疊區域對其他執行緒是可見的，也就是說我們可以讀寫任何執行緒的堆疊區域。當然，前提是這些執行緒屬於同一個處理程式。

執行緒間這種鬆垮的隔離機制（根本沒有任何隔離）給程式設計師帶來了極大的便利，但也帶來了無盡的麻煩。試想上面這段程式，如果確實是專案需要的，那麼這樣寫程式無可厚非，但如果是因為 bug 無意修改了屬於其他執行緒的私有資料，那麼問題往往難以定位，因為出現問題的這行程式距離真正的 bug 可能已經很遠了。

2.2.6 動態連結程式庫與檔案

處理程式位址空間中除上述討論外，實際上還有其他內容，會是什麼呢？這就要從連結器說起了，還沒有忘，我們在 1.3 節中講解過。

連結是編譯之後的關鍵步驟，用來生成最終的可執行程式，連結有兩種方式：靜態連結和動態連結。

靜態連結是指把相依的函式庫全部打包到可執行程式中，這類程式在啟動時不需要額外工作，因為可執行程式中包含了所有程式和資料；動態連結是指可執行程式中不包含所相依函式庫的程式和資料，當程式啟動（或執行）時完成連結過程，即先找到所相依函式庫的程式和資料，然後放到處理程式的位址空間中。

放到處理程式位址空間的哪一部分呢？

放到了堆疊區域和堆積區域中間的那部分閒置區域中，現在處理程式位址空間中的內容進一步豐富了，如圖 2.20 所示。

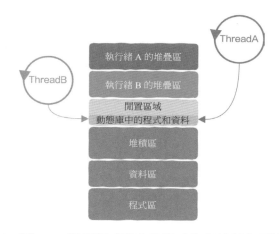

▲　圖 2.20　動態程式庫中的程式和資料所在區域

　　說了這麼多，這和執行緒共用資源有什麼關係呢？這一部分的位址空間也是被所有執行緒共用的，也就是說處理程式中的所有執行緒都可以使用動態程式庫中的程式和資料。

　　最後，如果程式在執行過程中打開了一些檔案，那麼處理程式位址空間中還儲存有打開的檔案資訊。處理程式打開的檔案資訊也可以被所有的執行緒使用，這也屬於執行緒間的共用資源。

2.2.7　執行緒局部儲存：TLS

　　實際上，關於執行緒私有資料還有一項技術留在最後作為補充，這就是執行緒局部儲存（Thread Local Storage，TLS）。

　　這是什麼意思呢？

　　其實從名稱上也可以看出，執行緒局部儲存是指存放在該區域中的變數有兩個含義：

■　　存放在該區域中的變數可被所有執行緒存取到。

■　　雖然看上去所有執行緒存取的都是同一個變數，但該變數只屬於一個執行緒，一個執行緒對此變數的修改對其他執行緒不可見。

我們來看一段簡單的 C++ 程式：

```
int a = 1; // 全域變數
void print_a() {
    cout<<a<<endl;
}

void run() {
    ++a;
    print_a();
}

void main() {
    thread t1(run);
    t1.join();

    thread t2(run);
    t2.join();
}
```

上述程式是用 C++11 寫的，它是什麼意思呢？

■　　首先建立了一個全域變數 a，初值為 1。

■　　其次建立了兩個執行緒，每個執行緒對變數 a 加 1。

■　　join 的含義是等待該執行緒執行完成後，該函式才會返回。

這段程式執行起來會列印什麼呢？

全域變數 a 的初值為 1，第一個執行緒加 1 後 a 變為 2，因此會列印 2；第二個執行緒再次加 1 後 a 變為 3，因此會列印 3，來看一下執行結果：

```
2
3
```

看來我們分析得沒錯，全域變數在兩個執行緒分別加 1 後最終變為 3。接下來，對變數 a 的定義稍做修改，其他程式不變：

```
thread int a = 1; // 執行緒局部儲存
```

全域變數 a 前面加了一個修飾詞 thread，意思是告訴編譯器把全域變數 a 放在執行緒局部儲存中，這會影響程式執行結果嗎？簡單執行一下就知道了：

```
2
2
```

和你想的一樣嗎？有的讀者可能大吃一驚，為什麼我們明明對全域變數 a 加了兩次，但第二個執行緒執行時期還是列印 2 而非 3 呢？

原來，這就是執行緒局部儲存的作用所在，執行緒 t1 對全域變數 a 的修改不會影響到執行緒 t2，執行緒 t1 在將全域變數 a 加 1 後變為 2，但對執行緒 t2 來說，此時全域變數 a 依然是 1，因此加 1 後依然是 2。

可以看到，執行緒局部儲存可以讓你使用一個獨屬於執行緒的變數。也就是說，雖然該變數可以被所有執行緒存取，但是該變數在每個執行緒中都有一個副本，一個執行緒對該變數的修改不會影響到其他執行緒，如圖 2.21 所示。

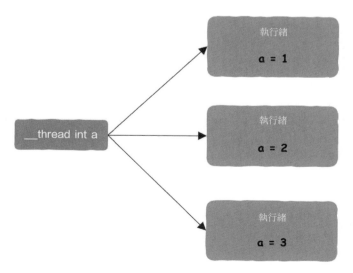

▲ 圖 2.21　每個執行緒都有自己的副本

在經過 2.2.5 節和 2.2.6 節的鋪陳後，我們來看怎樣正確使用多執行緒，相信有很多讀者在面對多執行緒程式設計時都會望而生畏，認為多執行緒程式就像一頭難以駕馭的怪獸，其實僅是你不了解它，就好比你用一塊紅布去馴牛肯定是不正確的，你需要認真理解它的脾氣秉性，掌握正確的方法後多執行緒才能更進一步地為你所用，並成為你兵器庫中的一件利器。

接下來，讓我們去看看多執行緒程式。

2.3　執行緒安全程式到底是怎麼撰寫的

為什麼多執行緒程式難以正確撰寫呢？

本質上，有一個詞語你可能沒有理解透徹，這個詞就是執行緒安全（Thread Safe），如果你不能理解執行緒安全，那麼給你再多的多執行緒程式設計方法也無用武之地。

接下來，我們了解一下什麼是執行緒安全，怎樣才能做到執行緒安全。理解了這些問題後，多執行緒這頭怪獸自然就會變成溫順的小貓咪。

2.3.1　自由與約束

大家在自己家裡肯定會覺得自由自在，原因很簡單：這是你的私人場所，你的活動不受其他人干涉，那什麼時候會和其他人有交集呢？

答案就是公共場所。

在公共場所下你不能像在自己家裡那樣隨意，如果你想去公共洗手間就必須遵守規則——排隊，因為在公共場所下的洗手間是大家都可以使用的公共資源，只有前一個人使用完後下一個人才可以使用，這就是使用公共資源時受到的約束。

上面這段話的道理足夠簡單吧！

如果你能理解這段話，那麼馴服多執行緒這頭怪獸就不在話下了。

　　現在，把你自己想像成執行緒，執行緒使用自己的私有資料就符合執行緒安全的要求，如 2.2 節提到的函式區域變數和執行緒局部儲存等，這類資源你隨便怎麼折騰都不會影響其他執行緒。

　　除此之外，執行緒讀寫共用資源時就好比你去公共場所，使用共用資源時必須有對應的約束，執行緒以某種不妨礙到其他執行緒的秩序使用共用資源也能實現執行緒安全。

　　因此，可以看到，這裡有兩種情況：

■　　執行緒使用私有資源，能實現執行緒安全。

■　　執行緒使用共用資源，在不影響其他執行緒的約束下使用共用資源也能實現執行緒安全，排隊就是一種約束。

　　本節將圍繞上述兩種情況來講解，現在可以開始聊聊執行緒安全問題了。到底什麼是執行緒安全呢？

2.3.2　什麼是執行緒安全

　　給定一段程式，不管其在多少個執行緒中被呼叫到，也不管這些執行緒按照什麼樣的順序被呼叫，當其都能舉出正確結果時，我們就稱這段程式是執行緒安全的。

　　簡單地說，就是你的程式不管是在單執行緒還是多執行緒中被執行都應該能舉出正確的結果，這樣的程式就不會出現執行緒安全問題，就像下面這段程式：

```
int func() {
    int a = 1;
    int b = 1;
    return a + b;
}
```

　　對於這段程式，無論你用多少執行緒同時呼叫、怎麼呼叫、什麼時候呼叫都會傳回 2，這段程式就是執行緒安全的。

該怎樣寫出執行緒安全的程式呢？

要回答這個問題，我們需要知道程式什麼時候待在自己家裡使用私有資源，什麼時候去公共場所使用公共資源，也就是說你需要辨識執行緒的私有資源和共用資源都有哪些，這是解決執行緒安全問題的核心所在，如圖 2.22 所示。

這個問題已經在 2.2 節回答了，這裡再簡單總結一下。

在此之前，一定要注意關於共用資源的定義，這裡的共用資源可以是一個簡單的變數，如一個整數，也可以是一段資料，如一個結構等，最重要的是該資源需要被多個執行緒讀寫，這時我們才說它是共用資源。

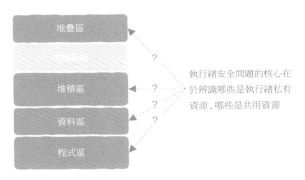

▲ 圖 2.22 解決執行緒安全問題的關鍵

2.3.3 執行緒的私有資源與共用資源

函式中的區域變數或說執行緒的堆疊區域及執行緒局部儲存都是執行緒的私有資源，剩下的區域就是共用資源了，這主要包括：

■ 用於動態分配記憶體的堆積區域，我們用 C/C++ 中的 malloc/new 就是在堆積區域上申請的記憶體。

■ 資料區，這裡存放的就是全域變數。

- 程式區，這一部分是唯讀的，我們沒有辦法在執行時期修改程式，因此這一部分我們不需要關心。

因此，執行緒的共用資源主要包括堆積區域和資料區，如圖 2.23 所示。

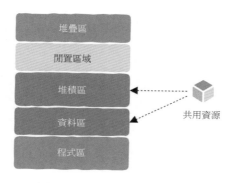

▲ 圖 2.23　可被執行緒共用的資源

執行緒使用這些共用資源時必須遵守秩序，這個秩序的核心就是對共用資源的使用不能妨礙到其他執行緒，無論你使用的是各種鎖，還是訊號量，其目的都是在維護共用資源的秩序。

知道了哪些是執行緒私有的，哪些是執行緒間共用的，接下來就簡單了。

值得注意的是，關於執行緒安全的一切問題全部圍繞著執行緒私有資源與執行緒共用資源來處理，抓住了這個主要矛盾也就抓住了解決執行緒安全問題的核心。

接下來，我們看一下在各種情況下該怎樣實現執行緒安全，依然以 C/C++ 程式為例。

2.3.4　只使用執行緒私有資源

我們來看這段程式：

```
int func() {
    int a = 1;
    int b = 1;
```

```
    return a + b;
}
```

這段程式在前面提到過，無論你在多少個執行緒中呼叫、怎麼呼叫、什麼時候呼叫，func 函式都會確定地傳回 2，該函式不相依任何全域變數，不相依任何函式參數，且使用的區域變數都是執行緒的私有資源，這些變數執行起來後由堆疊區域管理（不要忘了每個執行緒都有自己的堆疊區域），如圖 2.24 所示。這樣的程式也被稱為無狀態函式（Stateless），很顯然這樣的程式是執行緒安全的。

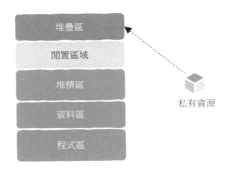

▲ 圖 2.24 堆疊區域是執行緒私有的

如果需要傳入函式參數呢？

2.3.5 執行緒私有資源 + 函式參數

下面這段程式是執行緒安全的嗎？答案是要看情況。

如果你傳入函式參數的方式是按值傳入的，那麼沒有問題，程式依然是執行緒安全的：

```
int func(int num) {
    num++;
    return num;
}
```

這段程式無論在多少個執行緒中呼叫、怎麼呼叫、什麼時候呼叫都會正確傳回參數加 1 後的值。

原因很簡單，按值傳入的參數也是執行緒的私有資源，如圖 2.25 所示，這些參數就儲存在執行緒的堆疊區域，每個執行緒都有自己的堆疊區域。

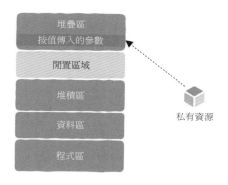

▲ 圖 2.25 傳入數值

但如果傳入指標，情況就不一樣了：

```c
int func(int* num) {
    ++(*num);
    return *num;
}
```

如果該參數指標指向全域變數，就像這樣：

```c
int global_num = 1;

int func(int* num) {
    ++(*num);
    return *num;
}

// 執行緒 1
void thread1() {
    func(&global_num);
}
```

```
// 執行緒 2
void thread2() {
    func(&global_num);
}
```

　　此時，func 函式將不再是執行緒安全的了，因為傳入的參數指向了全域變數（資料區），如圖 2.26 所示，這個全域變數是所有執行緒可共用的資源，這種情況對該全域變數的加 1 操作必須施加某種秩序，如加鎖。

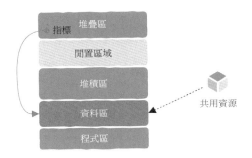

▲ 圖 2.26　指標指向全域變數（資料區）

　　如果該指標指向了堆積區域，如圖 2.27 所示，那麼這依然可能有問題，因為只要能獲取該指標，這些執行緒就都可以存取該指標指向的資料。

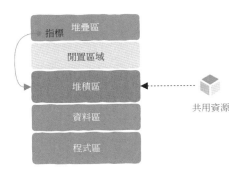

▲ 圖 2.27　指標指向堆積區域

　　如果兩個執行緒呼叫 func 函式時傳入的指標指向了同一個堆積上的變數，那麼該變數就變成了這兩個執行緒的共用資源，除非有加鎖等保護，否則 func 函式依然不是執行緒安全的。

改進也很簡單,那就是每個執行緒呼叫 func 函式傳入一個獨屬於該執行緒的資源位址,這樣各個執行緒就不會妨礙到對方了。因此,寫出執行緒安全程式的一大原則就是執行緒之間盡最大可能不去使用共用資源。

如果執行緒不得已要使用共用資源呢?

2.3.6 使用全域變數

使用全域變數就一定不是執行緒安全的程式嗎?答案依然是要看情況。

如果使用的全域變數只在程式執行時期初始化一次,此後所有程式對其使用的方式都是唯讀的,那麼沒有問題:

```
int global_num = 100; // 初始化一次,此後沒有其他程式修改其值

int func() {

    return global_num;
}
```

我們看到,即使 func 函式使用了全域變數,但該全域變數只在執行前初始化一次,此後的程式都不會對其進行修改,func 函式依然是執行緒安全的。唯讀與讀取寫入的全域變數如圖 2.28 所示。

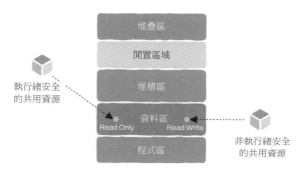

▲ 圖 2.28 唯讀與讀取寫入的全域變數

但是，如果我們簡單修改一下 func 函式：

```
int global_num = 100;

int func() {
    ++global_num;
    return global_num;
}
```

這時，func 函式就不再是執行緒安全的了，對全域變數的修改必須有加鎖等保護或確保加法操作是原子的，如使用原子變數等。

2.3.7　執行緒局部儲存

接下來，我們再對上述 func 函式進行簡單修改：

```
_thread int global_num = 100;

int func() {
    ++global_num;
    return global_num;
}
```

我們看到全域變數 global_num=100; 前加上了 __thread，這時，func 函式就又是執行緒安全的了。

在 2.2 節中講過，被 _thread 修飾詞修飾過的變數放在了執行緒私有儲存中。

各個執行緒對 global_num=100; 的修改不會影響到其他執行緒，如圖 2.29 所示，因此 func 函式是執行緒安全的。

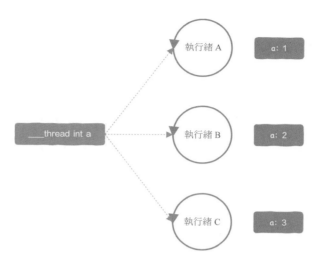

▲ 圖 2.29 每個執行緒只能看到自己的副本

講完了區域變數、全域變數、函式參數,接下來就到函式傳回值了。

2.3.8 函式傳回值

這裡也有兩種情況:一種是函式傳回的是值;另一種是函式傳回的是指標。我們來看這樣一段程式:

```
int func() {
    int a = 100;
    return a;
}
```

毫無疑問,這段程式是執行緒安全的,無論我們怎樣呼叫該函式都會傳回確定的值 100。

把上述程式簡單修改一下:

```
int* func() {
    static int a = 100;
    return &a;
}
```

　　如果在多執行緒中呼叫這樣的函式，那麼接下來等著你的可能就是難以偵錯的 bug 和漫漫的加班長夜。

　　顯然，這段程式不是執行緒安全的，產生 bug 的原因也很簡單，在使用該變數前其值可能已經被其他執行緒修改了。因為該函式使用了一個靜態區域變數，所以傳回其位址讓該變數有可能成為執行緒間的共用資源，如圖 2.30 所示，只要能拿到該變數的位址，所有執行緒就都可以修改該變數。

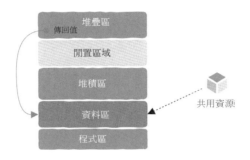

▲ 圖 2.30　傳回的指標指向了共用資源

　　但有一個特例，這種使用方法可以用來實現單例模式：

```cpp
class S {
public:
      static S& getInstance() {
            static S instance;
            return instance;
      }
private:
      S() {}

// 其他省略
};
```

　　再來看一種情況，如果函式 A 呼叫了一個非執行緒安全的函式，那麼函式 A 還是執行緒安全的嗎？

　　答案依然是要看情況。

2.3.9 呼叫非執行緒安全程式

我們看一下這樣一段程式，這段程式在之前講解過：

```
int global_num = 0;

int func() {
    ++global_num;
    return global_num;
}
```

我們認為 func 函式是非執行緒安全的，因為 func 函式使用了全域變數，並進行了修改，但如果我們這樣呼叫 func 函式：

```
int funcA() {
    mutex l;

    l.lock();
    func();
    l.unlock();
}
```

雖然 func 函式是非執行緒安全的，但是在呼叫該函式前加了一把鎖進行保護，這時 funcA 函式就是執行緒安全的，原因在於我們用一把鎖間接地保護了全域變數。再來看這樣一段程式：

```
int func(int *num) {
    ++(*num);
    return *num;
}
```

一般我們認為 func 函式是非執行緒安全的，因為我們不知道傳入的指標是不是指向了一個全域變數，但如果呼叫 func 函式的程式是這樣的：

```
void funcA() {
    int a = 100;
```

```
    int b = func(&a);
}
```

那麼這時 funcA 函式依然是執行緒安全的，因為傳入的參數是執行緒私有的區域變數，無論多少個執行緒呼叫 funcA 函式，都不會干擾到彼此。總結一下實現執行緒安全程式的方法。

2.3.10 如何實現執行緒安全程式

在多執行緒程式設計時，我們首先要考慮執行緒間是否一定要共用某種資源，只要執行緒之間不讀寫任何共用資源，就不會有執行緒安全問題。不管這個共用資源儲存在哪個區域，這裡的原則就是在多執行緒程式設計時儘量不共用任何資源。

如果我們要解決的問題必須要求執行緒間共用某種資源，那麼必須注意程式的執行緒安全。實現執行緒安全無非就是圍繞執行緒私有資源和執行緒共用資源這兩點，首先你需要辨識出哪些是執行緒私有的、哪些是執行緒間共用的，這是核心，然後對症下藥即可。

- **執行緒局部儲存**，如果要使用全域資源，那麼是否可以宣告為執行緒局部儲存？因為這種變數雖然是可以被所有執行緒使用的，但每個執行緒都有一個屬於自己的副本，對其修改不會影響到其他執行緒。

- **唯讀**，如果必須使用全域資源，那麼全域資源是否可以是唯讀的？多執行緒使用唯讀的全域資源不會有執行緒安全問題。

- **原子操作**，其在執行過程中不會被打斷，像 C++ 中的 std::atomic 修飾過的變數，對這類變數的操作不需要傳統的加鎖保護。

- **同步互斥**，到這裡也就確定了程式設計師不得已自己動手維護執行緒存取共用資源的秩序，確保一次只能有一個執行緒操作共用資源，互斥鎖、迴旋鎖、訊號量和其他同步互斥機制都可以達到目的。

怎麼樣，想寫出執行緒安全的程式還是不簡單的吧？如果這一節你只能記住一句話，那麼筆者希望是下面這句，這也是本節的核心：

實現執行緒安全無非就是圍繞執行緒私有資源和執行緒共用資源來進行的，首先你需要辨識出哪些是執行緒私有的，哪些是執行緒間共用的，然後對症下藥即可。

到目前為止，我們的焦點幾乎都在執行緒上，這裡所說的執行緒更多的是指核心態執行緒。核心態執行緒是說執行緒的建立、排程、銷毀等工作都是作業系統幫我們完成的，至於執行緒怎麼建立、如何排程都是不受程式設計師控制的。

我們可以在不依靠作業系統的情況下自己實現執行緒嗎？

答案是肯定的。這就是程式碼協同，這是除執行緒之外的另一種更加輕量級的執行串流，讓我們來看一下。

2.4　程式設計師應如何理解程式碼協同

作為程式設計師，想必你多多少少聽過程式碼協同這個詞，這項技術近年來越來越多地出現在程式設計師視野中，尤其在高性能、高並行領域，當有人提到程式碼協同一詞時如果你的大腦一片空白、毫無概念，那麼這節就是為你量身打造的。

2.4.1　普通的函式

我們先來看一個普通的函式（Python 實現），這個函式非常簡單：

```python
def func():
    print("a")
    print("b")
    print("c")
```

```
def foo():
    func();
```

當我們在 foo 函式中呼叫 func 函式時會發生什麼？

（1） func 函式開始執行，依次列印，直到最後一行程式。

（2） func 函式執行完成，傳回 foo 函式。 是不是很簡單，func 函式執行完成後輸出：

```
a
b
c
```

普通函式遇到 return 或執行到最後一行程式時才可以返回，並且當再次呼叫該函式時又會從頭開始一行行執行直到返回。

這是程式設計師最熟悉的函式呼叫，程式碼協同又有什麼不同呢？

2.4.2 從普通函式到程式碼協同

程式碼協同和普通函式在形式上沒有差別，只不過程式碼協同有一項和執行緒很相似的本領：暫停與恢復。

這是什麼意思呢？

```
def func():
    print("a")
    暫停並返回
    print("b")
    暫停並返回
    print("c")
```

如果 func 函式執行在程式碼協同中，那麼當執行完 print("a") 後，func 函式會因「暫停並返回」這段程式返回到呼叫函式。

你可能會說這有什麼神奇的嗎？我寫一個 return 也能返回：

```
def func():
  print("a")
  return
  print("b")
  暫停並返回
  print("c")
```

直接寫一個 return 語句確實也能返回，但這樣寫的話，return 後面的程式就都沒有機會被執行到了。

程式碼協同的神奇之處在於它能儲存自身的執行狀態，從程式碼協同返回後還能繼續呼叫它，並且是從該程式碼協同的上一個暫停點後繼續執行的，這就好比孫悟空說一聲「定」，程式碼協同就被暫停了，此時 func 函式返回。當呼叫方什麼時候想起可以再次呼叫該程式碼協同時，該程式碼協同會從上一個返回點繼續執行，也就是執行 print("b")。

```
def func():
  print("a")
  定
  print("b")
  定
  print("c")
```

只不過孫悟空使用的是口訣「定」字，在程式語言中一般被稱為 yield（不同類型的程式語言會略有不同）。

需要注意的是，當普通函式返回後，處理程式位址空間的堆疊區域中不會再儲存該函式執行時期的任何資訊，而程式碼協同返回後，函式的執行時期資訊是需要儲存下來的，以便於再次呼叫該程式碼協同時可以從暫停點恢復執行。

接下來，我們用程式看一看程式碼協同，採用 Python 語言，即使你不熟悉該語言，也不用擔心，這裡不會有理解上的門檻。

在 Python 語言中，這個「定」字同樣採用關鍵字 yield，這樣 func 函式就變成了：

```
def func():
  print("a")
  yield
  print("b")
  yield
  print("c")
```

注意，這時 func 就不再是簡簡單單的函式了，而是升級成了程式碼協同，該怎麼使用程式碼協同呢？很簡單：

```
1 def A():
2 co = func()      # 得到該程式碼協同
3 next(co)         # 呼叫程式碼協同
4 print("in function A") # do something
5 next(co)         # 再次呼叫該程式碼協同
```

我們看到，雖然 func 函式沒有 return 語句，也就是說雖然沒有傳回任何值，但是依然可以寫 co = func() 這樣的程式，意思是說 co 就是我們得到的程式碼協同了。

接下來呼叫該程式碼協同，使用 next(co)，執行一下，執行到第 3 行的結果：

```
a
```

顯然，和我們預期的一樣，程式碼協同 func 在 print("a") 後因執行 yield 而暫停，並返回函式 A。接下來是第 4 行，這個毫無疑問，函式 A 在做一些自己的事情，因此會列印：

```
a
in function A
```

接下來第 5 行是重點，當再次呼叫程式碼協同時該列印什麼呢？

如果 func 是普通函式，那麼會執行 func 的第一行程式，也就是列印 a。

但 func 不是普通函式,而是程式碼協同,程式碼協同會在上一個暫停點繼續執行,因此這裡應該執行的是該程式碼協同第一個 yield 之後的程式,也就是 print("b")。

```
a
in function A
b
```

看到了,程式碼協同是一個很神奇的函式,它會記住之前的執行狀態,當再次被呼叫時會從上一次的暫停點之後繼續執行。

2.4.3 程式碼協同的圖形化解釋

為了更加徹底地理解程式碼協同,我們使用圖形化的方式再看一遍,首先是呼叫普通函式,如圖 2.31 所示。

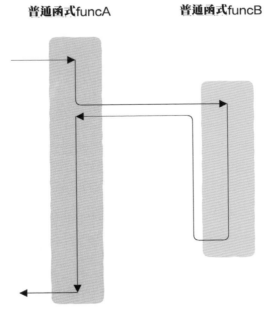

▲ 圖 2.31 呼叫普通函式的執行串流

在圖 2.31 中,方框內箭頭表示該函式的執行串流方向。

如圖 2.31 所示，我們首先來到 funcA 函式，執行一段時間後發現呼叫了另一個函式 funcB，這時控制轉移到 funcB 函式，執行完成後回到 funcA 函式的呼叫點繼續執行。這是呼叫普通函式，接下來是呼叫程式碼協同，如圖 2.32 所示。

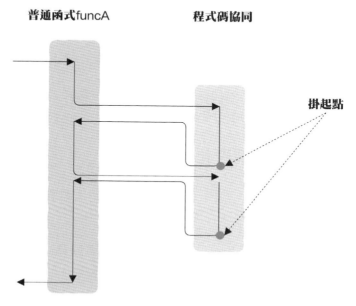

普通函式funcA　　　　程式碼協同

掛起點

▲ 圖 2.32 呼叫程式碼協同的執行串流

從圖 2.32 中可以看到，funcA 函式執行一段時間後呼叫程式碼協同，程式碼協同開始執行，直到第一個暫停點，此後就像普通函式一樣返回 funcA 函式，funcA 函式執行一段時間後再次呼叫該程式碼協同。注意，程式碼協同這時就和普通函式不一樣了，程式碼協同並不是從第一行程式開始執行的，而是從上一次的暫停點之後開始執行的，執行一段時間後遇到第二個暫停點，這時程式碼協同再次像普通函式一樣返回 funcA 函式，funcA 函式執行一段時間後整個程式結束。

2.4.4 函式只是程式碼協同的一種特例

怎麼樣，神奇不神奇？與普通函式不同的是，程式碼協同能知道自己上一次被執行到了哪裡。

現在你應該明白了，首先程式碼協同會在被暫停執行時期儲存執行狀態，然後從儲存的狀態中恢復並繼續執行。

很熟悉的味道有沒有，這不就是作業系統對執行緒的排程嘛，執行緒也可以被暫停，作業系統先儲存執行緒執行狀態然後去排程其他執行緒，此後該執行緒再次被分配 CPU 時還可以繼續從被暫停的地方執行，就像沒有被停止執行過一樣。

實際上，作業系統可以在任意一行程式處暫停你的程式執行，只不過你是感知不到的，因為作業系統如何排程執行緒對你是不可見的。

電腦系統中會定期產生計時器中斷，每次處理該中斷時作業系統即可抓住機會決定是不是要暫停當前執行緒的執行，這就是在執行緒中不需要程式設計師顯性地指定該什麼時候暫停，並讓出 CPU 的原因所在。但在使用者態並沒有類似計時器中斷這樣的機制，因此在程式碼協同中你必須利用如 yield 這樣的關鍵字顯性地指明在哪裡暫停，並讓出 CPU。

值得注意的是，不管你建立多少個程式碼協同，作業系統都是感知不到的，因為程式碼協同完全實現在使用者態，這就是可以把程式碼協同理解為使用者態執行緒的原因（關於使用者態及核心態請參見 3.5 節）。

有了程式碼協同，程式設計師可以扮演類似作業系統的角色了，你可以自己控制程式碼協同在什麼時候執行、什麼時候暫停，也就是說程式碼協同的排程權在你自己手上。

在程式碼協同的排程這件事上，你說了算。

現在你應該理解為什麼說函式只是程式碼協同的一種特例了，函式其實只是沒有暫停點的程式碼協同而已。

2.4.5　程式碼協同的歷史

你可能認為程式碼協同是一種比較新的技術，但其實程式碼協同這種概念早在 1958 年就被提出來了，要知道這時執行緒的概念都還沒有出現。

到了 1972 年，終於有程式語言實現了程式碼協同，這兩門程式語言就是 Simula 67 和 Scheme，但程式碼協同始終沒有流行起來，甚至在 1993 年還有人像考古一樣專門寫論文挖出程式碼協同這種古老的技術。

因為這一時期還沒有執行緒，如果你想寫並行程式，那麼不得不相依類似程式碼協同這樣的技術。後來執行緒開始出現，作業系統終於開始原生支援程式的並行執行，就這樣，程式碼協同逐漸淡出了程式設計師的視線。

近些年，隨著網際網路的發展，尤其是行動網際網路時代的到來，伺服器端需要處理大量使用者請求，程式碼協同在高性能、高並行領域找到了屬於自己的位置，再一次重回技術主流，各大程式語言都已經支援或計畫支持程式碼協同。

程式碼協同到底是如何實現的呢？接下來我們探討一種可能的實現方法。

2.4.6 程式碼協同是如何實現的

程式碼協同的實現其實和執行緒的實現沒有什麼本質上的差別。

程式碼協同可以被暫停也可以被恢復，一定要記錄下被暫停時的狀態資訊，並據此恢復程式碼協同的執行。

這裡的狀態資訊包括：① CPU 的暫存器資訊；②函式的執行時期狀態資訊。這主要儲存在函式堆疊幀中，如圖 2.33 所示，關於堆疊幀在第 3 章會有詳細講解。

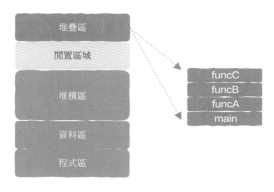

▲ 圖 2.33 函式執行時期堆疊幀

從圖 2.33 中可以看出，該處理程式中只有一個執行緒，堆疊區域中有四個堆疊幀，main 函式呼叫 funcA 函式，funcA 函式呼叫 funcB 函式，funcB 函式呼叫 funcC 函式。

既然處理程式位址空間中的堆疊區域是為執行緒準備的，那麼程式碼協同的堆疊幀資訊該存放在哪裡呢？想一想，處理程式位址空間中哪一塊區域還可以用來儲存資料呢？沒錯，我們可以在堆積區中申請一塊記憶體用來存放程式碼協同的執行時期堆疊幀資訊，如圖 2.34 所示。

從圖 2.34 中可以看出，該程式開啟了兩個程式碼協同，這兩個程式碼協同的堆疊區域都是在堆積區域分配的，這樣我們就可以隨時中斷或恢復程式碼協同的執行了。

你可能會問，處理程式位址空間最上層的堆疊區域現在的作用是什麼呢？

堆疊區域依然是用來儲存函式堆疊幀的，只不過這些函式並不是執行在程式碼協同中而是執行在普通執行緒中。

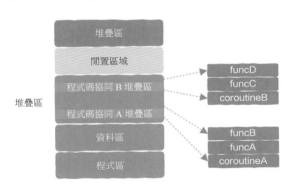

▲ 圖 2.34 程式碼協同的實現

現在你應該看到了，在圖 2.34 中實際上有三個執行串流：

■   一個普通執行緒。

■   兩個程式碼協同。

　　雖然有三個執行串流但我們只建立了一個執行緒，理論上只要記憶體空間足夠我們就可以開啟無數程式碼協同，且程式碼協同的切換、排程完全發生在使用者態，不需要作業系統介入，程式碼協同切換時需要儲存或恢復的資訊更輕量，因此效率也更高。

　　至此，你大體上應該了解了程式碼協同，但還有一個重要的問題，我們為什麼需要程式碼協同這種技術，它能幫我們解決什麼問題呢？

　　先舉出答案，程式碼協同最重要的作用之一就是可以讓程式設計師以同步的方式來進行非同步程式設計，你讀了這句話可能一臉問號，沒關係，這個問題先放到這裡，在 2.8 節我們還會回到這一問題。

　　到這裡，電腦系統中幾個非常重要的基礎抽象概念包括作業系統、處理程式、執行緒、程式碼協同就介紹完畢了，這一部分重在理論，主要關注這些基礎抽象「是什麼（What）、為什麼（Why）」，本章的後半部分我們的重點將轉移到「怎麼用（How）」上來。

　　在介紹「怎麼用」之前，有一些程式設計上的概念就不得不講了，這些概念在程式設計師程式設計時經常用到，並且我們在後續的內容中也會多次引用到，但鮮有資料介紹它們，這包括回呼函式、同步、非同步、阻塞、非阻塞，徹底弄清楚這些概念對程式設計師大有裨益。

　　我們先看回呼函式。

2.5 　徹底理解回呼函式

　　不知道你有沒有這樣的疑惑，我們為什麼需要回呼函式這個概念？直接呼叫函式不就可以了嗎？回呼函式到底有什麼作用？本節就來為你解答這些問題，讀完後你的武器庫又將新增一件功能強大的利器。

2.5.1　一切要從這樣的需求說起

假設某公司要開發下一代國民 App「明日油條」，它是一款主打解決國民早餐的 App，為了加快開發進度，這款 App 由 A 小組和 B 小組協作開發。

其中，核心模組由 B 小組開發，然後供 A 小組呼叫，這個核心模組被封裝成了一個函式，這個函式就叫 make_youtiao（注，youtiao 是油條的中文拼音）。

如果 make_youtiao 這個函式執行得很快並可以立即返回，那麼 A 小組只需要簡單呼叫該函式即可，如圖 2.35 所示。

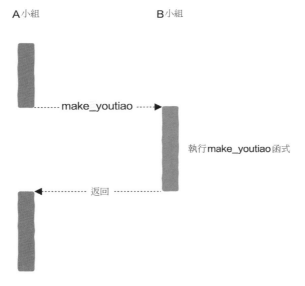

▲ 圖 2.35　呼叫 make_youtiao 函式

make_youtiao 的定義：

```
void make_youtiao() {
    ...
    formed(); // 油條定型
    ...
}
```

make_youtiao 函式中間比較重要的一步是油條外觀的定型，用 formed 函式實現。

程式完成後，「明日油條」App 正式上線。「明日油條」App 深受大眾歡迎，業務

規模開始擴大，這時，不止 A 小組要使用 make_youtiao 函式，C 小組也要使用，但 C 小組正在開拓新業務，他們製作的油條是圓形的，也就是說 C 小組現在還不能直接使用 make_ youtiao 函式，formed 函式必須針對 A、C 兩個小組來撰寫，當然這難不倒程式設計師：

```
void make_youtiao() {
    ...

    if (TeamA) {
      formed_A();
    } else if (TeamC) {
      formed_C();
    }
    ...
}
```

怎麼樣，很簡單吧？這樣 C 小組也可以呼叫 make_youtiao 函式了。

結果 C 小組的新型業務也大獲成功，他們的努力讓油條這一國民早餐在全世界流行起來，全世界程式設計師迫不及待地想使用 make_youtiao 函式來製作油條，只不過他們要根據自己國民的習慣進行一些本土化訂製，即製作出形狀各異的油條。

現在問題來了，B 小組到底該怎樣修改 make_youtiao 函式來滿足全球成千上萬個程式設計師的訂製化需求呢？還能像原來那樣直接使用 if else 嗎？

```
void make_youtiao() {
    ...
    if (TeamA) {
        form_A();
```

```
    } else if (TeamC) {
        form_C();
    } else if (TeamE) {
        ...
    } else if (TeamF) {
        ...
    }...
}
```

如果你依然這樣寫程式，那麼程式中就需要有成千上萬的 if   else，而且只要有新的定制化需求就要修改 make_youtiao 函式，這顯然是很糟糕的設計，該怎樣解決這一問題呢？

是時候展示真正的技術了。

2.5.2　為什麼需要回呼

程式設計師在寫程式時經常會用到變數，如：

```
int a = 10;
```

我們可以針對變數 a 而非一個具體的數字 10 來程式設計，這樣當數字 10 有改動時其他使用到該變數的程式根本不需要變動，否則程式中所有用到 10 的地方都要修改。

其實，我們也可以把函式當作變數！現在重新修改一下 make_youtiao 函式：

```
void make_youtiao(func f) {
    ...
    f();
    ...
}
```

這樣 B 小組再也不需要針對不同的油條訂製化需求不斷地更改程式了，任何想使用 make_youtiao 函式的程式設計師只需要傳入自訂的訂製化函式即可，我們使用函式變數一舉解決了問題。

舉例來說，C 小組有自己的油條訂製化函式 formed_C，可以這樣使用 make_youtiao 函式：

```
void formed_C() {
    ...
}


make_youtiao(formed_C);
```

函式變數好像很容易懂的樣子，根據「弄不懂」原則，我們將這裡的函式變數稱為回呼函式。

從這裡可以看到，一般來說回呼函式的程式由你自己實現，但不是由你自己來呼叫的，通常是其他模組或其他執行緒來呼叫該函式的。

2.5.3 非同步回呼

故事到這裡還沒完。

由於油條業務過於火爆，隨著訂單量的增加，make_youtiao 函式的執行時間越來越長，有時該函式甚至要半小時後才能返回，假設呼叫方 D 小組的程式是這樣寫的：

```
...
make_youtiao(formed_D);
something_important();  // 重要的程式
...
```

在呼叫 make_youtiao 函式之後的半小時裡，something_important() 這行程式都得不到執行，但是這一行程式又非常重要，我們不希望等待半小時，有沒有辦法改進一下？

其實我們可以將 make_youtiao 函式稍加改造，在該函式內部建立執行緒來執行真正的製作油條邏輯，就像這樣：

```
void real_make_youtiao(func f) {
    ...
    f();
    ...
}

void make_youtiao(func f) {
    thread t(real_make_youtiao, f);
}
```

當我們呼叫 make_youtiao 函式時，該函式建立一個新的執行緒後立刻返回並開始執行 something_important() 這行程式，執行緒啟動後才開始真正地製作油條邏輯。注意，當 something_important() 這行程式執行時真正的製作油條邏輯可能還沒開始，這就是非同步（我們將在 2.5.4 節詳解講解同步與非同步）。

就這樣我們再也不需要因呼叫 make_youtiao 函式而等上半小時了，呼叫方和被呼叫方可以在各自的執行緒中平行處理執行起來，如圖 2.36 所示。

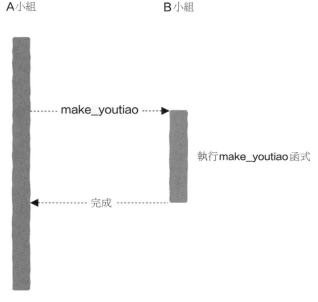

▲ 圖 2.36　非同步回呼

當呼叫執行緒不相依回呼函式的執行時就是非同步回呼，在 2.5.4 節我們將重點了解一下同步與非同步的概念。

2.5.4 非同步回呼帶來新的程式設計思維

呼叫函式時程式設計師最熟悉的思維模式是這樣的：

（1）呼叫某個函式，獲取結果。

（2）處理獲取到的結果。

```
res = request();
handle(res);
```

這就是函式的同步呼叫，只有 request 函式返回拿到結果後，才能呼叫 handle 函式進行處理，request 函式返回前我們必須等待，這就是同步呼叫，如圖 2.37 所示。

現在讓我們升級一下，從資訊的角度來講，一個函式其實是缺少參數這一部分資訊的，這一部分資訊需要呼叫方在呼叫函式時補充完整。從電腦的角度來講，資訊有兩類：一類是資料，如一個整數、一個指標、一個結構、一個物件等；另一類是程式，如一個函式。

因此，當程式設計師呼叫函式時，不但可以傳遞普通變數（資料），還可以傳遞一個函式變數（程式），如我們不去直接呼叫 handle 函式，而是將該函式作為參數傳遞給 request：

```
request(handle);
```

我們根本不關心 handle 函式什麼時候才被呼叫，這是 request 需要關心的事情。

再讓我們把非同步加進來。

如果上述函式呼叫為非同步回呼，那麼 request 函式可以立刻返回，真正獲取結果並處理的過程可能是在另一個執行緒、處理程式，甚至另一台機器上完成。

這就是非同步呼叫，如圖 2.38 所示。

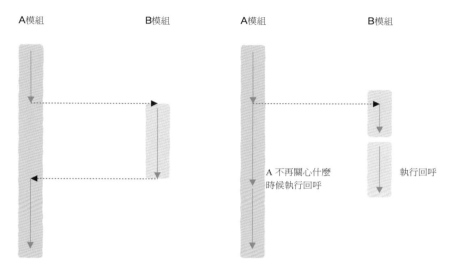

▲　圖 2.37　同步呼叫　　　　　　▲　圖 2.38　非同步呼叫

從程式設計思維上來看，非同步呼叫和同步呼叫有很大差別，如果我們把處理流程當成一個任務來看，那麼在同步呼叫程式設計方式下整個任務都是在函式呼叫方執行緒中處理完成的，但是在非同步呼叫程式設計方式下任務的處理被分成了兩部分。

（1）第一部分是在函式呼叫方執行緒中處理的，也就是呼叫 request 之前的部分。

（2）第二部分則不在函式呼叫方執行緒中處理，而在其他執行緒、處理程式，甚至另一個機器上處理。

我們可以看到，由於任務被分成了兩部分，第二部分的呼叫不在我們的掌控範圍內，同時只有呼叫方才知道該做什麼。因此，在這種情況下回呼函式就是一種必要的機制，也就是說回呼函式的本質就是「只有我們才知道做些什麼，但是我們並不清楚什麼時候去做這些，只有其他模組才知道，因此必須把我們知道的封裝成回呼函式告訴其他模組」。

現在你應該能明白非同步回呼這種程式設計方式了吧？接下來，我們給回呼一個較為學術的定義。

2.5.5　回呼函式的定義

在電腦科學中，回呼函式是指一段以參數的形式傳遞給其他程式的可執行程式。

這就是回呼函式的定義，回呼函式就是一個函式（可執行程式），與其他函式沒有任何區別。

注意，回呼函式是一種軟體設計上的概念，與某個程式語言沒有關係，幾乎所有的程式語言都能使用回呼函式。

一般來說，函式的撰寫方如果是我們自己，那麼呼叫方也會是我們自己，但回呼函式不是這樣的。雖然函式撰寫方是我們自己，但是函式呼叫方不是我們自己，而是我們引用的其他模組，如協力廠商函式庫，我們呼叫協力廠商函式庫中的函式，並把回呼函式傳遞給協力廠商函式庫，協力廠商函式庫中的函式呼叫我們撰寫的回呼函式，如圖 2.39 所示。

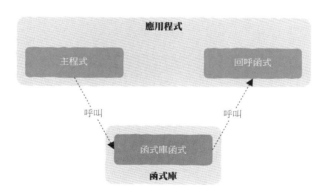

▲ 圖 2.39　回呼函式與呼叫方分屬兩個不同的層次

之所以需要給協力廠商函式庫指定回呼函式，是因為協力廠商函式庫的撰寫方並不清楚在某些特定節點該執行什麼操作，這些只有協力廠商函式庫的使用方才知道，因此協力廠商函式庫的撰寫方無法針對具體的實現來寫程式，而

只能對外提供一個參數，協力廠商函式庫的使用方來實現該函式並作為參數傳遞給該協力廠商函式庫，協力廠商函式庫在特定的節點呼叫該回呼函式就可以了。

另外，值得注意的是，從圖 2.39 中我們可以看到回呼函式和主程式位於同一層中，我們只負責撰寫該回呼函式，但並不由我們來呼叫。

最後，我們關注一下回呼函式被呼叫的時間節點，一般來說當系統中出現某個我們感興趣的事件（如接收到網路資料、檔案傳輸完成等）時，我們希望能呼叫一段程式來處理一下，這時回呼函式也可以派上用場，我們可以針對某個特定事件註冊回呼函式。當系統中出現該事件時將自動呼叫對應的回呼函式，因此從這個角度來看回呼函式就是事件處理器（Event Handler），回呼函式適用於事件驅動程式設計，我們將在 2.8 節再次回到這一話題。

2.5.6　兩種回呼類型

到目前為止，已經介紹了兩種回呼：同步回呼與非同步回呼，這裡再次講解一下這兩個概念。

首先來看同步回呼（Synchronous Callbacks），也有的將其稱為阻塞式回呼（Blocking Callbacks），這是我們最為熟悉的回呼方式。

假設我們要呼叫函式 A，並且傳入回呼函式作為參數，那麼在函式 A 返回之前回呼函式會被執行，這就是同步回呼，如圖 2.40 所示。

有同步回呼就有非同步回呼。

依然假設我們呼叫某個函式 A 並以參數的形式傳入回呼函式，此時函式 A 的呼叫會立刻完成，一段時間後回呼函式開始被執行，此時主程式可能在忙其他任務，回呼函式的執行和主程式可能在同時進行，既然主程式和回呼函式的執行可以同時發生，那麼在一般情況下，主程式和回呼函式的執行位於不同的執行緒或處理程式中，這就是非同步回呼（Asynchronous Callbacks），如圖 2.41 所示，也有的資料將其稱為延遲回呼（Deferred Callbacks），名稱很形象。

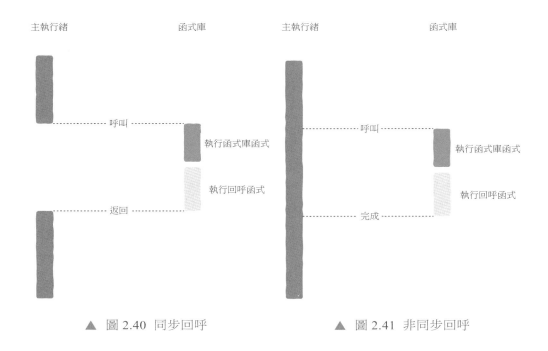

▲ 圖 2.40 同步回呼　　　　　　　　▲ 圖 2.41 非同步回呼

從圖 2.40 和圖 2.41 中我們可以看到，非同步回呼要比同步回呼更能充分利用多核心資源，原因就在於在同步回呼下主程式會「偷懶」（中間有一段「空隙」），但是非同步回呼不存在這個問題，主程式會一直執行下去。非同步回呼常見於 I/O 操作，適用於 Web 服務這種高並行場景。

然而，非同步回呼也有自身的問題，電腦科學中沒有一種完美無缺的技術，現在沒有，在可預見的將來也不會有，一切都是妥協的結果，非同步回呼有什麼問題呢？

2.5.7 非同步回呼的問題：回呼地獄

實際上我們已經看到了，非同步回呼這種機制和程式設計師最熟悉的同步回呼不一樣，在可理解性上不及同步回呼。業務邏輯相對複雜，如我們在伺服器端處理某項任務時不止需要呼叫一項下游服務，而是幾項甚至十幾項，如果這些服務呼叫都採用非同步回呼的方式來處理，那麼很有可能陷入回呼地獄中。

舉個例子，假設處理某項任務我們需要呼叫四個服務，每一個服務都相依上一個服務的結果，如果用同步回呼的方式來實現，那麼可能是這樣的：

```
a = GetServiceA();
b = GetServiceB(a);
c = GetServiceC(b);
d = GetServiceD(c);
```

程式很清晰，也很容易理解，但如果使用非同步回呼的方式來寫，那麼將是什麼樣的呢？

```
GetServiceA(function(a){
    GetServiceB(a, function(b){
        GetServiceC(b, function(c){
            GetServiceD(c, function(d) {
                ....
            });
        });
    });
});
```

不需要再強調什麼了，你覺得這兩種寫法哪個更容易理解，程式更容易維護呢？稍複雜一點的非同步回呼程式稍不留意就會跌到回呼陷阱中，有沒有一種更好的辦法既能結合非同步回呼的高效又能結合約步回呼程式的簡單易讀呢？

答案是肯定的。這其實就是 2.4 節講解的程式碼協同，我們會在 2.8 節再次回到這一話題。 關於回呼這一話題就到這裡，本節中多次出現了同步、非同步這樣的概念，是時候好好理解一下同步與非同步啦！

2.6　徹底理解同步與非同步

相信你遇到同步、非同步這兩個詞時會比較茫然，這兩個詞背後到底是什麼意思呢？

我們先從工作場景講起。

2.6.1 辛苦的程式設計師

假設現在老闆分配給你一項很緊急的任務，下班前必須完成，為了督促進度，老闆搬了把椅子坐在一邊盯著你寫程式。

你心裡肯定不爽，心想你就不能去幹點其他事情嗎，非要在這裡盯著！老闆仿佛接收到了你的腦電波：「我就在這裡等著，在你寫完前我哪兒也不去！」。

這個例子中老闆交給你任務後就在原地等待直到你完成任務，這個場景就是同步，如圖 2.42 所示。

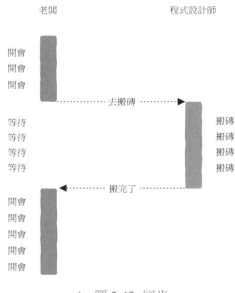

▲ 圖 2.42 同步

第二天，老闆又交給了你一項任務。

不過這次就沒那麼著急，老闆輕描淡寫道：「今天的任務不著急，你寫完告訴我一聲就行」。說完後老闆沒有原地等待你完成任務而是轉身處理其他事情了，你完成後簡單和老闆報告了一聲：「任務完成」。

這就是非同步，如圖 2.43 所示。

值得注意的是，在非同步這種場景下重點是在你搬磚的同時老闆在處理其他工作，這兩件事在同時進行，這就是在一般情況下非同步要比同步高效的本質所在。

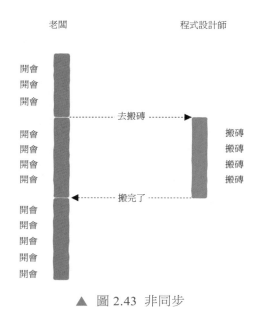

▲ 圖 2.43　非同步

我們可以看到，同步這個詞往往和任務的「相依」「連結」「等待」等關鍵字相關，而非同步往往和任務的「不相依」「無連結」「不需要等待」「同時發生」等關鍵字相關。

2.6.2　打電話與發郵件

程式設計師是不能只顧埋頭搬磚的，平時工作中免不了溝通，其中一種高效的溝通方式是吵架……啊不，是打電話。

打電話時，一個人說另一個人聽，A 在說的時候 B 要在一邊等待，等 A 說完後 B 才能接著說，因此在這個場景中你可以看到「相依」「連結」「等待」這些關鍵字出現了，因此打電話這種溝通方式就是同步，如圖 2.44 所示。

　　除打電話外，郵件還是一種必不可少的溝通方式，沒有人會什麼都不做傻等著你回郵件，因此你在寫郵件的同時，另一個人可以去處理其他事情；與此同時，當你寫完郵件發出去後也不需要乾巴巴地等著對方回覆，可以轉身處理自己的事情，如圖 2.45 所示。

　　在這裡，你寫郵件與別人處理自己的任務這兩件事又在同時進行，收件人和寄件者都不需要相互等待。在這個場景下「不需要等待」這樣的關鍵字出現了，因此郵件這種溝通方式就是非同步的。

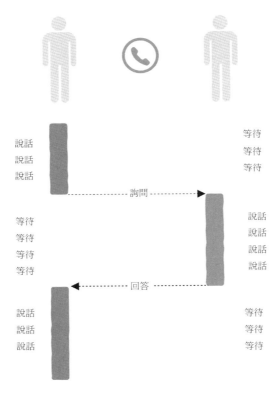

▲ 圖 2.44 打電話是一種同步溝通方式

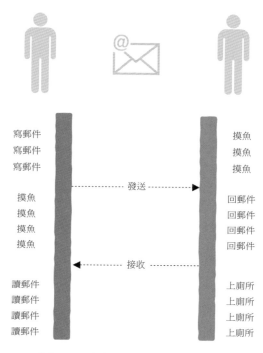

▲ 圖 2.45 郵件是一種非同步溝通方式

2.6.3 同步呼叫

現在回到程式設計上來，先說同步呼叫，這是程式設計師最熟悉的場景。
一般的函式呼叫都是同步的，就像這樣：

```
funcA() {
    // 等待 funcB 函式執行完成
    funcB();

    // funcB 函式返回後繼續接下來的流程
    ...
}
```

funcA 函式呼叫 funcB 函式，在 funcB 函式執行完之前，funcA 函式中的後
續程式都不會被執行，也就是說 funcA 函式必須等待 funcB 函式執行完成，這
就是同步呼叫，如圖 2.46 所示。

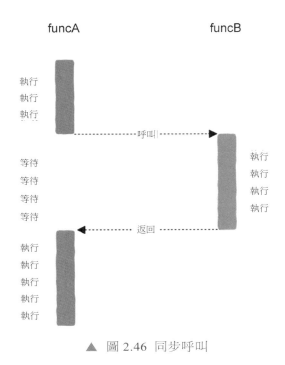

▲ 圖 2.46 同步呼叫

注意，一般來說，像這種同步呼叫，funcA 函式和 funcB 函式是執行在同一個執行緒中的，這是最為常見的情況。

但有一種情況比較特殊，那就是 I/O 操作。

當我們進行 I/O 操作時，如呼叫 read 函式讀取檔案時：

```
...
read(file, buf); // 執行到這裡執行緒被暫停執行
...
// 等待檔案讀取完成後繼續執行
```

底層實際上是透過系統呼叫的方式向作業系統發出請求的，此時呼叫執行緒會因檔案讀取而被作業系統暫停執行，當核心讀取磁碟內容後再喚醒被暫停的執行緒，這就是阻塞式 I/O，如圖 2.47 所示。

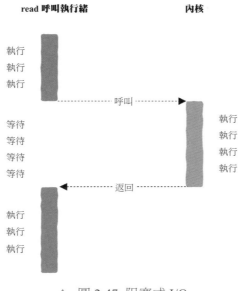

read 呼叫執行緒　　　　　　　　**內核**

執行
執行
執行

‥‥‥‥ 呼叫 ‥‥‥‥▶

　　　　　　　　　　　　執行
等待　　　　　　　　　　執行
等待　　　　　　　　　　執行
等待　　　　　　　　　　執行
等待

◀‥‥‥‥ 返回 ‥‥‥‥

執行
執行
執行

▲ 圖 2.47 阻塞式 I/O

　　顯然，這也是同步呼叫，只是呼叫方與檔案讀取方執行在不同的執行緒中。因此我們可以得出結論，同步呼叫與呼叫方和被呼叫方是否執行在同一個執行緒是沒有關係的。

　　同步程式設計對程式設計師來說是最容易理解的，但容易理解的代價就是在某些場景下（注意，是在某些場景下而非所有場景），同步並不是高效的，因為呼叫方必須等待。

　　接下來，我們看非同步呼叫。

2.6.4 非同步呼叫

　　一般來說，非同步呼叫總是和 I/O 等耗時較高的任務如影隨形，像磁碟檔案讀寫、網路資料的收發、資料庫操作等。

　　我們還是以讀取磁碟檔案為例。

如果 read 函式的呼叫是同步的，那麼在讀取完檔案之前呼叫方無法繼續向前推進，但如果 read 函式可以非同步呼叫，情況就不一樣了。

假如 read 函式是非同步呼叫，即使還沒有讀取完檔案，read 函式也可以立即返回。

```
read(file, buff); // read 函式立即返回
// 不會阻塞當前程式
```

非同步呼叫 read 函式如圖 2.48 所示。

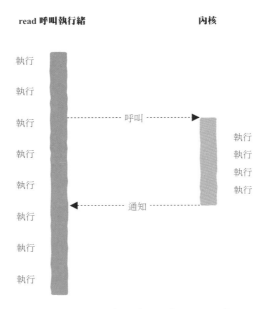

▲ 圖 2.48 非同步呼叫 read 函式

這就是非同步 I/O。

在這種情況下，呼叫方不會被阻塞，read 函式會立刻返回，呼叫方可以立即執行接下來的程式，呼叫方此後的程式可以與檔案讀取平行處理進行，這就是非同步的高效之處。

但是，請注意，非同步呼叫對程式設計師來說在理解上是一種負擔，在程式撰寫上更是如此，整體來說，在電腦科學中當上帝為你打開一扇門時也會適當關上一扇窗戶。

你可能會有這樣的疑問，在非同步呼叫方式下我們該怎麼知道什麼時候任務真正地被處理完成呢？這個問題在同步呼叫方式下很簡單，我們可以確信當函式返回後一定表示被呼叫函式涉及的任務被處理完成了，如同步呼叫 read 函式，當該函式返回後一定表示讀取完檔案，但在非同步呼叫下我們怎麼能知道什麼時候讀取完檔案呢？又該怎樣處理結果呢？

這就分成了兩種情況：

（1）呼叫方根本就不關心執行結果。

（2）呼叫方需要知道執行結果。

第一種情況的實現方法可以利用 2.5 節講到的回呼函式，如當非同步呼叫 read 函式時，把對檔案內容的處理方法也傳遞過去：

```c
void handler(void* buf) {
    ... // 對檔案內容進行處理
}
read(buf, handler);
```

read(buf, handler); 的意思是「快去讀取檔案，讀取完後用我給你傳遞的函式處理一下」，在這種情況下對檔案內容的處理就不發生在呼叫方執行緒中了，而是在另一個執行緒（處理程式等）中執行回呼函式，如圖 2.49 所示。

第二種情況的一種實現方法是利用通知機制，也就是說當任務執行完成後發送訊號或訊息來通知呼叫方任務完成，在這種情況下對結果的處理依然發生在呼叫方執行緒中，因為一般來說函式的非同步呼叫往往涉及兩個執行緒，呼叫方在一個執行緒而任務的非同步處理通常在另一個執行緒，因此圖 2.50 中會有兩個執行緒。

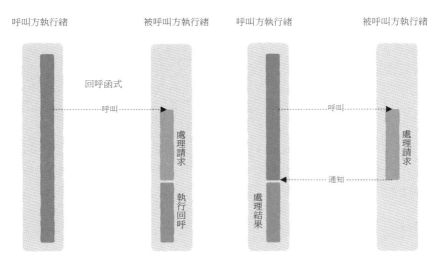

▲ 圖 2.49 非同步回呼　　　　　▲ 圖 2.50 非同步呼叫的通知與結果處理

為加深印象，在本節的最後我們用一個具體的例子來講解一下同步呼叫與非同步呼叫。

2.6.5 同步、非同步在網路服務器中的應用

我們以常見的 Web 伺服器為例來說明這一問題。

一般來說，Web 伺服器接收到使用者請求後會有一些典型的處理邏輯，最常見的就是資料庫查詢（當然，你也可以把這裡的資料庫查詢換成其他 I/O 操作，如磁碟讀取、網路通訊等）。在這裡假設處理一次使用者請求需要經過步驟 A、B、C，然後讀取資料庫，資料庫讀取完成後需要經過步驟 D、E、F，就像這樣：

```
// 處理一次使用者請求需要經過的步驟：

A;
B;
C;
資料庫讀取；
D；
E；
F；
```

其中，步驟 A、B、C 和步驟 D、E、F 不涉及任何 I/O 操作，也就是說這六個步驟不需要讀取檔案、網路通訊等，涉及 I/O 操作的只有資料庫查詢這一步。

一般來說，這樣的 Web 伺服器有兩個典型的執行緒：主執行緒和資料庫處理執行緒。注意，這裡討論的只是典型的場景，具體業務在實現上可能會有差別，但這並不影響我們用兩個執行緒來討論問題。

首先，我們來看一下最簡單的實現方式，也就是同步。這種方式最為自然，也最為容易理解：

```
// 主執行緒
main_thread() {
  while(1) {
    獲取請求
    A;
    B;
    C;
    發送資料庫查詢請求並等待傳回結果 ;
    D;
    E;
    F;
    傳回結果 ;
  }
}

// 資料庫執行緒
database_thread() {
    while(1) {
        獲取請求
        資料庫讀取傳回結果 ;
        }
}
```

這就是最典型的同步方法，主執行緒在發出資料庫查詢請求後就會被阻塞而暫停執行，直到資料庫查詢完畢，這時後面的步驟 D、E、F 才可以繼續執行，如圖 2.51 所示。

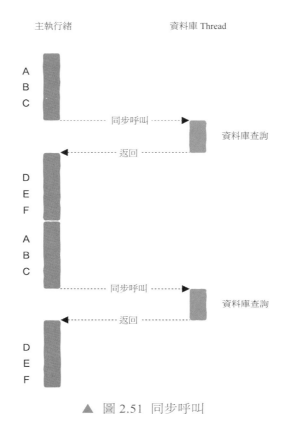

主執行緒   資料庫 Thread

A
B
C
            --------- 同步呼叫 -------▶
                                                    資料庫查詢
        ◀------------ 返回 ----------

D
E
F
A
B
C
            --------- 同步呼叫 -------▶
                                                    資料庫查詢
        ◀------------ 返回 ----------

D
E
F

▲ 圖 2.51 同步呼叫

　　從圖 2.51 中我們可以看到，主執行緒中會有「空隙」，這些空隙就是主執行緒的「休閒時光」，主執行緒在這段休閒時光中需要等待資料庫查詢完成才能處理後續流程。在這裡主執行緒就好比監工的老闆，資料庫執行緒就好比搬磚的你，在搬完磚前老闆什麼都不做只是緊緊地盯著你，等你搬完磚後才去忙其他事情。

　　顯然，高效的程式設計師是不能容忍主執行緒偷懶的，是時候亮出「秘密武器」了，這就是非同步。

　　在非同步這種實現方案下主執行緒根本不去等待資料庫是否查詢完成，而是發送完資料庫讀寫請求後直接處理下一個使用者請求。

注意，一個請求需要經過 A、B、C、資料庫查詢、D、E、F 這七個步驟，如果主執行緒在完成 A、B、C、資料庫查詢步驟後直接處理接下來的請求，那麼上一個請求中剩下的 D、E、F 三個步驟該怎麼辦呢？

如果大家還沒有忘記 2.6.4 節內容就應該知道，這有兩種情況，我們來分別討論。

情況一：主執行緒不關心資料庫操作結果。

在這種場景下，主執行緒根本不關心資料庫是否查詢完畢，資料庫查詢完畢後自行處理接下來的 D、E、F 三個步驟，如圖 2.52 所示。

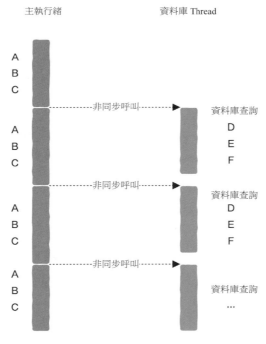

▲ 圖 2.52　非同步呼叫

看到了，接下來重點來了哦！

我們說過一個請求需要經過七個步驟，其中前三個是在主執行緒中完成的，後四個是在資料庫執行緒中完成的，資料庫執行緒是怎麼知道查完資料庫後要

處理 D、E、F 這三個步驟的呢？這時，我們的另一個主角回呼函式就開始登場了，回呼函式就是用來解決這一問題的。

將 D、E、F 這三個步驟封裝到第一個函式中，我們將該函式命名為 handle_ DEF_after_ DB_query：

```
void handle_DEF_after_DB_query () {
    D;
    E;
    F;
}
```

這樣主執行緒在發送資料庫查詢請求時將該函式一併當成參數傳遞過去：

```
DB_query(request, handle_DEF_after_DB_query);
```

資料庫執行緒完查詢請求後直接呼叫 handle_DEF_after_DB_query 即可，這就是回呼函式的作用。

你可能會有疑問，為什麼這個函式要傳遞給資料庫執行緒而非資料庫執行緒自己定義、自己呼叫呢？因為從軟體組織結構上來講，這不是資料庫執行緒該做的工作，資料庫執行緒需要做的僅是先查詢資料庫，然後呼叫一下回呼函式，至於該回呼函式做了些什麼，資料庫執行緒根本不關心，也不應該關心。顯然，只有呼叫方才知道該怎樣處理資料庫結果，雖然呼叫方的處理邏輯多種多樣，但都可以封裝到回呼函式並傳遞給資料庫模組，而如果資料庫執行緒自己定義處理函式，這種設計就沒有靈活性可言了，這就是回呼函式的作用。

仔細觀察圖2.51 和圖2.52，你能看出為什麼非同步呼叫比同步呼叫高效嗎？

從圖 2.52 中我們可以看到，主執行緒的「休閒時光」不見了，取而代之的是不斷地工作、工作、工作，而且資料庫執行緒也沒有那麼大段的空隙了，取而代之的也是工作、工作、工作。

主執行緒使用者請求和資料庫處理查詢請求可以同時進行，這樣的設計能更加充分地利用系統資源，從而更快地請求處理。從使用者的角度來看，系統回應也會更加迅速，這就是非同步的高效之處。

非同步程式設計並不如同步程式設計容易理解，在系統可維護性上也不如同步程式設計。

接下來，我們看第二種情況，即主執行緒關心資料庫操作結果。

情況二：主執行緒關心資料庫操作結果。

在這種場景下，資料庫執行緒需要將操作結果利用通知機制發送給主執行緒，主執行緒在接收到訊息後繼續處理上一個請求的後半部分，如圖 2.53 所示。

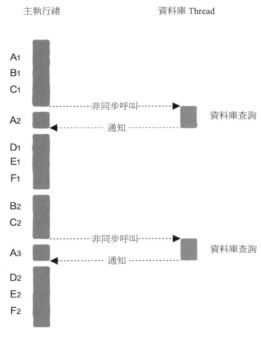

▲ 圖 2.53 主執行緒關心資料庫操作結果

與圖 2.51 相比，圖 2.53 中的主執行緒也沒有了「休閒時光」，只不過在這種情況下資料函式庫執行緒是比較清閒的，這個範例並沒有如圖 2.52 所示的非同步呼叫高效，但是依然要比同步呼叫高效一些。

需要注意的是，並不是所有情況下的非同步呼叫都一定比同步呼叫高效，要具體情況具體分析。

現在你應該能理解到底什麼是同步、什麼是非同步，以及為什麼通常來說非同步呼叫更加高效了吧？接下來我們看另外兩個相似的概念：阻塞與非阻塞。

2.7 哦！對了，還有阻塞與非阻塞

在 2.6 節我們理解了同步與非同步，這兩個詞其實所適用的領域非常寬泛，不僅適用於程式設計領域，還可以用在通訊領域等。

當我們說同步或非同步時所指的一定是兩個角色，這裡的角色在程式設計中就是指兩個互動的模組或函式，在通訊中就是指通訊雙方，如圖 2.54 所示。

▲ 圖 2.54 同步、非同步會涉及兩個角色

同步指的是兩個角色緊耦合，如 A 和 B 兩個角色，A 的某個操作必須相依 B 的某個操作，存在這種相依關係時 A、B 是同步的，如圖 2.55 所示。

▲ 圖 2.55 A、B 相互相依：同步

如果 A 和 B 沒有緊耦合這種限制，可以各幹各的，那麼 A、B 是非同步的，如圖 2.56 所示。

▲ 圖 2.56 A、B 相互獨立：非同步

同步、非同步一定指的是雙方，且不僅限於程式設計領域。

2.6 節中老闆等待員工完成任務、雙方打電話或發郵件等都是典型的同步、非同步場景。

接下來，我們看一下阻塞與非阻塞。

2.7.1 阻塞與非阻塞

阻塞與非阻塞在程式設計語境中通常用在函式呼叫上。

假設兩個函式 A 和 B，函式 A 呼叫函式 B，當函式 A 所在的執行緒（處理程式）因呼叫函式 B 被作業系統暫停而暫停執行時期，我們說函式 B 的呼叫是阻塞式的，否則就是非阻塞式的。

執行緒因阻塞呼叫被暫停如圖 2.57 所示。

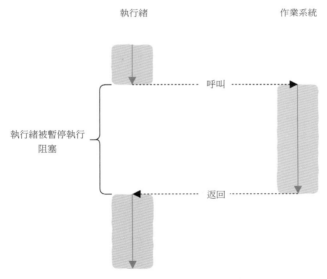

▲ 圖 2.57 執行緒因阻塞呼叫被暫停

可以看到，阻塞式呼叫的關鍵在於執行緒（處理程式）被暫停執行。注意，不是所有的函式呼叫都會使呼叫方所在執行緒被暫停執行，就像這樣：

```
int sum(int a,int b) {
    return a + b;
}

void func() {
    int r = sum(1,1);
}
```

func 函式所在的執行緒不會因為呼叫 sum 函式而被作業系統暫停。

什麼情況下會因呼叫某個函式導致呼叫方所在執行緒（處理程式）被作業系統暫停執行呢？

2.7.2 阻塞的核心問題：I/O

一般情況下，阻塞幾乎都與 I/O 有關。

原因也很簡單，以磁碟為例，通常磁碟完成一次在涉及尋軌的 I/O 請求時耗時能達到毫秒（ms）量級，而我們的 CPU 工作頻率已經在 GHz 量級了，在毫秒的時間內 CPU 可以完成大量有用的工作（執行機器指令），因此一旦當我們的程式（執行緒、處理程式）涉及此類操作時，就應該把 CPU 從該執行緒（處理程式）上拿走分配給其他可以執行的執行緒（處理程式），當 I/O 操作完成後將 CPU 再次分配給該執行緒（處理程式），在此之前該執行緒（處理程式）一直是被阻塞而暫停執行的，如圖 2.58 所示。

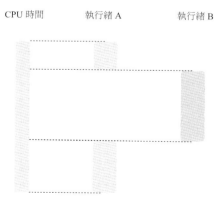

▲ 圖 2.58 高效分配 CPU 時間

從圖 2.58 中可以看出，執行緒 A 因執行 I/O 操作被阻塞而暫停執行，此時 CPU 被分配給執行緒 B，執行緒 B 執行一段時間後作業系統發現 I/O 操作完成，此後將 CPU 再次分配給執行緒 A。作業系統需要高效率地在各個執行緒間分配 CPU 時間以充分利用 CPU 資源，這就是我們需要阻塞式 I/O 呼叫的核心所在。

因此，當涉及耗時較高的 I/O 操作時呼叫方執行緒往往會被阻塞暫停執行。

你可能會說，既然 I/O 操作這麼慢，直接呼叫相關函式會導致執行緒（處理程式）被阻塞，那麼有沒有一種辦法可以既能發起 I/O 操作又不會導致呼叫執行緒被暫停執行的方法呢？

答案是肯定的。這就是非阻塞式呼叫。

2.7.3 非阻塞與非同步 I/O

我們以讀取網路資料為例來看一下非阻塞式呼叫。

假設資料接收函式為 recv，如果 recv 函式是非阻塞式的，那麼呼叫該函式時作業系統不會暫停我們的執行緒，recv 函式會立刻返回，此後我們的執行緒該幹什麼幹什麼，核心負責幫我們接收資料，這兩件事是平行處理的，如圖 2.59 所示。

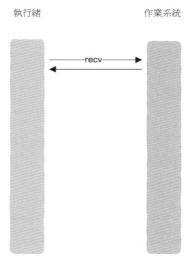

▲ 圖 2.59 函式的非阻塞式呼叫

現在請求發出去了，我們怎麼能知道什麼時候接收到資料呢？有三種方法：

（1）除了非阻塞式的 recv 函式，再給我們提供一個結果查詢函式，透過呼叫該查詢函式我們就能知道是否有資料接收到。

（2）通知機制，接收到資料後給我們的執行緒發送訊息或訊號等。

（3）回呼函式，我們在呼叫 recv 函式時把對資料的處理邏輯封裝成回呼函式傳遞給 recv 函式，前提是 recv 函式支援傳入回呼函式。

這就是非阻塞式呼叫，這類 I/O 操作也叫非同步 I/O，我們可以看到相比阻塞式呼叫來說，這種非同步 I/O 在程式設計上不是很直觀。

為加深你的印象，我們用一個例子再來形象地講解一下阻塞與非阻塞。

2.7.4　一個類比：點披薩

阻塞式呼叫就好比你去披薩店點披薩，此時如果披薩沒有製作完成，那麼你只能原地等待，這時你就因為點披薩而被「阻塞」住了，當披薩烤好後你才能拿著披薩去做其他事情。

而非阻塞式呼叫就好比點外賣，一個電話打過去後接下來你該幹什麼就幹什麼，不會有人打完電話在門口傻等著，這時我們就說用外賣的方式點披薩就是非阻塞的。

在非阻塞的情況下你該怎麼知道披薩是否製作完成了呢？這時根據你的耐心程度可能有兩種情況：

（1）非常有耐心，你根本不關心披薩什麼時候製作完成、什麼時候送到，反正外賣來了會給你打電話，這期間你該幹什麼就幹什麼，在這裡你和製作披薩是非同步的。

（2）沒有耐心，你每隔 5 分鐘就去問一下（呼叫）披薩是否製作好了，除了每隔 5 分鐘問一下，你還是該幹什麼就幹什麼，在這裡你和製作披薩依然是非同步的；但如果你極度沒有耐心，頻繁打電話問進度，披

薩到來前你什麼都不想做,這時你和製作披薩就不再是非同步的而是同步的了,如圖 2.60 所示,因此我們可以說非阻塞不一定代表非同步。

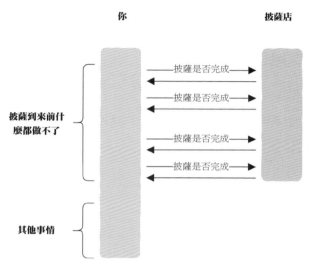

▲ 圖 2.60 非阻塞不一定代表非同步

講解完阻塞與非阻塞後,我們來看一下同步、非同步、阻塞、非阻塞這幾個的組合。

2.7.5 同步與阻塞

同步與阻塞有些相似,從程式設計角度來看同步呼叫不一定是阻塞的,但阻塞呼叫一定是同步的,還是以呼叫加和函式為例:

```
int sum(int a, int b) {
    return a + b;
}

void funcA() {
    sum(1, 1);
}
```

在這裡，呼叫 sum 函式就是同步的，但 funcA 函式不會因呼叫 sum 函式被
阻塞導致其所在執行緒被暫停執行，但如果某個函式是阻塞式呼叫的，那麼其
一定是同步的，這無須多言。

接下來，我們看一下非同步與非阻塞。

2.7.6 非同步與非阻塞

以接收網路資料為例來說明，假設資料接收 recv 函式，增加 NON_
BLOCKING_FLAG 標識將其置為非阻塞式呼叫，我們可以這樣來接收網路資料：

```
void handler(buf) { // 處理接收到的網路資料
    ...
}

while(true) {
    fd = accept();
    recv(fd, buf, NON_BLOCKING_FLAG, handler); // 呼叫後直接返回，不阻塞
}
```

由於 recv 函式為非阻塞式呼叫，因此需要將網路資料處理 handler 函式作為
回呼傳遞給 recv 函式，上述程式即非同步非阻塞的。

但如果系統還給我們提供了一個檢測函式 check，專門用來檢測是否有網路
資料到來，那麼你的程式可能是這樣的：

```
void handler(buf) { // 處理接收到的網路資料
    ...
}

while(true) {
    fd = accept();
    recv(fd, buf, NON_BLOCKING_FLAG); // 呼叫後直接返回，不阻塞
    while(!check(fd)) { // 迴圈檢測
      ;
    }
    handler(buf);
}
```

這裡，recv 函式依然是非阻塞式呼叫的，但你用了一個 while 迴圈不斷檢測，在資料到來之前 handler 函式是不可能被呼叫到的，因此儘管 recv 函式是非阻塞的，但從整體上看是同步的，這就像那個點了外賣一直催單的人，這種情況就屬於同步非阻塞。注意，上述程式非常低效，導致 CPU 白白消耗在 while 迴圈處，不要寫出這樣的程式。

可以看到，非阻塞不一定就表示整體上是非同步的，這取決於程式實現。

2.6 節和 2.7 節內容上可能略顯單調，但這些概念對程式設計師來說的確很重要，希望你還能看到這裡，我們會發現回呼函式適用於非同步處理，而非同步又和執行緒（處理程式）等密切相關，脫離了這些單獨談任何一方都不夠徹底。

本章到目前為止講解了作業系統、處理程式、執行緒、程式碼協同、回呼函式、同步、非同步、阻塞、非阻塞，接下來就是實踐環節了，這些技術可以讓我們實現什麼有用的功能呢？

就像圖 2.61 中那樣，這些技術可以讓我們實現高性能伺服器，這就是下一節要特別注意的內容。

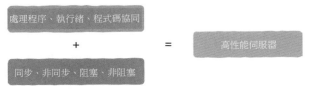

▲ 圖 2.61　高性能伺服器實現需要哪些技術

2.8　融會貫通：高並行、高性能伺服器是如何實

行動網際網路的出現極大地方便了我們的生活，我們利用手機即可瀏覽資訊、購物、點外賣、坐計程車等，在享受這些便利的同時你有沒有想過這背後的伺服器是如何平行處理處理成千上萬個使用者請求的？這裡面涉及哪些技術？

2.8.1 多處理程序

歷史上最早出現也是最簡單的一種平行處理處理方法就是利用多處理程式。

舉例來說，在 Linux 世界中，我們可以使用 fork 方法建立出多個子處理程式，父處理程式首先接收使用者請求，然後建立子處理程式去處理使用者請求，也就是說每個請求都有一個對應的處理程式，即 Process-per-connection，如圖 2.62 所示。

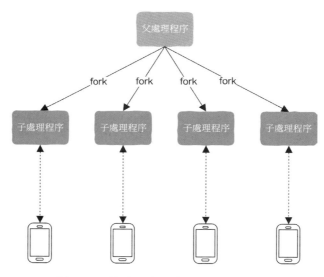

▲ 圖 2.62 利用子處理程式處理使用者請求

這種方法的優點就在於：

（1）程式設計簡單，非常容易理解。

（2）各個處理程式的位址空間是相互隔離的，因此一個處理程式崩潰後並不會影響其他處理程式。

（3）充分利用多核心資源。

多處理程式平行處理處理的優點很明顯，但是缺點同樣明顯：

（1）各個處理程式位址空間相互隔離，這一優點也會變成缺點，處理程式間要想通訊就會變得比較困難，需要借助處理程式間通訊機制。

（2）建立處理程式的銷耗比較大，頻繁地建立、銷毀處理程式無疑會加重系統負擔。幸好，除了處理程式，我們還有執行緒。

2.8.2 多執行緒

不是建立處理程式銷耗大嗎？不是處理程式間通訊困難嗎？這些對執行緒來說統統不是問題。

由於執行緒共用處理程式位址空間，因此執行緒間「通訊」不需要借助任何通訊機制，直接讀取記憶體就好了，前提是確保 2.3 節講解的執行緒安全。

要知道執行緒就像寄居蟹一樣，房子（位址空間）都是處理程式的，自己只是一個租客，因此非常的輕量級，建立、銷毀的銷耗也非常小。

我們可以為每個請求建立一個執行緒，即 Thread-per-connection，即使其中某個執行緒因執行 I/O 操作，如讀取檔案等，被阻塞暫停執行也不會影響到其他執行緒，如圖 2.63 所示。

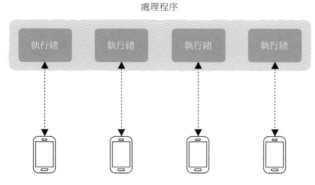

▲ 圖 2.63 利用多執行緒來處理使用者請求

但執行緒就是完美的嗎？顯然，電腦世界沒那麼簡單。

由於執行緒共用處理程式位址空間，這在為執行緒間「通訊」帶來便利的同時也帶來了無盡的麻煩。

正是由於執行緒間共用位址空間，因此一個執行緒崩潰會導致整個處理程式崩潰退出，同時這種共用位址空間卻可以有多個執行串流（執行緒）的機制，帶來的副作用就是多個執行緒不可以同時讀寫它們之間共用的資料資源，否則會有執行緒安全問題，必須借助同步互斥等機制，而這又會帶來鎖死等一系列問題，無數程式設計師寶貴的時間就有相當一部分用來解決多執行緒帶來的這些麻煩。

雖然執行緒也有缺點，但是相比多處理程式來說，執行緒更有優勢。如果使用者規模不大，那麼多執行緒能應付得過來，一旦面臨巨量高並行請求，單純地利用多執行緒就有點捉襟見肘了，C10K 說的就是這個問題。

雖然執行緒建立銷耗相比處理程式建立銷耗小，但依然也是有銷耗的，對動輒每秒數萬個，甚至數十萬個請求的高並行伺服器來說，建立數萬個執行緒會有性能問題，這包括記憶體佔用、執行緒間切換的性能損耗等。

因此，我們需要進一步思考。

2.8.3 事件迴圈與事件驅動

到目前為止，我們提到「平行處理」二字就會想到處理程式、執行緒，平行處理程式設計只能相依這兩項技術嗎？並不是這樣的。

還有另一項技術，其廣泛應用在 GUI 程式設計及伺服器程式設計中，這就是事件驅動程式設計，event-based concurrency。

大家不要覺得這是一項很難懂的技術，實際上事件驅動程式設計的原理非常簡單。事件驅動程式設計技術需要兩種原料：

（1）事件（event）。事件驅動嘛，必須得有事件，由於本節主要關注伺服器，因此這裡的事件更多與 I/O 相關，如是否有網路資料到來、檔案是否讀取寫入等。

（2）處理事件的函式。這一函式通常被稱為 event.handler。

剩下的就簡單了：

你只需要安靜地等待事件到來就好，當事件到來之後，檢查一下事件的類型，並根據該類型找到對應的事件處理函式，也就是 event.handler，然後直接呼叫該 event.handler 函式就好了。

以上就是事件驅動程式設計的全部內容，是不是很簡單！

事件會源源不斷到來，對伺服器來說這裡的事件就是使用者請求，我們需要不斷地接收事件然後處理事件，因此這裡需要一個迴圈（用 while 或 for 迴圈都可以），這個迴圈被稱為事件循環（event loop），如圖 2.64 所示。

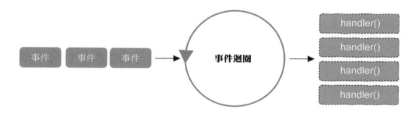

▲ 圖 2.64　事件驅動程式設計

使用虛擬程式碼表示就是這樣：

```
while(true) {
  event = getEvent();    // 等待事件到來
  event.handler(event); // 處理事件
}
```

事件循環中要做的事情其實非常簡單，只需要等待事件的到來並呼叫對應的事件處理函式即可。

看起來不錯，但我們還需要解決兩個問題：

（1）事件來源問題，我們怎麼能在一個函式，如上述虛擬程式碼 getEvent() 中獲取多個事件呢？

（2）處理事件的 handler 函式要不要和事件循環函式執行在同一個執行緒中？

　　先看第一個問題，以伺服器程式設計領域為例，其解決方案就是 I/O 多工技術。

2.8.4　問題 1：事件來源與 I/O 多工

　　在 Linux/UNIX 世界中一切皆檔案，而我們的程式都是透過檔案描述符號來進行 I/O 操作的，socket 也不例外，我們該如何同時處理多個檔案描述符號呢？

　　現在假設有 10 個使用者連結，也就是 10 個 socket 描述符號，伺服器在等待接收資料，最簡單的處理方法是這樣的：

```
recv(fd1, buf1);
recv(fd2, buf2);
recv(fd3, buf3);
recv(fd4, buf4);
...
```

　　一般來說，軟體的設計及實現方案應該儘量簡單，但不能過於簡單，顯然上述過於簡單的程式是有問題的。如果使用者 1 沒有發送資料，那麼 recv(fd1, buf1) 這行程式就不會返回，伺服器也就沒有機會接收並處理使用者 2 的資料。

　　顯然，不管三七二十一地連續處理每個描述符號並不是一個好方法，一種更好的方法是利用某種機制告訴作業系統：「你替我看管好這 10 個 socket 描述符號，誰有資料到來就告訴我」，這種機制就是 I/O 多工，如 Linux 世界中大名鼎鼎的 epoll：

```
// 建立 epoll
epoll_fd = epoll_create();
// 告訴 epoll 替我們看管好這一堆描述符號
epoll_ctl(epoll_fd, fd1, fd2, fd3, fd4...);

while(1) {
    int n = epoll_wait(epoll_fd);
    for (i = 0; i < n; i++) {
        // 處理具體的事件
    }
}
```

看到了，epoll 就是為事件循環而生的，這裡的 epoll_wait() 就相當於虛擬程式碼中的 getEvent()，這樣 I/O 多工技術就成了事件循環的引擎，源源不斷地給我們提供各種事件，這樣關於事件來源的問題就解決了，如圖 2.65 所示。

▲ 圖 2.65 I/O 多工技術是事件循環的引擎

我們還會在第 6 章詳解 I/O 多工技術，當然你現在也可以翻到那裡看完後再回來。

我們再來看第二個問題，處理事件的 handler 函式要不要和事件循環函式執行在同一個執行緒中？

答案是看情況。看什麼情況呢？

2.8.5 問題 2：事件迴圈與多執行緒

如果事件處理函式具備以下兩個特點：

（1）不涉及任何 I/O。

（2）處理函式非常簡單，耗時很少。

那麼這時我們可以放心地讓事件處理函式和事件循環函式執行在同一個執行緒中，如圖 2.66 所示。

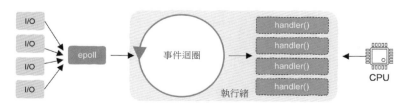

▲ 圖 2.66 事件循環函式與事件處理函式執行在同一個執行緒中

在這種情況下，請求是被連續處理的，而且是在單執行緒中被連續處理的，由於假設的前提是處理請求耗時很少，因此伺服器可在一段時間內處理完大量請求，即使連續處理，使用者也不會察覺到明顯的回應延遲。

現在問題來了，如果處理使用者請求需要消耗大量的 CPU 時間呢？

這時如果還採用單執行緒，那麼使用者會抱怨我們的系統回應時間太長，事件循環在處理請求 A 時沒有辦法回應請求 B，因為只有一個執行緒。為加速請求處理並充分利用現代電腦系統中的多核心，我們需要借助多執行緒的幫助，如圖 2.67 所示。

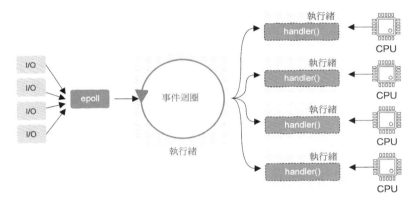

▲ 圖 2.67 事件處理函式執行在多執行緒中

現在，事件處理函式不再和事件循環執行在同一個執行緒中了，而是放在獨立的執行緒中，如圖 2.67 所示，這裡建立了四個工作執行緒及一個事件循環執行緒，事件循環接收到請求後簡單處理一下即可分發給各個工作執行緒，多執行緒並存執行充分利用系統多核心加速請求處理，當然這裡的工作執行緒也可以用執行緒池來實現。

這種設計方法有自己的名稱：Reactor 模式。接下來，我們用一個類比講解一下該模式。

2.8.6　咖啡館是如何運作的：Reactor 模式

假設有一家咖啡館，你在前臺接待喝咖啡的顧客，生意還不錯，來這裡喝咖啡的人絡繹不絕。

有時，有的顧客點的東西很簡單，如來一杯咖啡或牛奶之類，對這類請求你可以快速準備好並交給顧客，但也有一些顧客會點如義大利麵等複雜菜品。作為前臺的你，如果親自去製作義大利麵，就沒有辦法在這期間接待後續到來的顧客，信奉顧客就是上帝的你顯然是不會這樣做生意的。

幸好，後台有幾位大廚，因此你只需要簡單地把製作義大利麵的命令交代下去就好了：「張三去煮麵條，李四去製作醬料，製作好後通知我。」

就這樣，即使前臺只有你一個人也能快速接待顧客的點餐，在這裡你就相當於事件循環，後台的大廚就相當於工作執行緒，整個咖啡館就按照 Reactor 模式執行。

2.8.7　事件迴圈與 I/O

現在，我們把場景升級一下，讓它更複雜一些，假設處理請求的過程中同時涉及 I/O 操作。

對於 I/O 操作也要分兩種情況討論：

（1）該 I/O 操作有對應的非阻塞式介面，在這種情況下直接呼叫非阻塞式介面不會導致執行緒暫停，且該介面可立即返回，因此我們可以直接在事件循環中呼叫。

（2）該 I/O 操作只有阻塞式介面，在這裡必須提醒一點，事件循環中一定不能呼叫任何阻塞式介面，絕對不能！否則會導致事件循環執行緒被暫停執行，這時事件循環這台引擎就熄火了，整個系統都不能繼續向前推進，因此同樣可以把涉及阻塞 I/O 呼叫的任務交給工作執行緒，即使某個工作執行緒被阻塞也不會妨礙其他工作執行緒。

現在系統就是這樣了，如圖 2.68 所示。

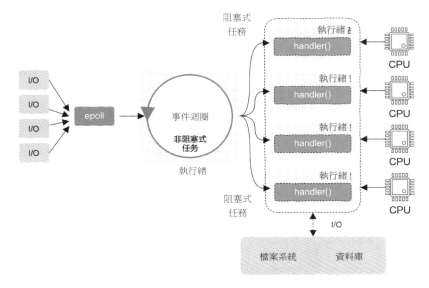

▲ 圖 2.68 事件循環與 I/O

至此，本節提出的兩個問題解決完畢。

實際上，只要確定了整體框架，業務開發者只需要針對 handler 函式進行程式設計即可，接下來我們把目光聚焦到工作執行緒中的 handler 函式上來。

2.8.8 非同步與回呼函式

在專案初期，handler 函式的邏輯可能非常簡單，如只需要簡單地查詢一下資料庫即可返回，但隨著業務發展，伺服器邏輯也會變得越來越複雜，通常會將伺服器邏輯根據用途進行拆分，每一部分都放在單獨的伺服器上，這些伺服器之間相互配合，一次使用者請求的處理可能涉及多種服務，如圖 2.69 所示。

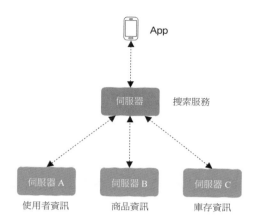

▲　圖 2.69　使用者透過手機搜尋商品

　　舉例來說，使用者在電子商務 App 中搜尋某商品，並假設一次搜尋請求在後端涉及四類服務，請求首先被發送到搜尋伺服器上，簡單處理後請求伺服器 A 獲取使用者的詳細資訊，如人物誌之類，然後結合使用者搜尋詞與人物誌去請求伺服器 B 進行檢索，獲取匹配的商品後再次查詢庫存服務，搜尋服務拿到結果後過濾掉無庫存的商品將最終結果傳回給使用者。

　　各伺服器之間一般透過遠端程式呼叫 RPC 進行通訊，RPC 封裝了網路建立連結、資料傳輸、資料解析等煩瑣的工作，讓程式設計師可以像呼叫普通函式一樣進行網路通訊：

```
GetUserInfo(request, response);
```

　　從外表來看，這是一個普通函式，但該函式的底層會進行網路通訊，把請求發送到目標伺服器上，獲取回應後存放在參數 response 中，該函式傳回後即可從 response 中得到結果。

　　現在該伺服器對應的 handler 函式可能是這樣寫的：

```
void handler(request) {
    A;
    B;
    GetUserInfo(request, response); // 請求伺服器 A
    C;
```

```
    D;
    GetQueryReslut(request, response); // 請求伺服器 B
    E;
    F;
    GetStorkInfo(request, response); // 請求伺服器 C
    G;
    H;
}
```

其中，以 Get 開頭的為 RPC 呼叫，注意，這些 RPC 呼叫是阻塞式的，下游服務在沒有回應之前該函式不會返回。上述 handler 函式實現方法的優點在於程式清晰易懂，唯一的問題是阻塞式呼叫會導致執行緒被暫停執行，多次阻塞式呼叫使得執行緒被頻繁中斷，這樣的系統極有可能無法充分利用 CPU 資源，因為工作執行緒大量時間都在等待下游服務，系統中沒有那麼多就緒執行緒供 CPU 執行，你可能會說多開啟一些工作執行緒不就可以了，但該方法將導致執行緒排程及切換的銷耗顯著增加，CPU 的運算資源都浪費在了無用功上。

一種更好的方法是將 RPC 的同步呼叫修改為非同步呼叫，RPC 呼叫的形式為

```
GetUserInfo(request, callback);
```

由於函式的非同步呼叫不會阻塞呼叫執行緒，該函式會立刻返回。當其傳回時我們可能還沒有得到下游服務的回應結果，這時就必須將 GetUserInfo() 之後的邏輯封裝成回呼函式傳入 RPC 呼叫中，現在整個處理流程就變成了這樣：

```
void handler_after_GetStorkInfo(response) {
    G;
    H;
}


void handler_after_GetQueryInfo(response) {
    E;
    F;
    GetStorkInfo(request, handler_after_GetStorkInfo); // 請求伺服器 C
}
```

```
void handler_after_GetUserInfo(response) {
    C;
    D;
    GetQueryReslut(request, handler_after_GetQueryInfo); // 請求伺服器 B
}

void handler(request) {
    A;
    B;
    GetUserInfo(request, handler_after_GetUserInfo); // 請求伺服器 A
}
```

　　現在我們的主流程被拆分成了四段，且回呼中嵌入回呼，這樣的程式容易理解嗎？這還是在僅只有三個下游服務的場景，如果下游服務更多，那麼這樣的程式幾乎難以維護，儘管非同步程式設計能更充分地利用系統資源。

　　有沒有一種技術，它既有非同步程式設計的高效又有同步程式設計的簡單易懂？答案是肯定的。2.4 節講解的程式碼協同可以解決該問題，我們終於回到了程式碼協同這一話題。

2.8.9　程式碼協同：以同步的方式進行非同步程式設計

　　實際上，如果你的程式語言或框架支援程式碼協同，那麼我們可以將 handler 函式放到程式碼協同中執行，如圖 2.70 所示。

handler

程式碼協同

▲ 圖 2.70　把 handler 函式放到程式碼協同中執行

handler 函式的程式實現依然以同步的方式撰寫，只不過當發起 RPC 通訊後會主動呼叫，如 yield 釋放 CPU（透過改造 RPC 呼叫或網路資料發送函式來實現這一點）。注意，這裡最關鍵的一點在於程式碼協同暫停後並不會阻塞工作執行緒，這是程式碼協同與利用執行緒進行阻塞式呼叫的最大區別。

當該程式碼協同被暫停後，工作執行緒將轉而去執行其他準備就緒的程式碼協同，當下游服務回應並傳回處理結果後主動暫停的程式碼協同將再次具備可執行條件並等待排程執行，此後該程式碼協同將從上一次的暫停點繼續執行下去，如圖 2.71 所示。

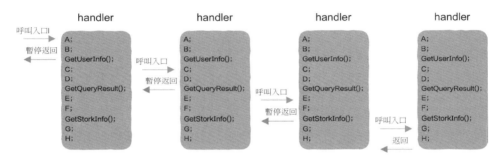

▲ 圖 2.71 程式碼協同從上一次暫停點繼續執行

借助程式碼協同我們達到了以同步方式程式設計卻可以獲得非同步執行效果的目的。最終，增加程式碼協同後伺服器整體框架如圖 2.72 所示。

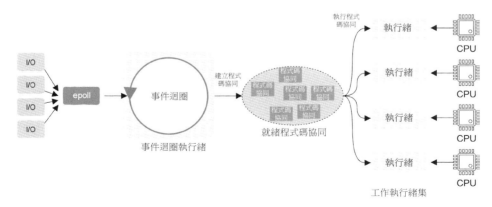

▲ 圖 2.72 增加程式碼協同後伺服器整體框架

　　事件循環接收到請求後，將我們實現的 handler 方法封裝為程式碼協同並分發給各個工作執行緒，供它們排程執行，工作執行緒拿到程式碼協同後開始執行其入口函式，也就是 handler 函式。當某個程式碼協同因發起 RPC 請求主動釋放 CPU 後，該工作執行緒將去找到下一個具備執行條件的程式碼協同並執行，這樣在程式碼協同中發起阻塞式 RPC 呼叫就不會阻塞工作執行緒，從而達到高效利用系統資源的目的。

2.8.10　CPU、執行緒與程式碼協同

　　再次強調一下 CPU、執行緒、程式碼協同這幾者的關係，如圖 2.73 所示。

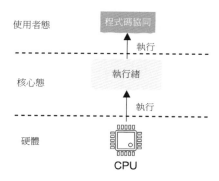

▲　圖 2.73　CPU、執行緒與程式碼協同分屬不同的層次

　　CPU 無須多言，正是 CPU 執行機器指令驅動著電腦執行的；執行緒，一般來說也稱為核心態執行緒，這是核心建立排程的，核心按照執行緒的粒度（又稱細微性，本書使用粒度）來分配 CPU 運算資源；而程式碼協同對核心來說是不可見的，無論建立多少程式碼協同，核心依然是按照執行緒來分配 CPU 時間切片的，在執行緒被分配到的時間切片內程式設計師可自行決定執行哪些程式碼協同，這本質上就是 CPU 時間片在使用者態的二次分配，如圖 2.74 所示，由於這次分配出現在使用者態，因此程式碼協同也被稱為使用者態執行緒。

CPU 時間切片　執行緒 1　　執行緒 2　　程式碼協同 a　　程式碼協同 b

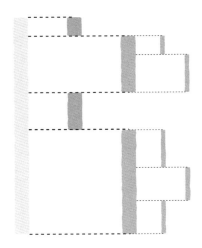

▲ 圖 2.74　程式碼協同本質上是執行緒 CPU 時間切片在使用者態的二次分配

　　怎麼樣，我們把本章前幾節學到的作業系統、處理程式、執行緒、程式碼協同、同步、非同步、阻塞、非阻塞全用上了，這些知識是真正能解決實際問題的。值得注意的是本節的架構設計僅用作範例，在真實場景下一定要根據自己的需求進行設計，實事求是，切不可生搬硬套，滿足自己需求的架構設計就是好的設計。

　　這節內容就到這裡，既然你已經了解了很多重要的概念，是時候來一次有趣的電腦系統漫遊啦！

2.9　電腦系統漫遊：從資料、程式、回呼、閉包到容器、虛擬機器

　　我們的起點是程式，這是電腦系統的靈魂所在。

2.9.1　程式、資料、變數與指標

　　在沒有高級程式語言之前，程式直接用機器指令來程式設計，但我們會發現總有一些指令會被反覆使用到，如果這些指令總要重複撰寫，那麼顯然是很

低效的，因此我們發明了函式，用一個代號即可指代一段指令，當下一次又用到這段指令時直接使用代號即可，這就是函式，如圖 2.75 所示，假設這是一段計算加法的指令。

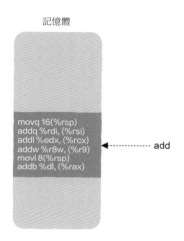

▲ 圖 2.75　用一個代號指代一段指令，函式誕生了

同時，我們知道記憶體中不僅可以用來存放指令（程式），指令操作的資料也可以存放在記憶體中，記憶體中的一段資料可能是一個結構實例，也可能是一個物件，還可能是一個陣列，但這不重要，重要的是我們可以使用一個代號來指代這一段資料，變數就誕生了，如圖 2.76 所示。

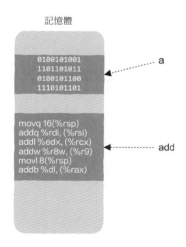

▲ 圖 2.76　使用一個代號來指代一段資料，變數就誕生了

實際上，我們可以用多個變數來指代同一段資料，如圖 2.77 所示。變數 a、b、c 都指代同一段資料（結構 / 物件 / 陣列），如果在 C 語言中，變數 a、b、c 就叫指標，在不支援指標這個概念的語言中就叫引用，關於記憶體、指標、引用等概念會在第 3 章進行詳細講解。

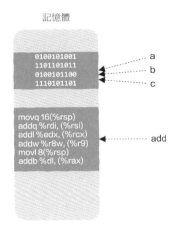

▲ 圖 2.77　多個變數來指代同一段資料

2.9.2　回呼函式與閉包

既然可以有多個變數指代同一段資料，就沒有理由不讓多個變數指代同一段程式，如圖 2.78 所示。

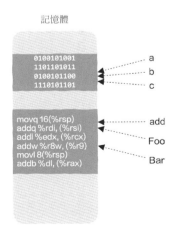

▲ 圖 2.78　多個變數指代同一段程式

　　當一段程式可以像普通變數一樣來回賦值、使用、當作參數傳遞、作為傳回值使用時，我們就說在這樣的程式語言中函式是一等公民，如在 C 語言中函式就不是一等公民，你不能在函式中返回另一個函式，但在 Python 中函式就是一等公民，你可以像普通變數那樣傳回一個函式。

　　當函式作為參數傳遞給其他函式時，我們將其稱為回呼函式（Callback），就像下面這段程式，f 函式就是我們常說的回呼函式，這在本章已經講解過了。

```
void bar(foo f){
    f();
}
```

　　現在，我們了解了變數、函式及回呼函式，接著往下看。

　　儘管回呼函式非常有用，但回呼函式有一個小小的問題，回呼函式其實是說一段代碼在 A 處定義，在 B 處被呼叫，定義與呼叫位於不同的地方，但有時我們不僅希望一段程式可以在 A 處定義，也希望這段程式能攜帶一部分在 A 處產生的資料。換句話說，我們希望回呼函式可以綁定一部分執行時期環境（資料），這部分執行時期環境（資料）只能在 A 處獲得，而無法在 B 處獲得，即無法在呼叫該回呼函式的地方獲得。當回呼函式與一部分資料綁定後統一作為一個變數對待時，閉包（Closure）誕生了，如圖 2.79 所示。

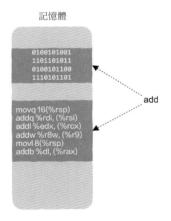

▲ 圖 2.79　把一段程式和資料綁定在一起作為變數使用

舉例來說，下面這段程式：

```
def add():
  b = 10

  def add_inner(x):
    return b + x
  return add_inner

f = add()
print(f(2))
```

我們在 add 函式中定義了一個函式 add_inner，該函式相依兩部分資料：一部分定義在了 add 函式中，也就是變數 b；另一部分是由使用者決定的，也就是傳入的參數 2，當呼叫 f 函式時我們才能最終集齊 add_inner 函式相依的所有資料。

可以看到，add_inner 函式不僅是一段程式，還綁定了一些執行時期環境（變數 b），這就是閉包。

2.9.3 容器與虛擬機器技術

我們的思緒再進一步遊離，當一個函式可以主動讓 CPU 暫停執行並且下次呼叫該函式時可以從暫停點繼續執行時，該函式就是我們所說的程式碼協同，而如果函式的暫停執行與恢復執行實現在核心態，這就是執行緒。

而執行緒加上相依的執行時期資源，如位址空間等，這就是處理程式，關於執行緒和處理程式我們已經在本章講解過了。

如果把程式與程式相依的執行時期環境，如設定、函式庫等打包在一起，那麼這就是容器（Container），如圖 2.80 所示。

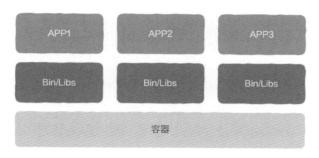

▲ 圖 2.80 把程式與程式相依的執行時期環境打包起來組成容器

　　容器一詞的英文是 Container，其實 Container 還有貨櫃的意思，貨櫃絕對是商業史上了不起的一項發明，大大降低了海洋貿易運輸成本。讓我們來看看貨櫃的好處：

■　貨櫃之間相互隔離。

■　長期反覆使用。

■　快速加載和移除。

■　標準尺寸，在港口和船上都可以置放。

　　回到電腦世界的容器，其實容器和貨櫃在概念上是很相似的，但這有什麼用呢？假設你寫了一個很酷的程式，這段程式相依 mysql 服務、若干系統函式庫及設定檔，現在所有人都想用你的程式。這時每個人都需要在自己的環境上安裝設定好 mysql、裝好相依的系統函式庫及建立若干設定。由於其中某幾個步驟極其容易出錯，因此幾乎每個人在部署程式時都會來找你問問題，你不得不一遍遍解釋該怎樣安裝、怎樣部署。

　　作為程式設計師，對這種機械式的、重複的、枯燥的工作應該有天生的敏感性，這類工作非常適合讓電腦去自動化處理。

　　因此，你會想有沒有什麼辦法能把程式和程式相依的 mysql 服務、若干系統函式庫、設定檔打包起來，其他人開箱即用，再也不用一遍遍設定環境了，就這樣，容器技術誕生了。

實際上，容器也是一種虛擬化技術，虛擬的是作業系統，如圖 2.81 所示。

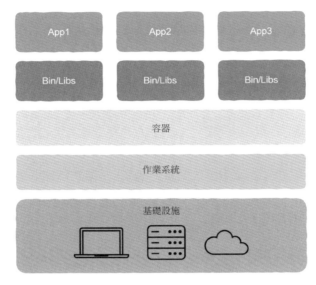

▲ 圖 2.81　容器也是一種虛擬化技術，虛擬的是作業系統

容器利用作業系統提供的能力將處理程式隔離起來，並控制處理程式對 CPU、記憶體及磁碟的存取，讓每個容器裡的處理程式認為整個作業系統中只有這些處理程式存在。

實際上，容器技術很早就出現了，2013 年 Docker 的出現讓這一技術迅速普及開來，從此系統運行維護也可以程式化、自動化，這讓大規模叢集管理更方便、快捷。

可以看到，容器虛擬的是作業系統這層軟體資源，實際上硬體資源也可以被虛擬化，這就是虛擬化技術。

虛擬化技術是說透過軟體在電腦硬體之上進行抽象，將硬體資源分割為多個虛擬電腦，在這些電腦之上執行作業系統，這些作業系統可以共用硬體資源，完成這一工作的軟體被稱為虛擬機器監控器（Hypervisor），如圖 2.82 所示。

執行在虛擬機器監控器之上的作業系統被稱為虛擬機器，與容器中的處理程式認為自己獨佔作業系統類似。執行在虛擬機器監控器之上的作業系統認為

自己獨佔硬體資源，虛擬化技術通常被認為是第一代雲端運算的基石，容器加虛擬機構成了現代雲端運算的基石。

　　從虛擬化的角度來講，我們會發現一些很有趣的現象，與虛擬機器監控器和容器類似，CPU 的虛擬化形成處理程式讓每個處理程式認為自己獨佔 CPU；記憶體虛擬化形成虛擬記憶體讓每個處理程式認為自己獨佔記憶體。

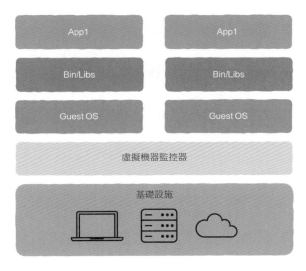

▲ 圖 2.82　硬體虛擬化

　　這次電腦系統漫遊就到這裡，我們從機器指令開始，途徑函式、程式碼協同、執行緒、作業系統一路來到了容器和虛擬機器，它們有一個共同點，那就是都是軟體；同時，我們可以看到軟體千變萬化，新的概念層出不窮，用軟體我們可以相對容易地在一層抽象之上疊加另一層抽象，無論上層軟體多麼複雜，在底層這一切又都依靠於 CPU，即硬體，而 CPU 又是利用非常簡單的電晶體建構出來的，很神奇吧！想一想，從電晶體到應用程式這中間經過了多少層抽象？

　　由於硬體製造出來後幾乎不可能修改，而軟體則不存在這個問題，因此在軟體上總是很容易創新的，甚至過度創新——必要的和非必要的；而硬體則相對困難一些。

2.10 總結

電腦系統中之所以有作業系統、處理程式、執行緒等概念是有其原因的，任何技術都不會無緣無故產生，它必然是解決了某類棘手的問題，帶來了相當的價值，只有了解了這一點才能真正用好技術，這也是為什麼筆者強調了解技術歷史與演進是很有必要的。

本次旅行的前兩站我們基本上了解了軟體的各方面，包括靜態的程式與動態的程式執行，接下來我們繼續探索電腦底層世界，先了解一下記憶體的奧秘，這對理解程式的執行原理非常重要。

Let's go!

第**3**章

底層？就從記憶體這個儲物櫃開始吧

　　CPU 的執行離不開記憶體的幫助，這和人類的大腦略有不同，我們的記憶（儲存）和計算都在大腦中完成，而電腦系統中負責計算與儲存的分別是 CPU 與記憶體，本章特別注意記憶體，第 4 章我們將去了解 CPU。

　　記憶體，從概念上講非常簡單，不就是存放 0 和 1 的儲物櫃嘛，但人類偏偏就在這樣簡單的儲物櫃上創意百出：堆積區域、堆疊區域、全域區、虛擬記憶體、記憶體申請、記憶體釋放、記憶體洩漏等，程式設計師可以在程式語言上吵得不可開交，但說到記憶體他們又會一致對外，因為無論用什麼語言撰寫程式，程式都必須在記憶體中執行，大家在這裡遇到的問題都是相通的。

　　歡迎來到本次旅行的第三站，我們將一起探索記憶體的奧秘。

3.1 記憶體的本質、指標及引用

我們首先來看一下到底什麼是記憶體，以及由此衍生出來的一系列概念：位元組、結構、物件、變數、指標與引用。

3.1.1 記憶體的本質是什麼？儲物櫃、位元、位元組與物件

經常去超市的你想必都用過儲物櫃，每個櫃子都有一個編號，使用時會為你找到一個閒置的櫃子，然後給你一個號碼，告訴你正在使用第幾號儲物櫃，你可以在這裡存放不便於帶進超市的物品。當你的東西比較多時，可以將它們分散存放在多個儲物櫃中，如圖 3.1 所示。

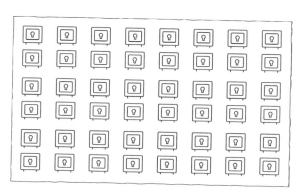

▲ 圖 3.1 儲物櫃

其實記憶體就好比你使用的儲物櫃，其原理沒什麼本質的不同。

從最細細微性來看，記憶體也是由一個個儲物櫃組成的，不過這裡不叫作儲物櫃，而叫作儲存單元（memory cell），為了便於理解，接下來我們依然用「儲物櫃」這個詞而不用「儲存單元」來講解記憶體，這兩個詞在本節的講解中可以認為是同義字。

記憶體的每個儲物櫃不能存放手機、錢包、鑰匙等這麼多類型的東西，而只能存放 0 或 1，就是這麼簡單，儲物櫃存放的 0 或 1 被稱為 1 個位元（bit），如圖 3.2 所示。

▲ 圖 3.2　記憶體的儲物櫃中不是存放 1 就是存放 0

因此，1 個位元不是是 0 就是是 1。

然而，在大部分的情況下，1 個位元對人類來說用處不大，1 個位元只能表示兩種資訊，如是或否、真或假，為了表示更多資訊我們需要更多的位元，因此我們將 8 個位元作為 1 個單位來表示資訊，這 8 個位元形成 1 位元組，如圖 3.3 所示。

▲ 圖 3.3　記憶體中的 8 個儲物櫃可以存放 1 位元組

這時，我們不再單獨為每個儲物櫃編號，而是為每位元組編號，每位元組在記憶體中都有自己的位址，這就是我們通常所說的記憶體位址，透過 1 個記憶體位址我們可以唯一地找到這 8 個儲物櫃，這就是定址（addressing）。

然而，由於 1 位元組只有 8 個位元，因此其表達資訊的能力有限，8 個位元只有 256 種（2 的 8 次方）組合，如果想將其解釋為不附帶正負號的整數，就只能表示為 0~255 這樣的範圍，但對人類來說，這麼小的數字通常意義不大，因為我們周圍的事物輕而易舉就可以超過這個數量，如你的藏書有 1000 本、1 年有 365 天、1 小時有 3600 秒等，因此我們通常用 4 位元組為 1 個單位來表示整數，4 位元組有 32 個位元，這 32 個位元有 4294967296 種組合（2 的 32 次方），足以應對我們對數字的表達需求，這就是程式語言，如 C 語言中 1 個 int 變數佔據 4 位元組的原因。

但除了需要表達整數，我們還想表達一種資訊的組合，如描述一個人的身高、體重、三圍等，儘管這幾項都是整數，但它們屬於某一個主體，如張三，這時 4 位元組的記憶體就不夠用了，我們需要表達 3 個維度總計 12 位元組的記憶體，用這 12 位元組來表達這類組合資訊，這在程式語言中就是結構或物件。

因此我們可以看到，程式語言中任何從簡單到複雜的概念來到記憶體後無非就是儲物櫃中簡單的 0 或 1，一切都看我們怎麼解釋：你可以把 8 個位元當作 1 位元組、可以把 4 位元組當作一個整數、把一段連續的記憶體用來存放結構或物件等，但從記憶體的角度來講，它並不關心這些，任何東西在記憶體看來都是 0 或 1，因為記憶體中的儲物櫃只能存放 0 或 1，從這裡也能看到為什麼我們總說電腦只認識 0 和 1。

既然你已經理解了什麼是記憶體，是時候來看一下變數這個概念了。

3.1.2 從記憶體到變數：變數意味著什麼

假設給你一塊非常小的記憶體，這塊記憶體只有 8 位元組，這裡也沒有高級程式語言，你操作的資料單位是位元組，你該怎樣讀寫這塊記憶體呢？

注意這裡的限制，沒有高級程式語言，在這樣的限制之下，**你必須直面記憶體讀寫的本質。**

這個本質是什麼呢？

本質是你需要意識到記憶體就是一個儲物櫃，8 個一組可以載入 1 位元組，每 8 個儲物櫃給定一個唯一的編號，這就是記憶體位址，如圖 3.4 所示。

這時，如果你想計算 1 加 2，那麼首先要將數字 1 和數字 2 儲存在記憶體中，CPU 從記憶體中讀取暫存器後才能進行加法計算。

假設我們用 1 位元組來表示數字 1 和數字 2，那麼首先需要將這兩個數字分別放到兩組儲物櫃中，我們決定將數字 1 放到編號為 6 的一組儲物櫃中，假設向記憶體儲存資訊使用 store 指令，這樣儲存數字 1 可以這樣表示：

```
store 1 6
```

注意看這行指令，這裡出現了 1 和 6 兩個數字，雖然都是數字，但這兩個數字的含義是不同的：一個代表數值；一個代表編號，也就是記憶體位址。

與寫對應的是讀，假設我們使用 load 指令，就像這樣：

```
load r1 6
```

現在依然有一個問題，這行指令的含義到底是把數字 6 寫入 r1 暫存器，還是把編號為 6 號的一組儲物櫃中儲存的數字寫入 r1 暫存器？

可以看到，數字在這裡是有歧義的，它既可以表示數值也可以表示位址，為加以區分，我們需要給數字增加一個標識，如對於前面加上 $ 符號的就表示數值，否則就表示位址：

```
store $1 6
load r1 6
```

這樣就不會有歧義了。

現在編號為 6 的一組儲物櫃中存放了數值 1，如圖 3.5 所示。

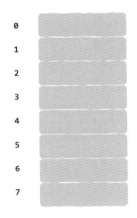

▲ 圖 3.4 容量為 8 位元組的記憶體

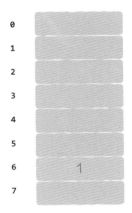

▲ 圖 3.5 記憶體位址為 6 的儲存單元載入數字 1

即位址 6 代表數字 1：

```
位址 6 -> 數字 1
```

但「位址 6」對人類來說太不友善了，人類更喜歡代號，也就是取名字，假設我們給 「位址 6」換一個名字，叫作 a，a 代表的就是位址 6，a 中儲存的值就是 1，如圖 3.6 所示，人類在代數中直觀地表示：

```
a = 1
```

就這樣，變數一詞誕生了。

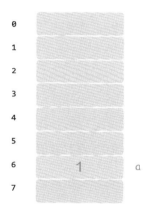

▲ 圖 3.6 將變數 a 代表的數字放到編號為 6 的一組儲物櫃中

我們可以看到，從表面上來看變數 a 等價於數值 1，但背後還隱藏著一個重要的資訊，**那就是將變數 a 代表的數字 1 儲存在 6 號記憶體位址上**，即變數 a 或說代號 a 背後的含義有兩個：

（1）表示數值 1。

（2）該數值儲存在 6 號儲存單元上。

到現在為止，第 2 個資訊好像不太重要，先不用管它。既然有變數 a，就會有變數 b，如果有這樣一個表示：

```
b = a
```

把 a 的值給到 b，這個賦值從記憶體的角度來看其含義到底是什麼呢？

很簡單，我們為變數 b 也找一組儲物櫃，假設將變數 b 放到編號為 2 的一組儲物櫃中，如圖 3.7 所示。

可以看到，我們完全複製了一份變數 a 的資料。

現在有了變數，接下來讓我們升級一下，假設變數 a 不僅可以表示佔用 1 位元組的資料，還可以表示佔用多位元組的資料，如一個結構或物件，如圖 3.8 所示。

現在，變數 a 佔據 5 位元組，足足佔用了整個記憶體的一大半空間，此時如果我們依然想要表示 b=a 會怎樣呢？

如果你依然採用複製的方法，那麼就會發現我們的記憶體空間已經不夠用了，因為整個記憶體大小就 8 位元組，採用複製的方法僅這兩個變數代表的資料就將佔據 10 位元組。那麼怎麼辦呢？

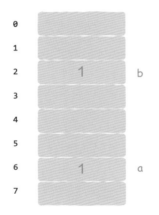

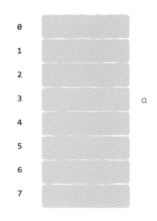

▲ 圖 3.7 將變數 b 放到編號為 2 的一　　　　▲ 圖 3.8 變數 a 佔據 5 位元組
　　組儲物櫃中

3.1.3 從變數到指標：如何理解指標

不要忘了變數 a 背後可是有兩個含義的，我們再來看一下：

（1）表示數值 1。

（2）該數值儲存在 3 號記憶體位址，如圖 3.8 所示。

重點看一下第 2 個含義，這個含義告訴我們什麼呢？

它告訴我們不管一個變數佔據多少記憶體空間，我們總可以透過它在記憶體中的位址找到該資料，而記憶體位址僅就是一個數字，這個數字與該資料佔用記憶體空間的大小無關。

啊哈！現在變數的第 2 個含義終於派上用場了，如果我們想用變數 b 也去指代變數 a，幹嗎非要直接複製一份資料呢？直接使用位址不就好了，如圖 3.9 所示。

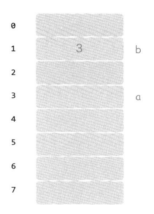

▲ 圖 3.9 變數的值不再解釋為數值而是記憶體位址

變數 a 在記憶體位址中為 3，因此關於變數 b，我們可以僅儲存 3 這個數字。現在變數 b 就開始變得非常有趣了。

變數 b 沒什麼特殊的，只不過變數 b 儲存的數字不再按照數值來解釋了，而按照位址來解釋。

當一個變數不僅可以用來儲存數值還可以儲存記憶體位址時，指標就誕生了。

有很多資料僅提到指標就是位址，實際上這僅停留在組合語言層面來理解，在高階語言中，指標首先是一個變數，只不過這個變數儲存的恰好是位址而已，**指標是記憶體位址的更高級抽象**。

如果僅把指標理解為記憶體位址，你就必須知道間接定址。這是什麼意思呢？

想一想，該怎樣使用組合語言來載入圖 3.9 中變數 b 指向的資料呢？你可能會這樣寫：

```
load r1 1
```

這會不會有問題？這樣寫的話，該指令會把數值 3（位於 1 號記憶體位址中）載入到 r1 暫存器中，然而我們想要把記憶體位址 1 中儲存的數值解釋為記憶體位址，這時必須再次為 1 增加一個標識，如 @：

```
load r1 @1
```

這樣該指令會首先把記憶體位址 1 中儲存的值讀取出來，其值為 3，然後把 3 按照記憶體位址進行解釋，3 指向的才是真正的資料，也就是變數 a 所表示的資料，這個過程是這樣的：

```
位址 1 -> 位址 3 -> 資料
```

這就是間接定址（Indirect addressing），在組合語言下你必須能意識到這一層間接定址，因為在組合語言中沒有變數這個概念。

然而，高階語言則不同，這裡有變數的概念，此時位址 1 代表變數 b，使用變數的好處就在於很多情況下我們只需要關心其第一個含義，也就是說，我們只需要關心變數 b 中儲存了位址 3，而不需要關心變數 b 本身到底儲存在哪裡（儘管有時會需要，這就是雙重指標），這樣使用變數 b 時我們就不需要在大腦中想一圈間接定址這個問題了，在程式設計師的大腦中變數 b 直接指向資料：

```
b -> 資料
```

再來對比一下：

```
位址 1 -> 位址 3 -> 資料    # 組合語言層面
b -> 資料                  # 高階語言層面
```

這就是為什麼說指標是記憶體位址的更高級抽象，這個抽象的目的就在於遮罩間接定址。

當變數既可以存放數值也可以存放記憶體位址時，一個全新的時代到來了：**看似鬆散的記憶體在內部竟然可以透過指標組織起來，同時這讓程式設計師直接處理複雜的資料結構成為可能**，如圖 3.10 所示。

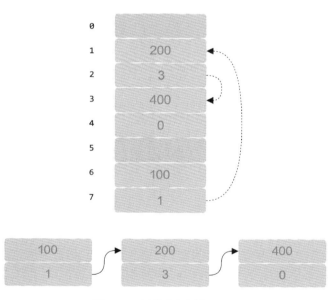

▲ 圖 3.10 用指標建構鏈結串列

指標這個概念第一次出現在 PL/I 語言中，當時為了增加鏈結串列處理能力而引入了這個概念，大家不要以為鏈結串列這種資料結構是司空見慣的，在 1964 年處理鏈結串列並不是一件容易的事情。

值得一提的是，Multics 作業系統就是用 PL/I 語言實現的，這也是第一個用高階語言實現的作業系統，然而 Multics 作業系統在商業上並不成功，參與該專案的 Ken Thompson 和 Dennis Ritchie 後來決定自己寫一個更簡捷的作業系統，就這樣 UNIX 和 C 語言誕生了，或許是在開發 Multics 作業系統時見識到了 PL/I 語言中指標的威力，C 語言中也就有了指標的概念。

3.1.4 指標的威力與破壞性：能力與責任

當在不支援指標的程式語言中寫下 c = a + b 這行程式時，我們是沒有位址這個概念的，位址這個概念被變數抽象掉了，我們不需要關心 a、b、c 儲存在哪裡，我們只需要知道這幾個變數「存在」即可，這是很多語言，如 Java、Python 等的現狀，沒有指標，也就是說，在這類語言中你無法直接操作某個記憶體位置上的資料，這類程式語言沒有把記憶體位址直接曝露出來，你也就看不到記憶體位址。

然而，C 語言沒有把記憶體位址抽象掉，而是更具靈活性，直接把記憶體位址曝露給了程式設計師，在 Java、Python 這類語言中，變數「看上去」只能儲存數值，而 C 語言中的變數既能儲存數值也能儲存記憶體位址，這就是我們剛剛介紹的指標。

有了指標這個概念，程式設計師可以直接操作記憶體這種硬體，在沒有指標概念的程式語言中這是無法做到的，這就是 C 語言對底層有強大控制力，以及 C 語言是系統程式設計首選語言的重要原因。

在有指標這個概念的語言中，對於變數的理解也將更加貼近底層，因為你可以透過獲取這個變數的位址直觀地看到該變數到底儲存在了記憶體的哪個位置上，如這段程式：

```
#include <stdio.h>

void main(){
  int a= 1;
  printf("variable a is in %p\n",&a);
}
```

編譯並執行這段程式，在筆者的機器上會輸出：

```
variable a is in 0x7fffd8ca7954
```

該程式的輸出明白、無誤地告訴我們，剛才執行這個程式時，變數 a 儲存在了 0x7fffd8ca7954 這個無比精確的記憶體位置上。

在有指標的語言中，變數不再是一種看上去比較模糊的概念，它很清晰，清晰到你可以直接看到這個變數具體儲存在了記憶體的哪個位置上，這顯然是其他語言所不具備的，在其他語言中，你只知道變數 a 代表了如一個整數 100，除此之外，你再也不知道關於該變數的其他任何資訊了。

你可能意識不到能直接看到記憶體位址其實是一種非常強大的能力，但也是破壞力非常強的能力，這表示你可以繞過一切抽象直接對一段記憶體進行讀寫，而一旦你的指標計算有誤，這也表示會直接破壞程式的執行時期狀態。指標在指定你直接操作記憶體能力的同時，也提出了更高要求，即你需要確保不會錯誤地操作指標。當然這也是很多程式設計師對指標避之不及的原因之一，因為對指標的誤操作很容易導致程式執行時錯誤。

然而，直接讀寫記憶體這一能力並不是任何場景都需要的，因為 Java、Python 等語言已經證明瞭這一點。在這些語言中即使沒有指標，你一樣可以程式設計解決問題，儘管這裡沒有指標，但有一個相對於指標更進一步的抽象：引用。

3.1.5 從指標到引用：隱藏記憶體位址

什麼是引用呢？

假如你有一個鄰居叫小明，小明有很多稱呼，你稱呼他「小明」，家人可能稱呼他「明明」，同事可能稱呼他「明讀者」，不管怎樣，你還有他的家人及同事說起小明時都能知道這個人，在這裡「小明」「明明」「明讀者」就是對小明這個人的引用。

　　假如小明現身在北緯 39.55°、東經 116.24° 這個具體的位置上，當他的家人及同事聊起小明不再用代號而是用「在北緯 39.55°、東經 116.24° 上的這個人」時，這個位置就是指標。

　　同樣的道理，在不支援指標而是提供引用這個概念的程式語言中，使用引用時，我們無法得到變數具體的記憶體位址，也無法對引用進行類似指標一樣的算數運算，如你可以對範例中北緯、東經的位置進行簡單的算數運算，東加一點西減一點，這樣你可以看到在各個位置上的人，同樣地，對記憶體位置加加減減，你可以看到在各個記憶體位址上儲存的資料，但引用沒有這樣的功能，對「小明」這個代號加 1 或減 1 是沒有任何意義的。

　　在使用引用時，我們也可以達到使用指標的效果，即不需要複製資料。當你和他的家人針對「小明」這個引用聊天時，你們不需要真的把小明拉過來指著他聊；從這裡我們也應該能看到，在大部分情況下，沒有指標我們其實一樣可以程式設計。

　　簡單總結一下：指標是對記憶體位址的抽象，而引用可以說是對指標的進一步抽象。現在你應該明白記憶體是怎麼一回事，以及它的作用了吧。然而記憶體本身也可以進一步抽象，這就是虛擬記憶體，在支援虛擬記憶體的系統中，處理程式看到的記憶體位址其實並不是真實的實體記憶體位址；順便說一句，現代作業系統基本都具備虛擬記憶體能力，如我們剛剛提到的這段程式中列印出變數 a 的位址為 0x7fffd8ca7954，這個記憶體位址並不是真實的實體記憶體位址，實體記憶體甚至可能都沒有這樣一個位址，這就是虛擬記憶體，我們在 1.3 節提到過該技術，接下來，我們將從另一個角度來了解它，這就要從處理程式說起了。

3.2 處理程式在記憶體中是什麼樣子的

處理程式在記憶體中的樣子，如圖 3.11 所示，以 64 位元系統為例。

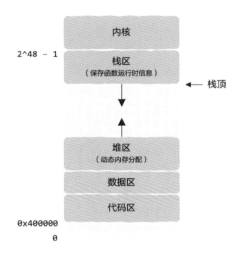

▲ 圖 3.11 處理程式位址空間佈局

每個處理程式在記憶體中都是這個樣子的，都有程式區、資料區、堆積區域及堆疊區域，其中程式區和資料區根據可執行程式初始化而來；堆積區域用於動態記憶體分配，C/C++ 中呼叫 malloc 申請的記憶體就是在堆積區域分配的；堆疊區域用於函式呼叫，儲存函式的執行時期資訊，包括參數、返回位址、暫存器資訊等。

3.2.1 虛擬記憶體：眼見未必為實

圖 3.11 最有趣的地方在於每個處理程式的程式區都是從 0x400000 開始的，並且如果兩個處理程式去呼叫 malloc 分配記憶體很有可能傳回同樣的起始位址，如都傳回 0x7f64cb8。接下來，這兩個處理程式都向位址 0x7f64cb8 寫入資料，這會不會有問題呢？

其實我們已經講過了，答案是不會，因為 0x7f64cb8 這個記憶體位址是假的，這個位址在傳送給記憶體之前會被修正為真實的實體記憶體位址。

這就是虛擬記憶體，這裡的位址就是虛擬記憶體位址，或虛位址。

圖 3.11 所示的其實只是一個假像，**真實的實體記憶體中從來不會有這樣一張佈局圖**，該處理程式在真實的實體記憶體中可能是這樣的，如圖 3.12 所示。

怎麼樣，是不是看起來亂糟糟的，圖 3.12 有兩點值得注意：

（1）處理程式被劃分成了大小相同的「區塊」存放在實體記憶體中，如該處理程式的堆積區域被劃分成了大小相同的 3 塊。

（2）所有的區塊隨意散落在實體記憶體中。

▲ 圖 3.12 處理程式與實體記憶體

雖然這看起來不夠美觀，但這並不妨礙作業系統給處理程式一個整齊劃一的位址空間（假像），這是怎麼做到的呢？

答案其實很簡單，只需要維護好虛擬記憶體與實體記憶體之間的映射關係即可，這就是分頁表存在的目的。

3.2.2 分頁與分頁表：從虛幻到現實

虛擬記憶體位址空間映射到實體記憶體如圖 3.13 所示，看到了，只要維護好虛擬記憶體位址到實體記憶體位址的映射關係，我們根本就不需要關心處理程式位址空間中的資料到底存放在實體記憶體的哪個位置上。

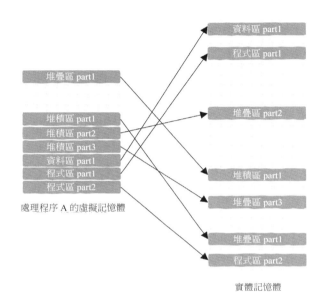

▲ 圖 3.13 虛擬記憶體位址空間映射到實體記憶體

維護這種映射關係的就被稱為分頁表，顯然，每個處理程式都必須有一張獨一無二、獨屬於自己的分頁表。

這裡還有一點值得注意，那就是我們不需要維護每一個虛擬位址到物理位址的映射，而是將處理程式位址空間劃分為大小相等的「區塊」，這裡的一塊被稱為分頁（page），如圖 3.14 所示。

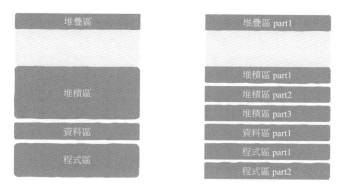

▲ 圖 3.14 將處理程式位址空間劃分為大小相等的分頁

因此，這裡的映射是分頁細微性的，顯然，這大大減少了分頁表項的數量。

現在你應該能明白為什麼即使兩個處理程式向同一個記憶體位址寫入資料也不會有問題了，因為這一記憶體位址所在的分頁被存放在了不同的實體記憶體位址上，如圖 3.15 所示。

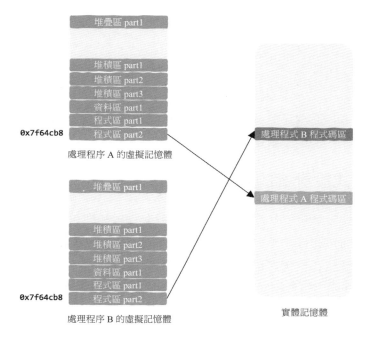

▲ 圖 3.15 同一個虛擬記憶體位址映射到不同的實體記憶體位址

顯然，這個標準的、非常整齊的虛擬位址空間在現實中是不存在的，僅是邏輯上的一種表示，以上就是虛擬記憶體的基本實現原理，這是現代作業系統中非常重要的一項功能。

在講解了圖 3.11 的來龍去脈之後，我們特別注意一下該圖中的各個區域，其中程式區和資料區在第 1 章已經講解了，因此接下來的幾節依次講解堆疊區域和堆積區域。

首先來看堆疊區域，準備好了嗎，出發嘍！

3.3　堆疊區域：函式呼叫是如何實現的

先來看一段程式，你能看出有什麼問題嗎？

```
void func(int a) {
    if (a > 100000000) return;

    int arr[100] = {0};
    func(a + 1);
}
```

沒看出來？那太好啦！本節就是為你準備的，你需要理解一樣東西，那就是函式執行時期堆疊，或函式呼叫堆疊（call stack）。

3.3.1　程式設計師的好幫手：函式

初學程式設計時，有讀者可能習慣把所有程式都堆在 main 函式中，就像流水帳一樣，簡單的玩具程式的確可以這樣寫。即使像這樣的練手專案，讀者也會發現自己總是在重複實現一些功能，實際上可以將這些重複的程式封裝在函式中供下次呼叫，這樣相同功能的程式就不用重複撰寫了。

函式就是最基礎、最簡單的程式重複使用方式，Don't Repeat Yourself，這也是函式最重要的作用之一。此外，函式也可幫助程式設計師遮罩實現細節，

呼叫函式時你僅需要知道函式名稱、參數及傳回值即可，至於函式內部是如何實現的，則不需要關心，這其實也是一種抽象。

程式設計師程式設計是離不開函式的，即使你用的是組合語言。

本章的主題並不是程式設計，我們對底層更感興趣，既然函式這麼重要，那麼函式呼叫是如何實現的呢？

3.3.2　函式呼叫的活動軌跡：堆疊

玩遊戲的讀者應該知道，有時為了完成一項主線任務而不得不去打一些支線任務，支線任務中可能還有支線任務，當一個支線任務完成後退回到前一個支線任務，這是什麼意思呢？舉個例子你就明白啦！

假設主線任務是去西天取經，我們將其命名為任務 A，任務 A 相依支線任務收服孫悟空，這是任務 B；任務 B 又相依拿到緊箍咒，這是任務 D，只有當任務 D 完成後才能回到任務 B，任務 B 完成後才能回到任務 A。

此外，主線任務還相依收服豬八戒，這是任務 C。最終，整個任務的相依關係如圖 3.16 所示。

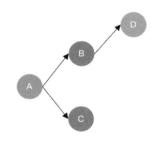

▲ 圖 3.16　整個任務的相依關係

現在，我們來模擬一下任務執行過程，首先來到任務 A，執行主線任務，如圖 3.17 所示。

▲ 圖 3.17　主線任務

執行任務 A 的過程中發現相依任務 B，即收服孫悟空，現在跳躍到任務 B，如圖 3.18 所示。

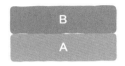

▲ 圖 3.18 從主線任務 A 跳躍到支線任務 B

執行任務 B 的時候，我們又發現相依任務 D，即拿到緊箍咒，現在跳躍到任務 D，如圖 3.19 所示。

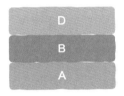

▲ 圖 3.19 從支線任務 B 跳躍到支線任務 D

執行任務 D 的時候，我們發現該任務不再相依其他任何任務，因此任務 D 完成後便可退到前一個任務，也就是任務 B，如圖 3.20 所示。

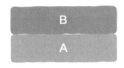

▲ 圖 3.20 返回到任務 B

任務 B 除了相依任務 D，也不再相依其他任務，這樣任務 B 執行完畢即可回到任務 A，如圖 3.21 所示。

▲ 圖 3.21 從任務 B 返回到任務 A

現在我們回到了主線任務 A，相依的任務 B 執行完成，接下來是任務 C，即收服豬八戒，如圖 3.22 所示。

▲ 圖 3.22　從主線任務 A 跳躍到支線任務 C

與任務 D 一樣，任務 C 不相依其他任何任務，任務 C 完成後就可以再次回到任務 A，之後任務 A 執行完畢，全部任務執行完成。

讓我們來看一下整個任務的執行軌跡，如圖 3.23 所示。

▲ 圖 3.23　任務完成軌跡

仔細觀察，實際上你會發現這是一個先進後出（First In Last Out）的順序，天生適用於堆疊這種資料結構來處理。

再仔細看一下堆疊頂的軌跡，也就是 A、B、D、B、A、C、A，實際上你會發現這裡的軌跡就是任務相依樹（二元樹）的遍歷過程，是不是很神奇，這也是樹這種資料結構的遍歷除了可以用遞迴實現也可以用堆疊實現的原因。

3.3.3　堆疊幀與堆疊區域：以宏觀的角度看

函式呼叫和上面打怪升級完成任務的道理一樣，與遊戲中的每個任務類似，每個函式在執行時期也要有自己的「小盒子」，這裡儲存了該函式在執行時期的各種資訊，這些小盒子透過堆疊這種結構組織起來，我們稱每個小盒子為堆疊幀（stack frame），也有的被稱為 call stack，是它們組成了通常所說的處理程式中的堆疊區域。

你把上面的任務 A、B、C、D 換成函式 A、B、C、D，那麼當函式 A 在記憶體中執行時期會在堆疊區域留下與圖 3.24 一樣的軌跡，注意，處理程式堆疊區域的高位址在上，堆疊區域向低位址方向增長。

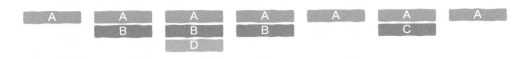

▲ 圖 3.24 函式執行時期堆疊區域的變化

也就是說，堆疊區域佔用的記憶體會隨著函式呼叫深度的增加而增大，隨著函式呼叫完成而縮小。

現在我們已經明白了堆疊幀與堆疊區域的作用，那麼這些小盒子也就是堆疊幀中裝了些什麼呢？要回答這個問題，你需要明白在函式呼叫時都涉及哪些資訊，本節以 x86 平臺為例來說明。

3.3.4 函式跳躍與返回是如何實現的

當函式 A 呼叫函式 B 的時候，控制從函式 A 轉移到了函式 B，控制其實就是指 CPU 執行屬於哪個函式的機器指令，CPU 從開始執行屬於函式 A 的指令跳躍到執行屬於函式 B 的指令，我們就說控制從函式 A 轉移到了函式 B。

控制轉移時我們需要這兩樣資訊：

■ 我從哪裡來（返回）。

■ 要到哪裡去（跳躍）。

是不是很簡單，就好比你出去旅遊，你需要知道去哪裡，還需要記得回家的路，函式呼叫也是同樣的道理。

當函式 A 呼叫函式 B 時，我們只要知道：

- 函式 A 對應的機器指令執行到了哪一筆（我從哪裡來）。

- 函式 B 第一行機器指令所在的位址（要到哪裡去）。

有這兩筆資訊就足以讓 CPU 從函式 A 跳躍到函式 B 去執行指令，當函式 B 執行完畢後跳躍回函式 A。

這些資訊是怎麼獲取並保持的呢？這顯然需要我們的小盒子也就是堆疊幀的幫助。假設函式 A 呼叫函式 B，如圖 3.25 所示。

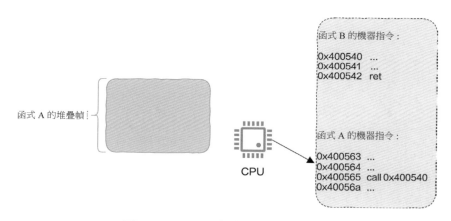

▲ 圖 3.25　CPU 正在執行函式 A 的機器指令

當前，CPU 正在執行函式 A 的機器指令，該指令的位址為 0x400564，接下來 CPU 將執行下一行機器指令：

```
call 0x400540
```

這筆機器指令對應的就是程式中的函式呼叫，注意 call 後有一個指令位址，注意觀察圖 3.25，**該位址就是函式 B 的第一行機器指令**，執行完 call 這筆機器指令後，CPU 將跳躍到函式 B。

現在我們已經解決了「要到哪裡去」的問題，當函式 B 執行完畢後怎麼跳躍回來呢？原來，執行 call 指令除了可以跳躍到指定函式，還有這樣一個作用，即將其下一筆指令的位址，也就是 0x40056a 放到函式 A 的堆疊幀中，如圖 3.26 所示。

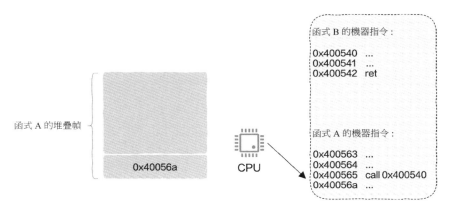

▲ 圖 3.26 執行 call 指令時會將返回位址放到堆疊幀中

現在，函式 A 的小盒子變大了一些，因為載入了返回位址（堆疊是向低位址方向增長的），如圖 3.27 所示，我們暫時先忽略堆疊幀中的空白內容，本節後續會有講解。

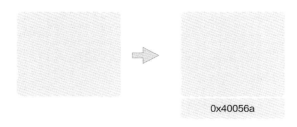

▲ 圖 3.27 函式 A 的堆疊幀中載入返回位址

現在準備工作就緒，可以跳躍啦！CPU 開始執行函式 B 對應的機器指令，注意觀察，函式 B 也有一個屬於自己的小盒子，也就是函式 B 的堆疊幀，同樣可以往裡面載入一些必要的資訊，這時由於呼叫函式 B 增加新的堆疊幀，堆疊區域佔用的記憶體增加了，如圖 3.28 所示。

　　如果在函式 B 中又呼叫其他函式呢？那麼道理和函式 A 呼叫函式 B 是一樣的，這時又會有新的堆疊幀，該處理程式的堆疊區域進一步增加。

　　這樣，函式 B 開始執行，直到最後一行機器指令 ret 為止，這筆機器指令的作用是告訴 CPU 跳躍到儲存在函式 A 堆疊幀上的返回位址，這樣當函式 B 執行完畢後就可以跳躍回函式 A 繼續執行了。可以看到，函式 A 的堆疊幀中儲存的是 0x40056a，而這正是函式 A 中 call 指令的下一行機器指令的位址。

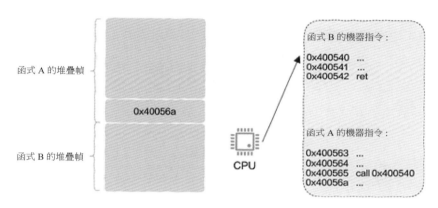

▲ 圖 3.28　每個函式都有獨屬於自己的堆疊幀

　　至此，控制轉移中「我從哪裡來」的問題解決了。

　　接下來，我們看看堆疊幀中除了儲存函式返回位址還有哪些資訊。

3.3.5　參數傳遞與傳回值是如何實現的

　　CPU 執行機器指令時可以跳躍與返回，這使得我們可以進行函式呼叫，但呼叫函式時除了提供函式名稱，還需要傳遞參數及獲取傳回值，這又是怎樣實現的呢？

　　在 x86-64 中，多數情況下參數的傳遞與獲取傳回值是透過暫存器來實現的。

　　假設函式 A 呼叫了函式 B，函式 A 將一些參數寫入對應的暫存器，當 CPU 執行函式 B 時可以從這些暫存器中獲取參數；同樣地，函數 B 也可以將傳回值寫入暫存器，當函式 B 執行結束後可以從該暫存器中獲取傳回值。

　　然而，CPU 內部的暫存器數量是有限的，當傳遞的參數量多於可用暫存器的數量時該怎麼辦呢？這時那個屬於函式的小盒子也就是堆疊幀又開始發揮作用了。

　　原來，當參數量多於暫存器數量時，剩下的參數可以直接放到堆疊幀中，這樣被呼叫函式即可從前一個函式的堆疊幀中獲取參數。

　　現在堆疊幀的模樣又豐富了，如圖 3.29 所示。

　　從圖 3.29 中可以看到，呼叫函式 B 時有部分參數放到了函式 A 的堆疊幀中。

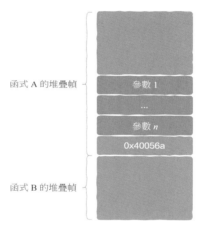

▲ 圖 3.29 堆疊幀中儲存函式呼叫需要的參數

3.3.6 區域變數在哪裡

　　我們知道，在函式外部定義的是全域變數，這些變數放在了可執行程式的資料段中，程式執行時期被載入到處理程式位址空間的資料區；而函式內部定義的變數被稱為局部變數，這些變數是函式私有的，外部不可見，它們在函式執行時期被放在了哪裡呢？

　　原來，這些變數同樣可以放在暫存器中，但是當區域變數的數量超過暫存器時，這些變數就必須放到堆疊幀中了。

　　因此，我們的堆疊幀內容又豐富了，如圖 3.30 所示。

　　細心的讀者可能會問，我們知道暫存器是 CPU 的內部資源，CPU 執行函式 A 時會使用這些暫存器，當 CPU 執行函式 B 時也要用到這些暫存器，那麼當函式 A 呼叫函式 B 時，函式 A 寫入暫存器的區域變數資訊會不會被函式 B 覆蓋掉了呢？這樣會有問題吧？

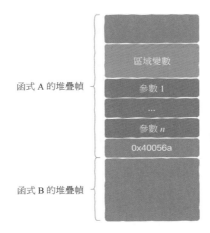

▲ 圖 3.30　堆疊幀中儲存函式區域變數

3.3.7　暫存器的儲存與恢復

　　是的，這的確會有問題，因此在向暫存器寫入區域變數之前，一定要先將暫存器中的原始值儲存起來，當暫存器使用完畢後再恢復原始值就可以了，那麼我們該將暫存器中的原始值儲存在哪裡呢？

　　你沒有猜錯，依然是儲存在函式的堆疊幀中，如圖 3.31 所示。

　　最終，我們的小盒子就變成了如圖 3.31 所示的樣子，當函式執行完畢後，根據堆疊幀中儲存的初值恢復對應暫存器的內容就可以了。

現在你應該知道函式呼叫到底是怎麼實現的了吧？

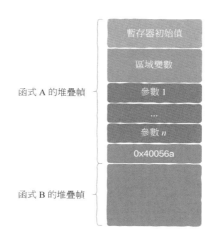

▲ 圖 3.31 堆疊幀中儲存暫存器初值

3.3.8 Big Picture：我們在哪裡

這裡再次強調一下，上述討論的堆疊幀就位於我們常說的堆疊區域。堆疊區域，屬於處理程式位址空間的一部分，如圖 3.32 所示，我們將堆疊區域放大就是左邊圖的樣子。

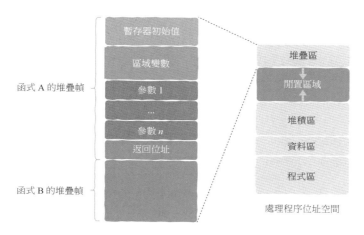

▲ 圖 3.32 處理程式位址空間中的堆疊區域與堆疊幀

最後，讓我們回到本節開始的這段程式：

```
void func(int a) {
    if (a > 100000000) return;

    int arr[100] = {0};
    func(a + 1);
}


void main(){
    func(0);
}
```

該程式重複呼叫自己 100 000 000 次，每次函式呼叫就需要對應的堆疊幀來儲存函式運行時資訊，隨著函式的呼叫層次增加，導致堆疊區域佔用的記憶體越來越多，而堆疊區域是有大小限制的，當超過限制後就會出現著名的堆疊溢位問題，顯然上述程式會導致這一問題的出現。

因此，對程式設計師來說需要注意：①不建立過大的區域變數；②函式呼叫層次不宜過多，看到了，理解函式呼叫原理能幫我們避免很多問題。以上就是處理程式位址空間中堆疊區域的全部秘密。

這裡留下一個小的思考題，本節提到假如參數過多會有部分參數被儲存在堆疊中，也會把部分暫存器內容儲存在堆疊幀中，那麼參數過多導致暫存器裝不下的這一資訊是怎麼被發現的呢？堆疊區域的增加和減少具體是怎麼實現的呢？誰來負責實現呢？這些問題留給讀者思考。

再來看一下圖 3.11 中的處理程式位址空間，堆疊區域以下是一片閒置區域，除了堆疊區域增長可以佔用閒置區域，這一部分也有自己的作用：程式相依的動態程式庫會被載入到這一部分，當然前提是程式相依動態程式庫，關於動態程式庫的話題第 1 章已經講解過了。

閒置區域以下將是處理程式位址空間中最後一片還沒有講解過的區域：堆積區域。我們趕緊來看一下。

3.4 堆積區域：記憶體動態分配是如何實現的

現在我們知道堆疊區域其實是和函式呼叫息息相關的。每個函式都有自己的堆疊幀，這裡儲存著返回位址、函式中的區域變數、呼叫參數及使用的暫存器等資訊，堆疊幀組成了堆疊區域，隨著函式呼叫層數的增加，堆疊區域佔用的記憶體增多；隨著函式呼叫完成，原來的堆疊幀資訊將不會再被使用到，因此堆疊區域佔用的記憶體對應減少。

對程式設計師來說，以上有兩個資訊值得注意：

（1）假設函式 A 呼叫函式 B，當函式 B 呼叫完成後其堆疊幀內容將無任何用途，此時程式設計師不應對已經無用的堆疊幀內容進行任何假設，不要使用已經無用的堆疊幀資訊，如函式 B 傳回一個指向堆疊幀資料的指標，就像這樣：

```
int* B() {
  int a = 10;
  return &a;
}
```

這樣的程式如果能正常執行純屬僥倖，你不應該寫出這樣的程式。

（2）區域變數的生命週期與函式呼叫是一致的，這樣做的好處在於程式設計師不需要關心區域變數所佔用記憶體的申請和釋放問題，當呼叫函式時可以直接將區域變數儲存在堆疊幀中，函式呼叫完成後堆疊幀內容將不再被使用到，該堆疊幀佔據的記憶體將可以用作其他函式呼叫，因此我們不需要關心區域變數的記憶體申請與釋放問題；其壞處在於區域變數註定是無法跨越函式使用的（除非你能確認該區域變數被使用時其所在堆疊幀依然存在，如函式 A 呼叫函式 B，在函式 B 中使用函式 A 中的區域變數就不會有問題），因為函式返回後區域變數佔用的記憶體將無效，同時這就表示區域變數的管理是不受程式設計師控制的。

3.4.1 為什麼需要堆積區域

現在的問題是，如果某個資料的使用需要跨越多個函式，那麼該怎麼辦呢？有的讀者可能會說使用全域變數，但全域變數是所有模組都可見的，有時我們並不想把自己的資料曝露給所有模組，很明顯，我們需要將這類資料儲存在一片特定的記憶體區域上，該區域的記憶體是程式設計師自己管理的，程式設計師自行決定什麼時候申請這樣一塊記憶體，以及申請多大的記憶體載入資料，此後這塊記憶體將一直有效而不管跨越多少函式呼叫，直到程式設計師自己確信這塊記憶體使用完畢為止，此後將該記憶體置為無效即可，這就是動態記憶體分配與釋放。

因此，我們需要一大片記憶體區域，這片區域中記憶體的生命週期是完全由程式設計師自己控制的，這片區域就是堆積區域。

C/C++ 中透過使用 malloc/new 函式在堆積區域申請記憶體，當確信不再使用時透過 free/delete 將其釋放。

以上就是堆積區域的全部秘密，相比堆疊區域來說，堆積區域乏善可陳，僅提供一塊可由程式設計師自行決定生命週期的記憶體。

因此，在這裡我們真正感興趣的是在堆積區域中記憶體的申請和釋放到底是怎樣實現的，要想弄清楚這個問題莫過於自己實現一個類似 malloc 的記憶體分配器。

3.4.2 自己動手實現一個 malloc 記憶體分配器

在 C/C++ 中，記憶體的動態申請與釋放請求統一交給一段程式來處理，這段程式專門負責在堆積區域分配及釋放記憶體，這段程式就是 malloc 記憶體分配器。

實際上，在生成可執行程式時，連結器會自動將 C 標準函式庫連結進來，標準函式庫中附帶 malloc 記憶體分配器，這就是程式設計師可直接在程式中呼叫 malloc 申請記憶體而不需要自己實現的原因。

接下來，我們實現一個自己的 malloc 記憶體分配器，也就是自己接管堆積區域的記憶體管理工作。

從記憶體分配器的角度來看，它只需要給你一塊大小合適的記憶體，至於這塊記憶體裡載入什麼內容，分配器根本就不關心，你可以用來存放整數、浮點數、鏈結串列、二元樹等任何從簡單到複雜的資料結構，這些在記憶體分配器眼裡不過就是一個位元組序列而已。

現在再來看堆積區域這個區域，它實際上是非常簡單的，你可以將其看成一個大陣列，如圖 3.33 所示。

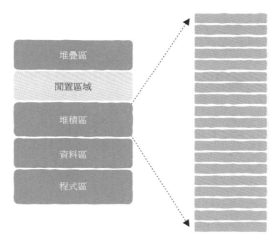

▲ 圖 3.33 堆積區域

我們要在堆積區域上解決兩個問題：

- 實現一個 malloc 函式，也就是如果有人向我申請一塊記憶體，我該怎樣從堆積區域中找到一塊記憶體傳回給申請者。

- 實現一個 free 函式，也就是當某區塊記憶體使用完畢後，我該怎樣還給堆積區域。

這是記憶體分配器要解決的兩個最核心的問題，接下來先去停車場看看能找到什麼啟示。

3.4.3　從停車場到記憶體管理

實際上，你可以把記憶體想像成一個長長的停車場，申請記憶體就是要找到一個停車位，釋放記憶體就是把車開走讓出停車位，如圖 3.34 所示。

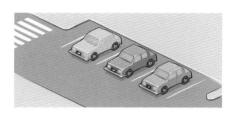

▲ 圖 3.34　停車場與記憶體分配

只不過記憶體這個停車場比較特殊，不止可以停放小汽車，也可以停放佔地面積很小的自行車及佔地面積很大的卡車，重點就是申請的記憶體大小不一，在這樣的條件下你該怎樣實現以下兩個目標呢？

■　快速找到停車位，這涉及以最快的速度找到一塊滿足要求的閒置記憶體。

■　最大限度利用停車場，我們的停車場應該能停放盡可能多的車。在申請記憶體時，這涉及在替定記憶體大小下盡可能多地滿足記憶體申請需求。

該怎麼實現呢？

現在我們已經明確了要實現什麼，以及衡量其好壞的標準，接下來開始設計實現細節，可以自己先想一下記憶體從申請到釋放都會涉及哪些問題。

申請記憶體時需要在記憶體中找到一塊大小合適的閒置記憶體，我們怎麼知道哪些記憶體是閒置的，哪些是已經分配的呢？如圖 3.35 所示。

第一個問題出現了，我們需要把區塊用某種方式組織起來，這樣才能追蹤到每塊記憶體的分配狀態。

哪些是閒置的？
哪些是已經分配的？

▲ 圖 3.35 如何區分已分配及閒置區塊

假設現在閒置區塊組織一次內存申請可能有很多個閒置區塊滿足要求，該選擇哪一個閒置區塊分配給使用者呢？如圖 3.36 所示。這是第二個問題。

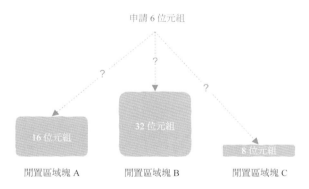

申請 6 位元組

16 位元組

32 位元組

8 位元組

閒置區域塊 A　　　　閒置區域塊 B　　　　閒置區域塊 C

▲ 圖 3.36 選取閒置區塊的策略是什麼

此外，假設需要申請 16 位元組記憶體，而我們找到的閒置區塊大小為 32 位元組，分配完畢後還剩下 16 位元組，剩餘記憶體該怎樣處理呢？如圖 3.37 所示。這是第三個問題。

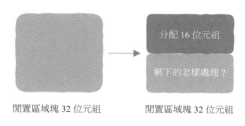

閒置區域塊 32 位元組　　　閒置區域塊 32 位元組

▲ 圖 3.37 剩餘記憶體該怎樣處理

最後，分配出去的記憶體使用完畢，這時第四個問題出現了，該怎麼處理使用者還給我們的記憶體呢？

以上四個問題是任何一個記憶體分配器必須回答的，接下來我們就一一解決這些問題，解決完後一個嶄新的記憶體分配器就誕生啦！

3.4.4 管理空閒區塊

管理閒置區塊的本質是需要某種辦法來區分哪些是閒置記憶體，哪些是已經分配出去的記憶體。

鏈結串列是一種比較簡單的實現方法，可以把所有區塊用鏈結串列管理起來，並標記好哪些是閒置的，哪些是已經分配出去的。用鏈結串列記錄記憶體使用資訊如圖 3.38 所示。

▲ 圖 3.38 用鏈結串列記錄記憶體使用資訊

但是要注意，你不能像在資料結構課中那樣先建立出鏈結串列，再用來記錄資訊，因為建立鏈結串列不可避免地要申請記憶體，申請記憶體就需要透過記憶體分配器（當然也可以繞過，但非常不方便），可是你要實現的就是一個記憶體分配器，你沒有辦法向一個還沒有實現的記憶體分配器申請記憶體。

因此，我們必須把鏈結串列與記憶體的使用資訊及區塊本身存放在一起，這裡的區塊指的是分配出去的或閒置的整塊記憶體；這個鏈結串列沒有一個顯

示的指標告訴我們下一個節點在哪裡，但我們可以透過記憶體使用資訊推斷出下一個節點的位置。

實現方法非常簡單，只需要記錄兩個資訊：

■ 一個標記，用來標識該區塊是否閒置。

■ 一個數字，用來記錄該區塊的大小。

為了簡單起見，我們的記憶體分配器不對記憶體對齊有要求，同時一次記憶體申請允許的最大區塊為 2GB。注意，這些假設是為了方便講解記憶體分配器的實現而遮罩了一些細節，常用的 malloc 等分配器不會有這樣的限制。

因為我們的區塊上限為 2GB，所以我們可以使用 31 個位元來記錄區塊大小，剩下的位元用來標識該區塊是閒置的還是已經被分配出去了的，如圖 3.39 所示，圖中的 f/a 表示 free/allocated，f 為閒置，a 為已分配；這 32 個位元被稱為 header（資訊標頭），用來儲存區塊的使用資訊。

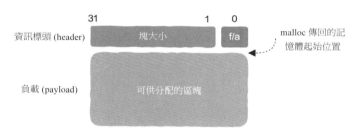

▲ 圖 3.39 儲存記憶體的使用資訊

圖 3.39 中可供分配的區塊被稱為負載（payload），我們呼叫 malloc 傳回的記憶體位址正是從這裡開始的。

現在你能看出為什麼這樣能形成一個鏈結串列了吧？原來維護區塊的 header 部分大小都是固定的 32 位元，並且我們也知道每個記憶體的大小，只要知道 header 的記憶體位址，那麼 ADDR(header) 加上該區塊的大小就是下一個節點的起始位址，很巧妙，如圖 3.40 所示，圖中的數字代表該區塊的大小。

堆積區域上的記憶體並不能全部分配出去，這裡必然有一部分拿出來維護區塊的一些必要資訊，就像這裡的 header。

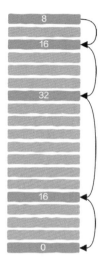

▲ 圖 3.40 利用 header 資訊可以遍歷所有區塊

3.4.5 追蹤記憶體分配狀態

有了圖 3.40 的設計，我們就可以將堆積區域組織起來進行記憶體分配與釋放了，如圖 3.41 所示。

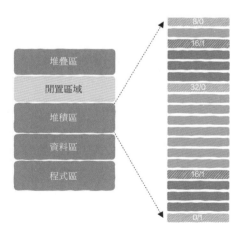

▲ 圖 3.41 追蹤堆積區域的記憶體分配請求

圖 3.41 中展示的堆積區域很小，每個方框代表 4 位元組，其中深色區域表示已分配出去的區塊，淺色區域表示閒置記憶體；每塊記憶體都有自己的 header 資訊，用附帶斜線的方框表示，如 16/1，就表示該區塊大小是 16 位元組，1 表示已經分配出去了；而 32/0 表示該區塊大小是 32 位元組，0 表示該區塊當前閒置。

細心的讀者可能會問，那最後一個方框 0/1 表示什麼呢？原來，我們需要某種特殊標記來告訴記憶體分配器是不是已經到堆積區域尾端了，這就是最後 4 位元組的作用。

透過引入 header 這種設計可以很方便地遍歷整個堆積區域，遍歷過程中透過檢查每個 header 最後一個位元就能知道該區塊是閒置的還是已分配的，這樣我們就能追蹤到每個區塊的分配資訊。這樣，上文提到的第一個問題就解決了，如圖 3.42 所示。

接下來看第二個問題。

▲ 圖 3.42 利用 header 資訊遍歷全部區塊

3.4.6　怎樣選擇空閒區塊：分配策略

　　申請記憶體時，記憶體分配器需要找到一個大小合適的閒置區塊，假設當前的記憶體分配情況如圖 3.41 所示，現在需要申請 4 位元組記憶體。從圖 3.41 中我們可以看到，有兩個閒置區塊滿足要求，第一個大小為 8 位元組的區塊及第三個大小為 32 位元組的區塊，到底該選擇哪一個傳回呢？這就是分配策略問題，實際上有很多策略可供選擇。

（1）First Fit

　　最簡單的就是每次從頭開始找起，找到第一個滿足要求的就傳回，這就是 First Fit 方法，一般被稱為第一次適應方法，如圖 3.43 所示。

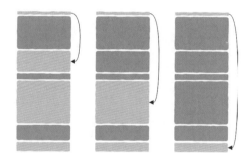

▲ 圖 3.43　First Fit 總是從頭開始找到第一個滿足要求的閒置區塊

　　這種方法的優勢在於簡單，但該策略總是從開頭的閒置區塊找起，因此很容易在前半部分因分配記憶體留下很多小的區塊，導致下一次記憶體申請搜尋的閒置區塊數量會越來越多。

（2）Next Fit

　　Next Fit 方法是 KMP 演算法的其中一位作者 Donald Knuth 提出來的。

　　該方法和 First Fit 很相似，只是申請記憶體時不再從頭開始搜尋，而是從上一次找到合適的閒置區塊的位置找起，因此 Next Fit 搜尋閒置區塊的速度在理論上快於 First Fit 搜尋閒置區塊的速度，如圖 3.44 所示，虛線方框為上一次分配出去的區塊。

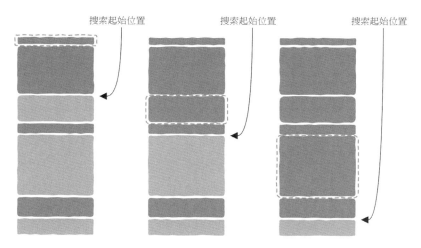

▲ 圖 3.44 虛線方框為上一次分配出去的區塊

然而，也有研究表明，Next Fit 方法在記憶體使用率上不及 First Fit 方法。

（3）Best Fit

First Fit 方法和 Next Fit 方法在找到第一個滿足要求的閒置區塊時就傳回，但 Best Fit 方法並不這樣。

Best Fit 方法會先找到所有的閒置區塊，然後將滿足要求的並且大小為最小的那個閒置區塊傳回，這樣的閒置區塊才是最適合的。如圖 3.45 所示，雖然有三個閒置區塊滿足要求，但是用 Best Fit 方法會選擇大小為 8 位元組的閒置區塊。

顯然，從直覺上就能看出 Best Fit 方法會比 First Fit 方法和 Next Fit 方法能更合理地利用記憶體，然而 Best Fit 方法最大的缺點就是分配記憶體時需要遍歷所有的閒置區塊，在速度上顯然不及 First Fit 方法和 Next Fit 方法。

假設在這裡我們選擇了 First Fit 方法。

以上介紹的幾種方法在各種記憶體分配器中很常見，當然分配方法遠不止這幾種，

值得注意的是，上述方法沒有一種是完美的，每一種方法都有其優點與缺點，我們能做的只有取捨與權衡，其實不止記憶體分配器，在設計其他軟體系統時我們也一樣沒有萬全之策。

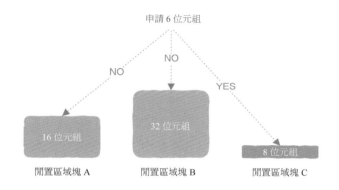

▲ 圖 3.45　Best Fit 傳回大小最合適的閒置區塊

因此，實現記憶體分配器時其設計空間是很大的，本節僅說明基本原理，實現通用的工業級記憶體分配器遠不像這裡介紹得這麼輕鬆。

3.4.7　分配記憶體

現在我們找到了合適的閒置區塊，接下來著手分配記憶體。

首先假設申請 12 位元組記憶體，而找到的閒置區塊大小可供分配出去的恰好也為 12 位元組（16 字節減去 4 位元組的 header），如圖 3.46 所示。這時我們只需要將該區塊標記為已分配並將該區塊 header 之後的記憶體位址傳回給申請者即可。從這裡可以看到，儲存 header 資訊的記憶體是不可以傳回給申請者使用的，一旦該資訊被破壞，我們的記憶體分配就將沒有辦法正常執行。

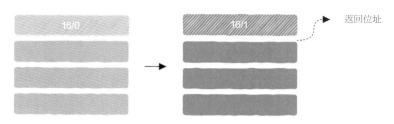

▲ 圖 3.46 傳回 header 之後的記憶體位址並將其標記為已分配

就這樣，我們完成了一次分配記憶體。

然而上述理想的情況可能不多，更可能的情況是申請 12 位元組記憶體，但找到的閒置記憶體區塊要比 12 位元組多，假設為 32 位元組，那麼我們要將這 32 位元組的整個閒置區塊都分配出去嗎？如圖 3.47 所示。

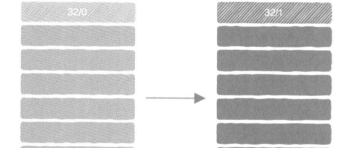

▲ 圖 3.47 是否將整個閒置區塊都分配出去

這樣雖然速度最快，但顯然會浪費記憶體，形成內部碎片，即該區塊剩餘的空間將無法被使用，如圖 3.48 所示。

申請 12 位元組

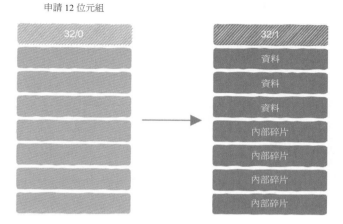

▲ 圖 3.48　剩餘的區塊成為內部碎片

　　一種顯而易見的方法就是將閒置區塊進行劃分，前一部分設定為已分配並傳回，後一部分變為一個新的閒置區塊，只不過大小會更小而已，如圖 3.49 所示。

申請 12 位元組

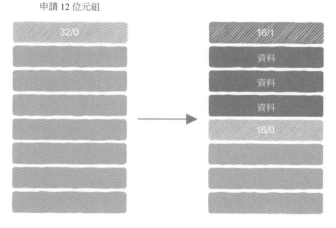

▲ 圖 3.49　剩餘的成為更小的閒置區塊

我們需要將閒置區塊大小從 32 位元組修改為 16 位元組，其中訊息標頭（header）佔據 4 位元組，剩下的 12 位元組被分配出去，並將標記置為 1，表示該區塊已被分配；分配出去 16 位元組後，還剩下 16 位元組，我們需要拿出 4 位元組作為新的 header 並將其標記為閒置區塊。

至此，分配記憶體部分設計完成。

3.4.8 釋放記憶體

到目前為止，我們的 malloc 已經能夠處理分配記憶體請求了，還差最後的釋放記憶體。 單純地釋放記憶體相對簡單，假設在使用者申請記憶體時得到的啟始位址為 ADDR，那麼釋放記憶體時也僅需要將其傳遞給釋放函式，如 free 即可，即 free（ADDR），free 函式在得到參數 ADDR 後只需要將該位址減去 header 的大小（4 位元組）就可以獲取該區塊對應的 header 資訊記憶體啟始位址，然後將其標記為閒置即可，如圖 3.50 所示，這就是釋放記憶體時不需要給 free 函式傳遞被釋放區塊大小而只需要傳遞一個位址的原因。

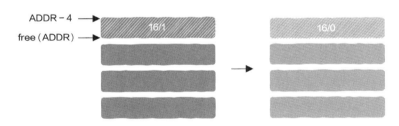

▲ 圖 3.50 釋放記憶體

與此同時，釋放記憶體時有一個關鍵點，與被釋放的區塊相鄰的區塊可能是閒置的，如果釋放一個區塊後我們僅將其簡單地標記為閒置，則會出現如圖 3.51 所示的場景。

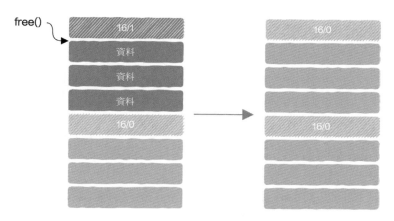

▲ 圖 3.51　相鄰區塊也是閒置的

在圖 3.51 中，與要被釋放的區塊相鄰的下一個區塊也是閒置的，僅將這 16 位元組的區塊標記為閒置的話，當下一次申請 20 位元組時圖中的這兩個區塊都不能滿足要求，儘管這兩個閒置區塊的總和要超過 20 位元組。

因此，一種更好的方法是如果相鄰區塊是閒置的，就將其合併成更大的閒置區塊，如圖 3.52 所示。

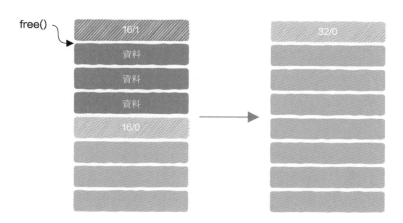

▲ 圖 3.52　合併閒置區塊

在這裡我們又面臨一個新的選擇，釋放記憶體時需要立即去合併相鄰閒置區塊嗎？還是延後一段時間，延後到下一次分配記憶體找不到滿足要求的閒置區塊時再合併？

　　釋放記憶體時立即合併相對簡單，但每次釋放記憶體將引入合併區塊的銷耗，如果應用程式總是反覆申請釋放同樣大小的區塊，那麼怎麼辦呢？如圖 3.53 所示。

```
free(ptr);
obj* ptr = malloc(12);
free(ptr);
obj* ptr = malloc(12);
...
```

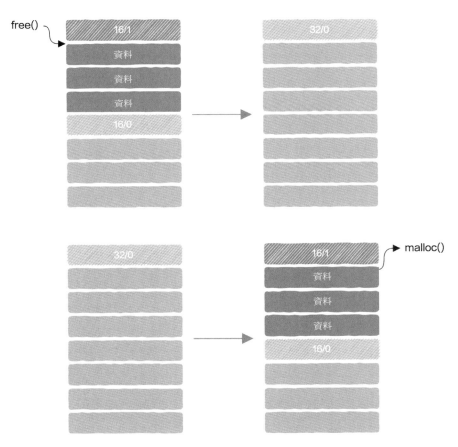

▲ 圖 3.53 反覆申請釋放記憶體

　　這種記憶體使用模式對立即合併閒置區塊的策略非常不友善，記憶體分配器會做很多無用功，但由於其最為簡單，我們依然選擇使用這種策略，不過實際的記憶體分配器幾乎都有某種延後合併閒置區塊的策略。

3.4.9　高效合併空閒區塊

　　合併閒置區塊的故事到這裡就結束了嗎？問題沒那麼簡單！

　　在圖 3.54 中，被釋放的區塊其前後都是閒置的，我們只需要從當前位置向下移動 16 位元組就是下一個區塊，因此可以很容易地知道後一個區塊是閒置的，問題是怎麼能高效率地知道上一個區塊是不是閒置的呢？

　　還是我們在 3.4.6 節提到的 Donald Knuth，他提出了一個很聰明的設計，我們之所以不能往前跳是因為不知道前一個區塊的資訊，我們該怎麼快速知道前一個區塊的資訊呢？

　　我們不是有一個資訊標頭（header）嗎，同樣也可以在區塊的尾端再加一個資訊尾（footer），footer 一詞用得很形象，header 和 footer 的內容可以是一樣的，如圖 3.55 所示。

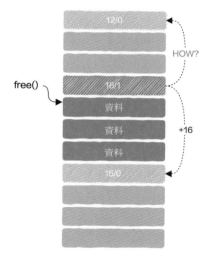

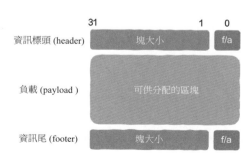

▲　圖 3.54　如何向前遍歷　　　　▲　圖 3.55　在區塊的尾端加上 footer

因為上一個區塊的 footer 和下一個區塊的 header 是相鄰的，所以僅需在當前區塊的 header 位置減去 4 位元組即可直接得到上一個區塊的 footer 資訊，這樣當我們釋放記憶體時就可以快速合併相鄰閒置區塊了。

可以看到，header 和 footer 將區塊組成一種隱式的雙向鏈結串列，如圖 3.56 所示。

至此，我們的記憶體分配器設計完畢，值得注意的是，希望本節不要給大家留下記憶體分配器很簡單的印象，本節的實現還有大量最佳化空間，也沒有考慮執行緒安全問題，真實的記憶體分配器是非常複雜的，但其最樸素的原理就是本節介紹的這些。

既然你已經理解了記憶體分配器，那麼關於記憶體分配的所有秘密就這些了嗎？

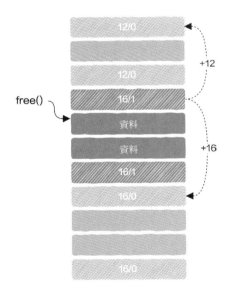

▲ 圖 3.56 header 和 footer 將區塊組成一種隱式的雙向鏈結串列

非也！現代電腦系統讓記憶體分配這件事變得有點複雜但也非常有趣，接下來我們從底層的角度來看一下在申請記憶體時到底發生了什麼。

3.5 申請記憶體時底層發生了什麼

記憶體的申請和釋放對程式設計師來說就像空氣一樣自然，你幾乎不怎麼能意識到，但這無比重要。申請過這麼多記憶體，你知道申請記憶體時底層都發生什麼了嗎？有的讀者會問，不是在 3.4 節講解了記憶體分配器的實現原理了嗎？

的確，如果記憶體分配的整個過程是一部電視劇，那麼 3.4 節僅是這部電視劇的第一集，本節我們把整部電視劇講完。

既然大家都喜歡聽故事，就從神話故事開始吧！

3.5.1 三界與 CPU 運行狀態

中國古代神話故事通常有「三界」之說，一般指天、地、人三界，天界是神仙所在的地方，凡人無法企及；人界說的就是人間；地界說的是閻羅王所在的地方，孫悟空上天入地、無所不能，說的就是可以在這三界自由出入，那麼這與電腦有什麼關係呢？

原來，程式也是分三六九等的，程式執行起來後也有「三界」之說，如圖 3.57 所示。

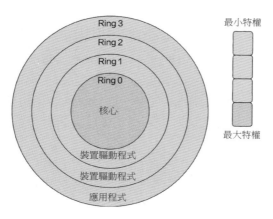

▲ 圖 3.57 各類程式所在的等級

x86 CPU 提供了「四界」：0、1、2、3，這幾個數字其實是指 CPU 的幾種工作狀態，數字越小表示 CPU 的特權越大，這裡的特權是指能不能執行某些指令，有些機器指令只有在 CPU 處於最高特權狀態下才可以實行，如在工作狀態 0 下 CPU 的特權最大，可以執行任何機器指令。

一般情況下，系統只使用 CPU 的 0 和 3 兩種工作狀態，因此確切地說是「兩界」，這兩界可不是說天、地，這兩界指的是「使用者態（3）」和「核心態（0）」，接下來我們具體看看什麼是核心態、什麼是使用者態。

3.5.2 核心態與使用者態

當 CPU 執行作業系統程式時就處於核心態，在核心態下，CPU 可以執行任何機器指令、存取所有位址空間、不受限制地存取任何硬體，可以簡單地認為，核心態就是「天界」，這裡的程式（作業系統）無所不能，如圖 3.58 所示。

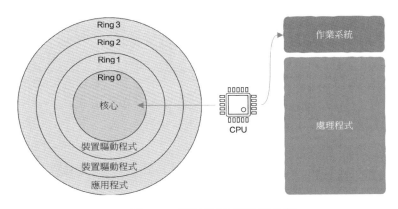

▲ 圖 3.58 作業系統位於核心態

而當 CPU 執行程式設計師寫的「普通」程式時就處於使用者態，如果按粗糙的方式劃分，那麼除作業系統外的程式，就像我們寫的「helloworld」程式。

使用者態就好比「人界」，使用者態的程式處處受限，不能存取特定位址空間，否則神仙（作業系統）直接將你「殺」（kill）掉，這就是著名的 Segmentation fault；CPU 在使用者態不能執行特權指令，等等。普通應用程式位於使用者態，如圖 3.59 所示。

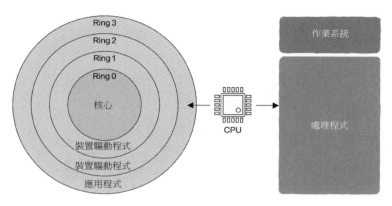

▲ 圖 3.59　普通應用程式位於使用者態

3.5.3　傳送門：系統呼叫

　　孫悟空神通廣大，一個跟斗就能從人間跑到天上去找玉皇大帝，程式設計師就沒有這個本領了。CPU 不會在核心態下去執行應用程式，也不會在使用者態下去執行作業系統程式，那麼當應用程式需要請求作業系統的服務時該怎麼辦呢？如檔案讀寫、網路資料的收發等。

　　原來作業系統為普通程式設計師留了一些特定的「暗號」，程式設計師透過這些暗號即可向作業系統請求服務，這種機制就被稱為系統呼叫（System Call），透過系統呼叫可以讓作業系統代替我們完成一些事情，如檔案讀寫、網路通訊等（4.9 節會講解系統呼叫的實現原理）。

　　系統呼叫是透過特定機器指令實現的，像 x86 下的 INT 指令，執行該指令時 CPU 將從使用者態切換到核心態去執行作業系統程式，以此來完成使用者請求。

　　從這個角度來看，處理程式就像是網路通訊中的使用者端，作業系統就像是伺服器端，系統呼叫就像是網路請求，如圖 3.60 所示。

　　你可能有些疑惑，為什麼我在讀寫檔案、進行網路通訊時好像從來沒有使用過系統呼叫？

原來這些系統呼叫都被封裝起來了，程式設計師通常不需要自己直接進行系統呼叫，這又是為什麼呢？

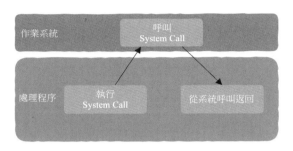

▲ 圖 3.60 系統呼叫在使用者態發起，在核心態下處理完成

3.5.4 標準函式庫：遮罩系統差異

原來系統呼叫都是和作業系統強相關的，Linux 的系統呼叫就和 Windows 的完全不同。如果你直接使用系統呼叫，那麼 Linux 的程式無法直接在 Windows 上執行，因此我們需要某種標準，該標準對使用者遮罩底層差異，這樣程式設計師寫的程式就可以不需要修改地執行在不同作業系統上了。

在 C 語言中，這就是標準函式庫。

注意，標準函式庫程式也執行在使用者態，一般來說，程式設計師都是透過呼叫標準函式庫去進行檔案讀寫操作、網路通訊的，標準函式庫再根據具體的作業系統選擇對應的系統呼叫。

從分層的角度來看，整個系統有點像漢堡，如圖 3.61 所示。

最上層是應用程式，應用程式一般只和標準函式庫打交道（當然，也可以繞過標準函式庫），標準函式庫透過系統呼叫和作業系統互動，作業系統管理底層硬體。

　　這就是為什麼在 C 語言下同樣的 open 函式既能在 Linux 下也能在 Windows 下打開檔案的原因。

　　說了這麼多，這和分配記憶體又有什麼關係呢？

　　原來，在 3.4 節中講解的分配記憶體器，如常用的 malloc，其實不屬於作業系統的一部分，而是在標準函式庫中實現的，malloc 是標準函式庫的一部分，如圖 3.62 所示。

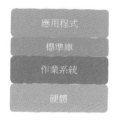

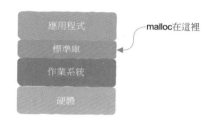

malloc在這裡

▲ 圖 3.61　分層結構　　　　　▲ 圖 3.62　malloc 屬於標準函式庫這一層

　　值得注意的是，在 C 語言中預設使用的 malloc 只是記憶體分配器的一種，還有許多其他類型的記憶體分配器，如 tcmalloc、jemalloc 等，它們都有各自適用的場景，選取適合特定場景的記憶體分配器非常重要。

　　有了這些鋪陳後，現在我們開始分配記憶體這部劇的第二集啦！

3.5.5　堆積區域記憶體不夠了怎麼辦

　　3.4 節講解了 malloc 記憶體分配器的實現原理，但有一個問題被我們故意忽略了，那就是如果記憶體分配器中的閒置區塊不夠用了，那麼該怎麼辦？

　　讓我們再來看一下程式在記憶體中是什麼樣的，如圖 3.63 所示。

　　注意，在堆積區域和堆疊區域之間有一片閒置區域，堆疊區域會隨著函式呼叫深度的增加而向下佔用更多記憶體，對應地，當堆積區域記憶體不足時也可以向上佔用更多空間，如圖 3.64 所示。

堆積區域增長後佔用的記憶體就會變多，這就解決了閒置區塊不夠用的問題，但該怎樣讓堆積區域增長呢？

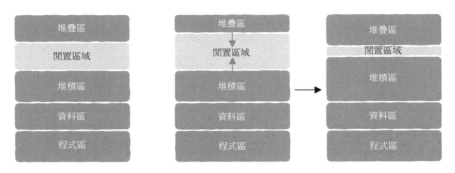

▲ 圖 3.63 處理程式位址空間　　▲ 圖 3.64 堆積區域佔用更多空間

原來 malloc 記憶體不足時要向作業系統申請記憶體，作業系統才是真正的大佬，malloc 不過是小弟，如在 Linux 中，每個處理程式都維護了一個叫作 brk 的變數，brk 發音同 break，其指向了堆積區域的頂部，如圖 3.65 所示。

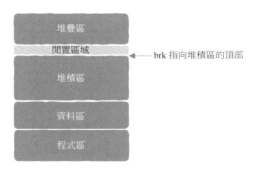

▲ 圖 3.65　brk 指向堆積區域的頂部

將 brk 上移擴大堆積區域就涉及系統呼叫了。

3.5.6 向作業系統申請記憶體：brk

Linux 專門提供了一個叫作 brk 的系統呼叫，還記得剛提到堆積區域的頂部，這個 brk 系統呼叫就是用來增大或減小堆積區域的，如圖 3.66 所示。

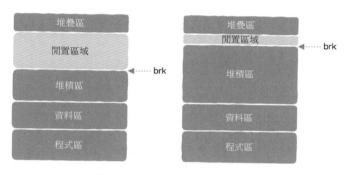

▲ 圖 3.66 調整 brk 增大堆積區域

實際上，不止 brk 系統呼叫，mmap 等系統呼叫也可以實現同樣的目的，mmap 也更為靈活。這些函式不是這裡的重點，重點是有了這些系統呼叫，如果堆積區域記憶體不足則可以向作業系統請求擴大堆積區域，這樣就有更多閒置記憶體可供分配了。

現在，申請記憶體就不再簡單侷限在使用者態的堆積區域了，申請記憶體時可能經歷以下幾個步驟：

（1）程式呼叫 malloc 申請記憶體，注意 malloc 實現在標準函式庫中。

（2）malloc 開始搜尋閒置區塊，如果能找到一個大小合適的就分配出去，前兩個步驟都發生在使用者態。

（3）如果 malloc 沒有找到閒置區塊就向作業系統發出請求增大堆積區域，如透過 brk 系統呼叫。注意，brk 是作業系統的一部分，因此位於核心態。增大堆積區域後，malloc 又一次能找到合適的閒置區塊，然後分配出去。

一次記憶體申請可能需要作業系統的幫助，如圖 3.67 所示。

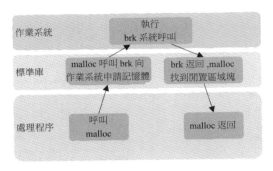

▲ 圖 3.67 一次記憶體申請可能需要作業系統的幫助

故事就到這裡了嗎？

3.5.7 冰山之下：虛擬記憶體才是終極 BOSS

到目前為止，我們知道的全部僅是冰山一角。

現在看到的冰山是這樣的：我們向 malloc 申請記憶體，malloc 記憶體不夠時向作業系統申請擴大堆積區域，之後 malloc 找到一個閒置區塊傳回給呼叫者。

但是，在支援虛擬記憶體的系統中上述過程根本就沒有涉及，哪怕一丁點真實的實體記憶體，一切皆為幻象。

我們確實透過 malloc 從堆積區域申請到了記憶體，malloc 也確實透過作業系統的幫助擴大了堆積區域，但堆積區域本身及整個處理程式位址空間都不是真實的實體記憶體。

在 3.2 節我們也提到了，處理程式看到的記憶體都是假的，是作業系統給處理程式的幻象，這個幻象就是由著名的虛擬記憶體系統來維護的，我們經常說的圖 3.63 其實僅是邏輯上的，真實的實體記憶體中從來沒有過這樣一張圖。

當呼叫的 malloc 傳回後，程式設計師申請到的記憶體就是虛擬記憶體，我們透過 malloc 申請的記憶體其實只是一張空頭支票（假如此時該位址空間還沒有映射到具體的實體記憶體），此時可能根本沒有分配任何真實的實體記憶體。

什麼時候才會分配真正的實體記憶體呢？

答案是分配實體記憶體被延後到了真正使用該記憶體的那一刻，此時會產生一個缺頁錯誤（page fault），因為虛擬記憶體並沒有連結到任何實體記憶體。作業系統捕捉到該錯誤後開始分配真正的實體記憶體，透過修改分頁表建立好虛擬記憶體與該真實實體記憶體之間的映射關係，此後程式開始使用該記憶體，從程式設計師的角度來看就好像從一開始該記憶體就被分配好了一樣。

可以看到，malloc 僅是記憶體的二次分配，而且分配的還是虛擬記憶體，這發生在使用者態；後續程式使用分配到的虛擬記憶體時必須映射到真實的實體記憶體，這時才真正地分配實體記憶體，其發生在核心態，也只有作業系統才能分配真正的實體記憶體。當然，關於作業系統如何管理記憶體就是另外的故事了，具體可參考相關資料。

3.5.8　關於分配記憶體完整的故事

現在，分配記憶體的故事終於可以完整地講出來了，當我們呼叫 malloc 申請記憶體時：

（1）malloc 開始搜尋閒置區塊，如果能找到一個大小合適的就分配出去。

（2）如果 malloc 找不到合適的閒置記憶體，則呼叫 brk 等系統呼叫擴大堆積區域，從而獲得更多的閒置記憶體。

（3）malloc 呼叫 brk 後開始轉入核心態，此時作業系統中的虛擬記憶體系統開始工作，擴大處理程式的堆積區域，注意，額外擴大的這一部分記憶體僅是虛擬記憶體，作業系統可能並沒有為此分配真正的實體記憶體。

（4）brk 結束後返回到 malloc，CPU 從核心態切換到使用者態，malloc 找到一個合適的閒置區塊後傳回。

（5）我們的程式成功申請到記憶體，程式繼續執行。

（6）當有程式讀寫新申請的記憶體時，系統內部出現缺頁中斷，如圖 3.68
所示。此時 CPU 再次由使用者態切換到核心態，作業系統開始分配
真正的實體記憶體，在分頁表中建立好虛擬記憶體與實體記憶體的映
射關係後，CPU 再次由核心態切換回使用者態，程式繼續。

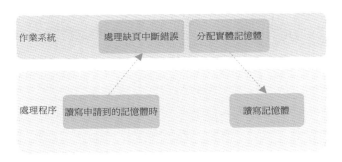

▲ 圖 3.68 缺頁中斷處理

以上就是一次記憶體申請與使用的完整過程，可以看到整個過程是非常複
雜的。至此，堆積區域的全部秘密真正說明完畢。

怎麼樣，雖然從表面上看申請記憶體非常簡單，簡單到就一行程式，但這
行程式背後涉及諸多細節，頻繁地透過 malloc 申請釋放記憶體無疑對系統性能
是有一定影響的，尤其對系統性能要求較高的場景。

那麼很自然的問題就是，我們能否避免 malloc 呢？答案是肯定的，這就是
記憶體池技術（memory pool）。

3.6 高性能伺服器記憶體池是如何實現的

大家在生活中肯定都有這樣的經驗：大眾化產品往往比較便宜，但便宜的
大眾產品就是一個詞——普通；而訂製產品一般都價位不凡，這種訂製的產品
註定不會在大眾中普及，因此訂製產品就是一個詞——獨特。

說到記憶體分配技術，這裡也有大眾化產品及訂製產品。

程式設計師申請記憶體時使用的 malloc 其實就是通用的大眾化產品，在什麼場景下都可以使用，但這也就表示不會針對某種場景有特定的最佳化。

在 3.5 節中我們知道，一次 malloc 記憶體申請其實是很複雜的，有時還會涉及作業系統，程式中頻繁申請釋放記憶體會對系統性能產生影響，幸好除了通用的 malloc，我們還可以針對特定場景實現自己的記憶體分配策略，這就是記憶體池技術。

記憶體池技術與通用的如 malloc 記憶體分配器有什麼區別嗎？

3.6.1　記憶體池 vs 通用記憶體分配器

第一個區別在於我們所說的 malloc 其實是標準函式庫的一部分，位於標準函式庫這一層；而記憶體池是應用程式的一部分如圖 3.69 所示。

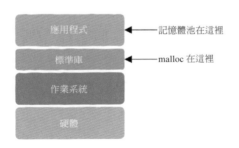

▲ 圖 3.69　記憶體池是應用程式的一部分

第二個區別在於定位，通用的記憶體分配器設計實現往往比較複雜，但是記憶體池技術就不一樣了，記憶體池技術專用於某個特定場景，僅針對單一場景最佳化記憶體分配性能，因此其通用性是很差的，在一種場景下有高性能的記憶體池基本上沒有辦法在其他場景也能獲得高性能，甚至根本就不能用於其他場景，這就是記憶體池技術的定位，如圖 3.70 所示。

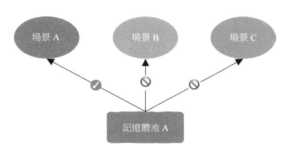

▲ 圖 3.70 記憶體池技術並不通用

那麼記憶體池技術又是怎樣最佳化性能的呢？

3.6.2 記憶體池技術原理

簡單來說，記憶體池技術一次性申請一大區塊記憶體，在其之上自己管理記憶體的分配和釋放，這樣就繞過了標準函式庫和作業系統，如圖 3.71 所示。

除此之外，我們還可以根據特定的使用模式來進一步最佳化，如在伺服器端，每次處理使用者請求需要建立的物件可能就那幾種，這時就可以在自己的記憶體池上提前建立出這些物件，當業務邏輯需要時就從記憶體池中申請已經建立好的物件，使用完畢後還回記憶體池。

這類只針對特定場景實現的記憶體池相比通用記憶體分配器會有很大的優勢，原因就在於程式設計師了解該場景下的記憶體使用模式，而通用記憶體分配器則對此一無所知。接下來，我們著手實現一個極簡記憶體池。

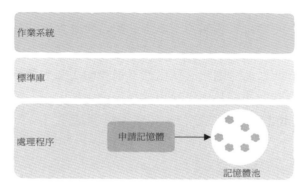

▲ 圖 3.71 申請記憶體不需要經過標準函式庫和作業系統

3.6.3 實現一個極簡記憶體池

值得注意的是，記憶體池技術有很多的實現方法，這裡還是以伺服器端程式設計為例。

假設你的伺服器程式非常簡單，處理使用者請求時只使用一種物件（資料結構），這時我們提前申請出一堆來，數量根據實際情況自行決定，使用的時候拿出一個，使用完後還回去，如圖 3.72 所示。

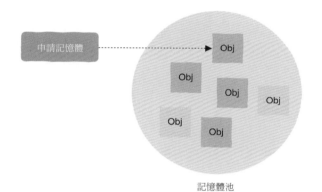

▲ 圖 3.72 最簡單的記憶體池

實現完畢，足夠簡單吧！這樣一個簡單的記憶體池就能解決實際問題，不過其只能分配特定物件（資料結構）。

接下來，實現一個稍複雜些的記憶體池，其支援申請不同大小的記憶體，且針對伺服器端程式設計場景，因此在處理使用者請求的過程中只從記憶體池中申請記憶體而不釋放記憶體，只有當請求處理完畢後再一次性釋放所有該過程中申請的記憶體，從而將記憶體申請釋放的銷耗降到最小。

從這裡可以看到，記憶體池的設計都是針對特定場景的。現在有了初步的設計，接下來就是細節了。

3.6.4 實現一個稍複雜的記憶體池

　　為了能夠分配大小可變的記憶體，顯然需要管理閒置區塊，我們首先可以用一個鏈結串列把所有區塊連結起來，然後使用一個指標來記錄當前閒置區塊的位置，如圖 3.73 所示。

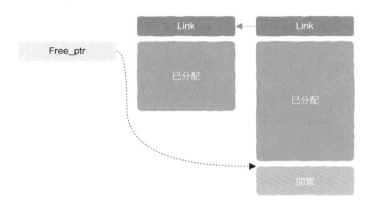

▲ 圖 3.73 用鏈結串列管理區塊

　　當記憶體不足時我們需要向 malloc 申請新的區塊，新的區塊大小總是前一個區塊的 2 倍，如圖 3.74 所示。該策略與 C++ 中 vector 容器的擴充策略類似，目的是確保不會頻繁地向 malloc 申請記憶體，從這裡可以看到記憶體池其實是在 malloc 傳回記憶體之上的再一次分配。

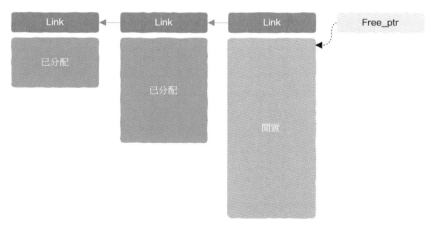

▲ 圖 3.74 新的區塊是前一個區塊的 2 倍

這裡有一個 Free_ptr 指標，指向記憶體池中閒置區塊起始位置，因此可快速找到閒置區塊，假設申請 10 位元組記憶體且記憶體池中的閒置區塊大小滿足要求，那麼直接傳回該指標指向的位址並將其向後移動 10 位元組即可。

這裡也不提供類似 free 這樣可以釋放某個區塊功能的函式，請求處理完畢後一次性將整個記憶體池釋放掉，大幅減少記憶體釋放帶來的銷耗，這一點與通用記憶體分配器是不一樣的。

到這裡，我們的記憶體池已經能在單執行緒環境下工作得很好了，如果是多執行緒環境那麼該怎麼辦呢？該怎樣實現執行緒安全呢？

3.6.5　記憶體池的執行緒安全問題

有的讀者可能會說這還不簡單，直接給記憶體池一把鎖保護就可以了。記憶體池加鎖保護如圖 3.75 所示。

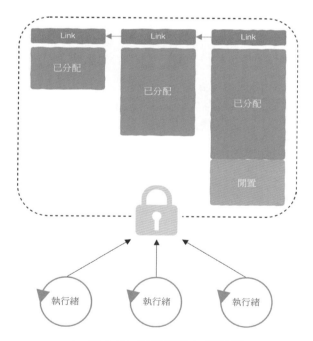

▲ 圖 3.75　記憶體池加鎖保護

　　這種方法的確可以保證執行緒池正確工作，但如果程式有大量執行緒申請或釋放內存，那麼在這種方案下鎖的競爭將非常激烈，從而導致系統性能下降，還有更好的辦法嗎？答案是肯定的。

　　既然加鎖可能會帶來性能問題，那麼為每個執行緒維護一個記憶體池就這從根本上解決了執行緒間的競爭問題。

　　怎樣為每個執行緒維護一個記憶體池呢？第 2 章提到的執行緒局部儲存就能派上用場啦！我們可以將記憶體池放在執行緒局部儲存中，這樣每個執行緒都只會操作屬於自己的記憶體池，如圖 3.76 所示。

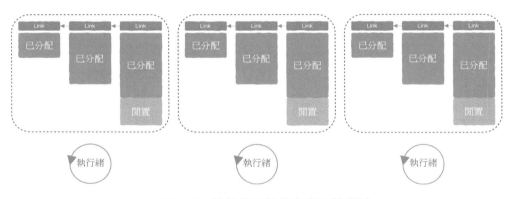

▲ 圖 3.76 執行緒局部儲存與記憶體池

　　使用執行緒局部儲存會引入一個非常有趣的問題，假如執行緒 A 申請了一個區塊，但其生命週期超過了執行緒 A 本身，也就是說當執行緒 A 執行結束後該記憶體還在被其他執行緒使用，顯然該記憶體將不得不在其他執行緒，如執行緒 B 中銷毀，也就是說一個區塊在執行緒 A 中申請卻要在執行緒 B 中釋放，該怎麼處理這種情況呢？這個問題留給大家去思考。

　　記憶體池是高性能伺服器中常見的一種最佳化技術，本節僅介紹幾種實現方式，值得注意的是，記憶體池技術非常靈活，可簡單、可複雜，顯然這是由使用場景決定的。

　　至此，處理程式位址空間中的堆疊區域和堆積區域也介紹完畢，可以看到這兩個區域的記憶體都有其使用規則，如果不能透徹理解這些規則，那麼在程式中寫出與記憶體相關的 bug 簡直太容易了。

　　接下來，我們看看與記憶體相關的經典 bug。

3.7　與記憶體相關的經典 bug

　　對程式設計師來說，與記憶體相關的 bug 的排除難度幾乎和多執行緒問題並駕齊驅，當程式出現執行異常時可能距離真正有問題的那行程式已經很遠了，這導致問題的定位排除非常困難，本節整理一些與記憶體相關的經典 bug，所有範例以 C 語言來講解，快來看看你知道幾個，或你的程式中現在有幾個。

3.7.1　傳回指向區域變數的指標

　　看看這段程式有什麼問題？

```c
int* fun() {
  int a = 2;
  return &a;
}


void main() {
  int* p = fun();
  *p = 20;
}
```

　　3.4 節實際上講解過該範例，問題在於區域變數 a 位於 func 函式的堆疊幀中，當 func 函式執行結束後，其堆疊幀也不復存在，因此 main 函式呼叫 func 函式後得到的指標指向一個不存在的變數，如圖 3.77 所示。

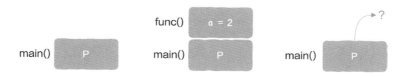

▲ 圖 3.77 指標指向不存在的變數

　　儘管上述程式仍然很可能「正常」執行，但這僅是運氣好而已。如果後續呼叫其他函式，如 foo 函式，那麼指標 p 指向的內容將被 foo 函式的堆疊幀覆蓋掉，又或修改指標 p 實際上是在破壞 foo 函式的堆疊幀，將會產生極其難以排除的 bug。

3.7.2 錯誤地理解指標運算

```
int sum(int* arr, int len) {
  int sum = 0;
  for (int i = 0; i < len; i++) {
      sum += *arr;
      arr += sizeof(int);
  }
  return sum;
}
```

　　這段程式本意是想計算給定陣列的和，但上述程式錯誤地理解了指標運算。

　　指標運算中的加 1 並不是說移動 1 位元組而是移動 1 個單位，指標指向的資料型態的大小就是 1 個單位。如果指標指向的資料型態是 int，那麼指標加 1 表示移動 4 位元組，如果指標指向的是結構，假如該結構的大小為 1024 位元組，那麼指標加 1 其實是移動 1024 位元組。

　　因此，移動指標時我們根本不需要關心指標指向的資料型態的大小，如圖 3.78 所示，簡單地將上述程式中 arr+=sizeof(int); 改為 arr++; 即可。

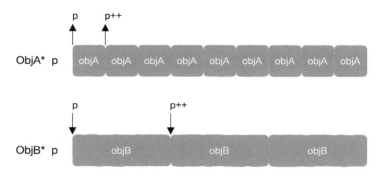

▲ 圖 3.78 移動指標時不需要關心資料型態的大小

3.7.3 解引用有問題的指標

C 語言初學者常會犯一個經典錯誤，從標準輸入中獲取資料時其程式可能會寫成這樣：

```
int a;
scanf("%d", a);
```

很多讀者並不知道這樣寫會有什麼問題，因為上述程式有時並不會出現執行時錯誤，原來 scanf 會將 a 的值當成位址來對待，並將從標準輸入中獲取的資料寫到該位址。

接下來，程式的表現就取決於 a 的值了，而上述程式中區域變數 a 的值是不確定的，那麼這時：

（1）如果 a 的值被解釋成指標後指向程式區或其他不寫入區域，那麼作業系統將立刻 kill 掉該處理程式，這是最好的情況，這時發現問題還不算很難。

（2）如果 a 的值被解釋成指標後指向堆疊區域，那麼此時恭喜你，其他函式的堆疊幀此時已經被破壞掉了，程式接下來的行為將脫離掌控，這樣的 bug 極難定位。

（3）如果 a 的值被解釋成指標後指向堆積區域或資料區，那麼此時也恭喜你，程式動態分配的記憶體已經被你破壞掉了，程式接下來的行為同樣是不確定的，這樣的 bug 也極難定位。

破壞不同記憶體區域的代價如圖 3.79 所示。

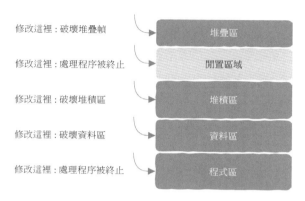

▲ 圖 3.79　破壞不同記憶體區域的代價

3.7.4　讀取未被初始化的記憶體

來看這樣一段程式：

```
void add() {
  int* a = (int*)malloc(sizeof(int));
  *a += 10;
}
```

上述程式錯誤地認為從堆積上動態分配的記憶體總是被初始化為 0，但實際上並不是這樣的。

我們需要知道，當呼叫 malloc 時實際上有以下兩種可能：

（1）如果 malloc 自己維護的記憶體夠用，那麼 malloc 從閒置區塊中找到一個傳回。注意，該記憶體可能之前被使用過，此時，該記憶體可能包含了上次使用時留下的資訊，因此不一定為 0。

（2）如果 malloc 自己維護的記憶體不夠用，那麼透過 brk 等系統呼叫向作業系統申請記憶體，在真正使用該記憶體時出現缺頁中斷，作業系統分配真正的實體記憶體，在這種情況下該記憶體可能會被初始化為 0。

原因很簡單，作業系統傳回的該記憶體可能之前被其他處理程式使用過，這裡面也許會包含了一些敏感資訊，如密碼，因此出於安全考慮，防止你讀取其他處理程式的資訊，作業系統在把記憶體交給你之前會將其初始化為 0。

現在你應該知道了吧？不能想當然地假設 malloc 傳回的記憶體已經被初始化為 0，我們需要自己手動清空，如圖 3.80 所示。

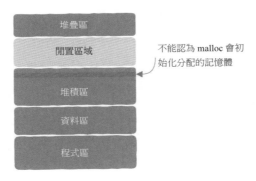

▲ 圖 3.80 不能想當然地假設 malloc 傳回的記憶體已經被初始化為 0

3.7.5 引用已被釋放的記憶體

```
void add() {
  int* a = (int*)malloc(sizeof(int));
  ...
  free(a);
  int b = *a;
}
```

這段程式在堆積區域申請了一個區塊並載入整數，之後釋放，可是在後續程式中又一次引用了被釋放的區塊，此時 a 指向的記憶體儲存什麼內容取決於 malloc 內部的工作狀態：

（1）如果指標 a 指向的那個區塊釋放後沒有被 malloc 再次分配出去，那麼此時 a 指向的值和之前一樣。

（2）指標 a 指向的那個區塊已經被 malloc 分配出去了，此時 a 指向的記憶體可能已經被覆蓋，對 a 解引用得到的就是一個被覆蓋掉的資料，這類問題可能要等程式執行很久才會發現，而且往往難以定位，如圖 3.81 所示，引用一塊已被釋放的記憶體時，程式的行為是不可預測的，因為此時可能有其他執行緒正在修改該記憶體。

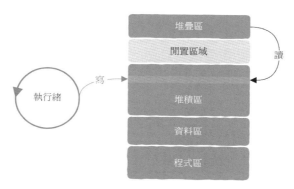

▲ 圖 3.81 引用一個已被釋放的區塊導致程式執行不可預測

3.7.6 陣列下標是從 0 開始的

```c
void init(int n) {
  int* arr = (int*)malloc(n * sizeof(int));
  for (int i = 0; i <= n; i++) {
      arr[i] = i;
  }
}
```

這段程式的本意是要初始化陣列，但忘記了陣列下標是從 0 開始的，上述程式執行了 n+1 次賦值操作，同時將陣列 arr 之後的記憶體用 i 覆蓋。

該程式的執行時期行為同樣取決於 malloc 的工作狀態，如果 malloc 給到 arr 的記憶體本身比 n*sizeof(int) 要大，那麼覆蓋該記憶體可能也不會有什麼問

題，但如果被覆蓋的該記憶體中儲存有 malloc 用於維護記憶體分配狀態的資訊（類似我們自己實現的那個記憶體分配器的 header 資訊），那麼此舉將破壞 malloc 的工作狀態，如圖 3.82 所示。

▲ 圖 3.82 陣列存取越界可能破壞 malloc 的工作狀態

3.7.7 堆疊溢位

```
void buffer_overflow() {
  char buf[32];

  gets(buf);
  return;
}
```

這段程式總是假設使用者的輸入不能超過 32 位元組，一旦超過就將立刻破壞堆疊幀中相鄰的資料，破壞函式堆疊幀最好的結果是程式立刻崩潰，否則與前面的例子一樣，也許程式執行很長一段時間後才出現錯誤，或程式根本不會有執行時期異常，但是會舉出錯誤的計算結果。

前面幾個例子中也會有「溢位」，不過是在堆積區域上的溢位，但堆疊緩衝區溢位更容易導致問題，因為堆疊幀中儲存有函式返回位址等重要資訊。早先一類經典的駭客攻擊技術就是利用堆疊緩衝區溢位的，其原理也非常簡單，就是利用 3.3 節講解的堆疊幀。

每個函式執行時期在堆疊區域都會有一段堆疊幀，堆疊幀中儲存有函式返回位址。在正常情況下，一個函式執行完成後會根據堆疊幀中儲存的返回位址跳躍回上一個函式，假設函式 A 呼叫函式 B，那麼當函式 B 執行完成後就會傳回函式 A，如圖 3.83 所示。

　　如果程式中存在堆疊緩衝區溢位問題，那麼在駭客的精心設計下，溢位元的部分會恰好覆蓋堆疊幀中的返回位址，並將其修改為一個特定的位址，在這個特定的位址中儲存有駭客留下的惡意程式碼，如圖 3.84 所示。

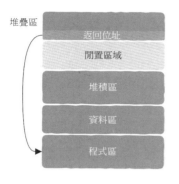
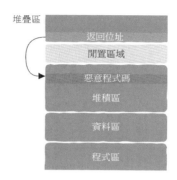

▲ 圖 3.83 跳躍回呼用函式　　▲ 圖 3.84 跳躍到一段駭客精心設計的程式

　　當該處理程式執行起來後，實際上執行的卻是駭客的惡意程式碼，這就是一個利用堆疊緩衝區溢位進行攻擊的經典案例。

3.7.8 記憶體洩漏

```
void memory_leak() {
  int *p = (int *)malloc(sizeof(int));
  return;
}
```

　　上述程式申請記憶體後直接傳回，該記憶體再也沒有機會被釋放掉了（直到處理程式執行結束），這就是記憶體洩漏。

　　記憶體洩漏是一類極為常見的問題，尤其對不支援自動垃圾回收的語言來說更是如此，程式會不斷地申請記憶體，但不去釋放，這會導致處理程式的堆積區域越來越大直到處理程式被作業系統終止掉（見圖 3.85），在 Linux 中這就是有名的 OOM 機制（Out Of Memory Killer）。

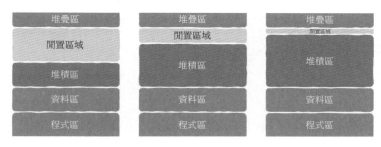

▲ 圖 3.85　記憶體洩漏導致堆積區域佔用記憶體越來越多

記憶體洩漏問題往往十分棘手，且難以直接排除，幸好，針對這一問題有專門的分析工具，這類工具可能針對特定程式語言，也可能是針對特定的記憶體分配器，如記憶體分配器 tcmalloc 附帶的記憶體分析工具等，總之你需要在自己的開發環境下找到合適的記憶體分析工具，學會利用合適的工具才能事半功倍地解決問題。

整體上，這類分析工具有兩種實現想法。

第一種是追蹤 malloc 和 free 的使用情況，這類工具往往會拖慢程式的執行速度，有的還需要重新編譯程式。

第二種想法涉及本章講解的記憶體分配底層實現原理，malloc 在分配記憶體時往往涉及作業系統，尤其在堆積區域空間不足需要擴大堆積區域的情況下，此後使用分配的記憶體往往會觸發缺頁中斷（page fault），而處理程式出現記憶體洩漏問題時就更是如此，幸好在 Linux 中可以借助 perf 等工具直接追蹤涉及此類系統事件的函式呼叫堆疊資訊，透過分析呼叫堆疊資訊也可以獲取一些有用的線索。

與記憶體相關的 bug 這一話題就到這裡。

到目前為止，關於記憶體的討論還僅停留在處理程式位址空間的堆積區域和堆疊區域上，接下來我們用一個問題的講解從系統層面理解一下記憶體的作用：你有沒有想過為什麼 SSD 不能被當成記憶體用？

3.8 **為什麼 SSD 不能被當成記憶體用**

筆者在一些電子商務網站搜尋「SSD」（時間是 2021 年）後發現，隨便找幾項銷量比較高的，其讀取速度基本上都能達到 3.5GB/s（真實情況下可能稍差些，尤其是隨機讀寫），這個速度是非常快的，基本能達到秒傳高畫質電影的水準。那麼問題來了，既然現在的 SSD 讀取速度這麼快，那麼可以把 SSD 當成記憶體來用嗎？要回答這個問題，我們先來看看記憶體的速度。

當前採用第四代 DDR 技術的記憶體，其頻寬基本上能達到 20~30GB，即使 SSD 速度很快，但與記憶體相比還有一個數量級的差異。也就是說，假設真的把 SSD 當成記憶體使用，那麼電腦執行速度可能會比當前的執行速度慢上 10 倍左右，這光從速度的角度分析，接下來我們從資料讀寫的角度來看看是否可行。

3.8.1 記憶體讀寫與硬碟讀寫的區別

現在在電腦上可以進行一個小實驗，以 Win 10 機器為例。

首先新建一個檔案，隨便寫點什麼東西，然後按滑鼠右鍵查看屬性，如圖 3.86 所示。這個檔案本身大小只有 1440 位元組，卻佔據了 4KB 的空間。

我們再往這個檔案中加些內容，如圖 3.87 所示。

▲ 圖 3.86 檔案的屬性資訊

▲ 圖 3.87 檔案的屬性資訊

此時，檔案內容的大小是 5.83KB，佔據的空間卻是 8KB，這說明什麼呢？這說明檔案大小是按照區塊來分配的，但這又表示什麼呢？

要知道記憶體的定址細微性是位元組等級的，也就是說每位元組都有它的記憶體位址，CPU 可以直接透過這個位址獲取對應的內容。

但對 SSD 來說就不是這樣了，從上面的實驗也可以看到，其實 SSD 是以區塊的細微性來管理資料的，至於區塊的大小則各有差異，這裡的重點：CPU 沒有辦法直接存取檔案中某個特定的位元組，即不支援逐位元組定址。

記憶體為位元組定址，磁碟為按區塊定址如圖 3.88 所示。

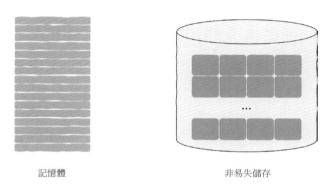

記憶體　　　　　　　　　　非易失儲存

▲ 圖 3.88 記憶體為位元組定址，磁碟為按區塊定址

CPU 沒有辦法直接存取儲存在 SSD 上的資料，因此，CPU 無法直接在 SSD 或磁碟上執行程式，如圖 3.89 所示。

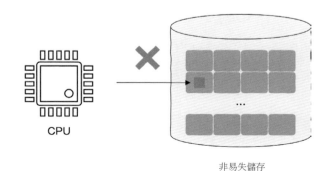

CPU

非易失儲存

▲ 圖 3.89 CPU 無法直接在 SSD 或磁碟上執行程式

3.8.2 虛擬記憶體的限制

現代作業系統的記憶體管理基本都以虛擬記憶體為基礎，這會帶來一個問題。

對 32 位元系統來說，其最大定址範圍只有 4GB，如果把 SSD 當成記憶體，即使 SSD 有 1TB，處理程式真正能用到的也不會超過 4GB。

因此，現代作業系統對記憶體的管理方式也無法讓我們把 SSD 當成記憶體用，當然，對於 64 位元系統則不存在這個問題，因為 64 位元系統的可定址空間足夠大。

3.8.3 SSD 的使用壽命問題

SSD 的製造原理決定了這類存放裝置是有使用壽命限制的。

你會發現 SSD 和汽車類似，在一定里程後就可能出現問題，SSD 的里程數就是總寫入位元組（Max Terabytes Written，TBW），最多能寫入多少 TB，一般來說，普通 SSD 的 TBW 大概在幾百 TB，也就是說如果你的 SSD 寫入上百 TB，可能就要有問題了。

CPU 執行程式時會有大量的記憶體讀寫操作，因此如果把 SSD 當成記憶體用，其使用壽命將可能會成為系統瓶頸，而記憶體則無此問題。

有的讀者可能覺得 SSD 的使用壽命也太短了，但實際上普通使用者不會有頻繁寫入 SSD 的場景，一般都不需要關心這個問題。

現在你應該明白為什麼不能把 SSD 直接當成記憶體用了，受限於當代存放裝置的製造技術，我們還沒有辦法直接把 SSD 當成記憶體來用，各種軟硬體等都沒有做好準備。

3.9 總結

記憶體是電腦系統中極為重要的兩個核心元件之一（另一個是 CPU），記憶體中儲存著 CPU 執行機器指令時相依的一切資訊。

記憶體是極其簡單的，從微觀上來看其是由一個個儲物櫃組成的，裡面儲存的不是 0 就是 1。

但從宏觀上來看，記憶體又是非常複雜的，我們在記憶體中劃分了堆疊區域，這裡維護了函式的執行時期資訊，函式的呼叫及返回就發生在堆疊區域；同時我們在這裡劃分了堆積區域，在這裡申請的記憶體需要程式設計師自己來維護其生命週期，我們也研究了記憶體分配器是如何實現的，以及申請記憶體時底層到底發生了什麼。

在實體記憶體的基礎之上我們又抽象出了虛擬記憶體，現代作業系統給每個處理程式提供了一種幻覺，讓其認為自己可以獨佔記憶體。程式設計師可以在一片連續的位址空間程式設計，這帶來了極大的便利。

我們對記憶體的探索就到這裡。

行文至此，我們的旅程已經過半，下一站將迎來電腦系統的引擎：CPU。趕緊去看看吧！

第**4**章

從電晶體到 CPU，誰能比我更重要

　　CPU——這個顯而易見的電腦引擎，已經被層層抽象包裹起來，使得它離程式設計師越來越遠，現代程式設計師尤其是應用層程式設計師在程式設計時幾乎不怎麼會意識到 CPU，也不需要關心，這就是抽象的威力，顯然這要歸功於現代編譯器等工具，正是它們讓程式設計師以近乎人類的語言即可指揮一個由電晶體組成的每秒可以進行數十億、上百億次計算的奇妙裝置，這是人類智慧的精彩表現。

　　既然現代程式設計師幾乎不需要關心 CPU，那麼為什麼還要介紹它呢？思來想去筆者只能舉出這個理由：有趣！

了解 CPU 的工作原理本身就是一件非常有趣的事情，你不好奇為什麼一堆由電晶體組成的傢伙竟然具有運算能力嗎？如果目的性強一點那就是理解 CPU 的工作原理可以讓我們加深對整體電腦系統的理解，從而寫出更好的程式，嗯，這是一個很好的理由，但筆者依然願意把有趣放在最前面。

歡迎來到本次電腦之旅的第四站，在這裡我們將領略人造物的巔峰——CPU 的無窮魅力。

到底什麼是 CPU 呢？

4.1 你管這東西叫 CPU

每次回家開燈時你有沒有想過，用你按的簡單開關實際上能打造出複雜的 CPU 來，只不過需要的數量會比較多，也就幾十億個吧。

4.1.1 偉大的發明

過去 200 年，人類最重要的發明是什麼？蒸汽機？電燈？火箭？這些都是，但在筆者內心依然覺得這個小東西也許最重要，當然，這可能是職業的原因。

這個小東西就叫電晶體，如圖 4.1 所示，它有什麼用呢？

圖 4.1 電晶體

實際上，電晶體的功能簡單到不能再簡單，給一端通通電，電流可以從另外兩端透過，否則不能透過，其本質就是一個開關，就是這個小東西的發明讓三個人獲得了諾貝爾物理學獎，可見其舉足輕重的地位。

　　無論程式設計師撰寫的程式多麼複雜，軟體承載的功能最終都是透過這個小東西簡單的開閉完成的，除了神奇二字，筆者想不出其他詞來。

4.1.2　與、或、非：AND、OR、NOT

　　現在有了電晶體，也就是開關，在此基礎之上就可以搭積木了，你隨手架設出來這樣三種電路：

- 只有兩個開關同時打開電流才會透過，燈才會亮。

- 只要兩個開關中有一個打開電流就能透過，燈就會亮。

- 關閉開關時電流透過，燈會亮，打開開關反而電流不能透過，燈會滅。

　　天賦異稟的你架設的上述電路分別是及閘（AND gate）、或閘（OR gate）、反閘（NOT gate），如圖 4.2 所示。

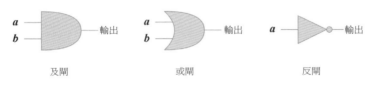

▲ 圖 4.2　及閘、或閘、反閘

4.1.3　道生一、一生二、二生三、三生萬物

　　最神奇的是，你隨手架設的這三種電路竟然有一種很迷人的特性：任何一個邏輯函式最終都可以透過及閘、或閘和反閘表達出來，這就是邏輯完備性，就是這麼神奇。

　　也就是說，**給定足夠的及閘、或閘和反閘，就可以實現任何一個邏輯函式，除此之外，我們不需要其他任何類型的邏輯門電路。**這時我們認為及閘、或閘、反閘就是邏輯完備的。

這一結論的得出吹響了電腦革命的號角，這個結論告訴我們電腦最終可以透過簡單的及閘、或閘、反閘構造出來，這些簡單的邏輯門電路就好比基因。

老子有云：**道生一、一生二、二生三、三生萬物。實乃異曲同工之妙。**

4.1.4 運算能力是怎麼來的

現在能建構萬物的基礎元素及閘、或閘、反閘出現了，接下來我們著手設計 CPU 最重要的能力：計算，這裡以加法為例。

由於 CPU 只認識 0 和 1，也就是二進位，因此二進位的加法如下：

- 0+0，結果為 0，進位為 0。
- 0+1，結果為 1，進位為 0。
- 1+0，結果為 1，進位為 0。
- 1+1，結果為 0，進位為 1。

注意進位一列，只有當兩路輸入的值都是 1 時，進位才是 1，看一下你設計的三種組合電路，這就是及閘啊！

再來看一下結果一列，當兩路輸入的值不同時，結果為 1，當兩路輸入的值相同時，結果為 0，這就是互斥啊！我們說過及閘、或閘、反閘是邏輯完備的，互斥邏輯當然也可以用及閘、或閘、反閘建構出來，現在，用一個及閘和一個互斥門就可以實現二進位加法，如圖 4.3 所示。

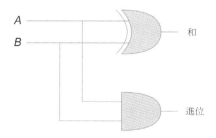

▲ 圖 4.3 用及閘和互斥門實現二進位加法

這就是一個簡單的加法器，神奇不神奇？加法可以用及閘、或閘、反閘實現，其他的計算也一樣能實現，邏輯完備嘛！

現在，透過及閘、或閘、反閘的組合，我們可以用電路實現加法操作，CPU 的運算能力就是這麼來的。

除了加法，當然也可以根據需求將其他算數運算設計出來，CPU 中有專門負責運算的模組，這就是 Arithmetic Logic Unit（ALU），本質上與這裡的簡單電路沒什麼區別，就是更加複雜而已。

現在運算能力有了，但是只有運算能力是不夠的，電路還需要能記得住資訊。

4.1.5　神奇的記憶能力

到目前為止，你設計的組合電路雖然有運算能力但沒有辦法儲存資訊，它們只是簡單地根據輸入得出輸出，但輸入／輸出總得有個地方能儲存起來，這就需要電路能儲存資訊。電路怎麼能儲存資訊呢？你不知道該怎麼設計，這個問題解決不了你寢食難安，吃飯時在思考、走路時在思考、睡覺時仍在思考，直到有一天你在夢中遇到一位英國物理學家，他給了你這樣一個簡單但極其神奇的電路，如圖 4.4 所示。

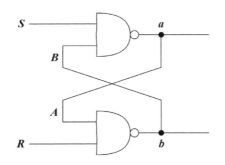

▲ 圖 4.4　一個能「記住」資訊的電路

這是兩個 NAND 門的組合，不要緊張，NAND 也是由你設計的及閘、反閘組合而成的，NAND 門就是反及閘，先進行與運算然後進行非運算，如給定輸入 1 和 0，與運算後結果為 0，非運算後結果為 1，這就是反及閘。

這裡比較獨特的是該電路的建構方式：一個 NAND 門的輸出是另一個 NAND 門的輸入，該電路的組合方式會附帶一種很有趣的特性，只要給 S 端和 R 端輸入 1，那麼這個電路只會有兩種狀態：

- 要麼 a 端為 1，此時 $B=0$、$A=1$、$b=0$。

- 要麼 a 端為 0，此時 $B=1$、$A=0$、$b=1$。

不會再有其他可能了，我們把 a 端的值作為電路的輸出。

此後，你把 S 端置為 0（R 端保持為 1），電路的輸出——a 端會永遠為 1，這時我們就可以說把 1 存到電路中了；而如果你把 R 端置為 0（S 端保持為 1），那麼電路的輸出——a 端永遠為 0，此時我們可以說把 0 存到電路中了。

神奇不神奇？電路竟然具備了資訊儲存能力。

現在，為儲存資訊你需要同時設定 S 端和 R 端，但你的輸入其實有一個（儲存一個 bit 位嘛），為此你對電路進行了簡單的改造，如圖 4.5 所示，其中 WE 端（Write Enable 端）用來控制是否寫入。

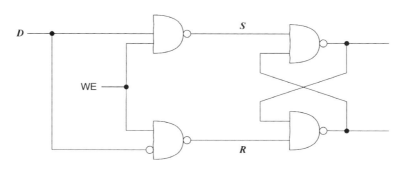

▲ 圖 4.5 改造為只有一個輸入端

這樣，當 D 端為 0 時，整個電路儲存的就是 0，否則就是 1，而這正是我們想要的，現在儲存 1 個位元就方便多啦，還記不記得 3.1 節講解記憶體時說到的儲物櫃，忘記的趕緊再回去翻看一下，上述電路正是這個可以儲存 1 個位元的儲物櫃！啊哈，總算見到實物啦！

4.1.6　暫存器與記憶體的誕生

現在你的電路能儲存 1 個位元了，想儲存多個位元還不簡單，簡單複製、貼上即可，如圖 4.6 所示。

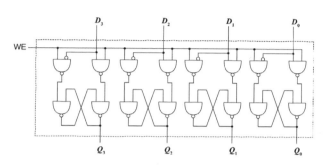

▲ 圖 4.6　可儲存 4 個位元的電路

我們稱這個組合電路為暫存器（Register），你沒有看錯，常說的暫存器就是這個東西。你不滿足，還要繼續架設更加複雜的電路儲存更多資訊，同時提供定址功能，我們規定每 8 個位元為一位元組，每個位元組都有自己的唯一編號，利用該編號就能從電路中讀取儲存的資訊，就這樣記憶體——Memory，也誕生了。

暫存器及記憶體都離不開圖 4.4 中的電路，只要通電，這個電路就能儲存資訊，但是斷電後很顯然儲存的資訊就丟掉了，現在你應該明白為什麼記憶體在斷電後不能儲存資料了吧？

4.1.7　硬體還是軟體？通用裝置

現在，我們的電路可以計算資料，也可以儲存資訊，但現在還有一個問題，那就是**儘管我們可以用及閘、或閘、反閘表達出所有的邏輯函式，但是我們真的有必要把所有邏輯運算都用及閘、或閘、反閘實現出來嗎？**這顯然是不現實的。

這就好比廚師，一個廚師顯然不能只做一道菜，否則酒店就要把各個菜系的廚師雇全才能做出一桌菜！

中式餐飲博大精深，差別很大，但製作每道菜品的方式大同小異，其中包括刀工、翻炒技術等，這些是基本功，製作每道菜品都要經過這些步驟，變化的也無非就是食材、火候、調料等，這些容易變化的東西放到食譜中即可，這樣給廚師一個食譜他／她就能製作出任意的菜，在這裡廚師就好比硬體，食譜就好比軟體。

同樣的道理，**我們沒有必要把所有的計算邏輯都用電路這種硬體實現出來**，硬體只需要提供最基本的功能，所有的計算邏輯都透過這些最基本的功能用軟體表達出來就好，這就是軟體一詞的來源。**硬體不可變，但軟體可變，給不變的硬體提供不同的軟體就能讓硬體實現全新的功能**，無比天才的思想，人類真的是太聰明啦！

同樣一台電腦硬體，安裝上 Word 你就能編輯檔案，安裝上遊戲軟體就能變成遊戲主機，硬體還是那套硬體，從沒有變動過，但載入不同的軟體就能具備不同的功能，如圖 4.7 所示。**每次打開電腦使用各種 App 時沒有在內心高呼一聲天才，你都對不起電腦這麼偉大的發明創造**，這就是電腦被稱為通用計算裝置的原因，這一思想是電腦科學鼻祖——圖靈提出的。

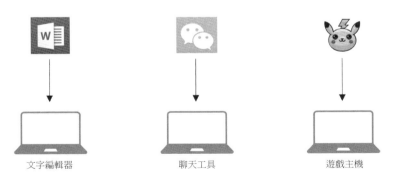

▲ 圖 4.7 載入不同的軟體電腦就能具備不同的功能

那硬體的基本功是什麼呢？

4.1.8　硬體的基本功：機器指令

讓我們來思考一個問題，CPU 怎麼能知道自己要去對兩個數進行加法計算，以及要對哪兩個數進行加法計算呢？

顯然，你得告訴 CPU，怎麼告訴呢？還記得 4.1.7 節中需要給廚師食譜嗎？沒錯，CPU 也需要一張「食譜」告訴自己接下來該幹什麼，在這裡，食譜就是機器指令，機器指令就是透過我們剛實現的組合電路來執行的。

接下來，我們面臨另一個問題，那就是這樣的指令會有很多，還是以加法指令為例，你可以讓 CPU 計算 1+1，也可以計算 1+2 等，實際上單單加法指令就可以有無數種組合，顯然我們不可能這樣去設計機器指令。

實際上，CPU 只需要提供加法操作的運算能力，程式設計師提供運算元就可以了，CPU 說：「我可以刷碗」，你告訴 CPU 該刷哪個碗；CPU 說：「我可以唱歌」，你告訴 CPU 唱什麼歌；CPU 說：「我可以做飯」，你告訴 CPU 該做什麼飯。

因此，我們可以看到 CPU 只需要提供機制或功能（唱歌、炒菜、加法、減法、跳躍），我們（程式設計師）提供策略（歌名、菜名、運算元、跳躍位址）即可。

CPU 表達機制就是透過指令集來實現的。

4.1.9　軟體與硬體的介面：指令集

指令集告訴我們 CPU 可以執行什麼指令，每種指令需要提供的運算元，不同類型的 CPU 會有不同的指令集。

指令集中的單行指令能完成的工作其實都非常簡單，畫風大體上是這樣的：

■　從記憶體中讀取一個數，位址是 ***。

■　對兩個數加和。

■　比較兩個數字的大小。

■ 把數儲存到記憶體，位址是 ***。

■ ……

看上去很像碎碎念，這就是機器指令，我們用高階語言撰寫的程式，無論多麼簡單還是多麼複雜，**最終都會等價轉為上面的碎碎念指令，然後 CPU 一筆一筆地去執行，很神奇吧！**

接下來，我們看一行可能的機器指令，如圖 4.8 所示。

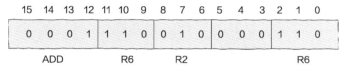

▲ 圖 4.8 加法運算的機器指令

這行指令佔據 16 個位元，前 4 個位元告訴 CPU 該執行什麼操作，這表示我們可以設計出 2^4 也就是 16 種機器指令，這 16 種機器指令就是指令集，指令集告訴程式設計師 CPU 到底能幹什麼，該怎樣指揮它工作。

從系統分層的角度來看，指令集是軟體與硬體的交匯點，在指令集之上是軟體的世界，在指令集之下是硬體的世界，指令集是軟體和硬體的交匯點，也是軟體和硬體通訊的介面。

在本例中，這行指令告訴 CPU 執行加法操作；剩下的位元告訴 CPU 該怎麼做，本例中是先把暫存器 R6 和暫存器 R2 中的值相加然後寫到暫存器 R6 中。

可以看到，一行機器指令能完成的工作其實是非常簡單的，直接用機器指令程式設計必然是非常煩瑣的，正因此高級程式語言誕生了。高級程式語言非常接近人類的語言，這大大提高了程式設計師的生產力，但 CPU 依然只能理解機器指令，因此必然需要一種工具將高級程式語言轉為機器指令，這個工具就是我們講解過的編譯器，希望你還能記得。

從 CPU 的工作原理再到高級程式語言完整的秘密就包含在本節及 3.1 節、3.2 節中，你也可以按照先本節再到 3.1 節、3.2 節的順序再次閱讀理解一下。

4.1.10　指揮家，讓我們演奏一曲

現在，我們的電路具備了運算能力、儲存能力，還可以透過指令告訴電路該執行什麼操作，還有一個問題沒有解決。

電路由很多部分組成，有用來計算資料的，有用來儲存資訊的，以最簡單的加法為例，假設我們要計算 1+1，這兩個數分別來自暫存器 R1 和暫存器 R2，要知道暫存器可以儲存任意值，我們怎麼能確保加法器開始工作時暫存器 R1 和暫存器 R2 中在這一時刻儲存的都是 1 而非其他數呢？

也就是說，我們靠什麼來協調或靠什麼來同步各部分的電路好讓它們協作工作呢？就像一場成功的交響樂演離不開指揮家一樣，我們的組合電路也需要這樣一位指揮家。

CPU 中扮演指揮家角色的就是時鐘訊號。

時鐘訊號就像指揮家手裡拿的指揮棒，**指揮棒揮動一下，整個樂隊會整齊劃一地有一個對應動作**。同樣地，時鐘訊號每改變一次電壓，整個電路中的各個暫存器（也就是整個電路的狀態）都會更新一下，這樣我們就能確保整個電路協作工作而不會出現這裡提到的問題了。

現在你應該知道 CPU 的主頻是什麼意思了吧？主頻是說在一秒鐘內指揮棒揮動了多少次，顯然主頻越高 CPU 在一秒內完成的操作也就越多。

4.1.11　大功告成，CPU 誕生了

現在，我們有了可以完成各種計算的 ALU、可以儲存資訊的暫存器，以及控制它們協作工作的時鐘訊號，這些就統稱為 Central Processing Unit，簡稱 CPU，也就是我們常說的處理器。

透過一枚枚小小的開關竟然能構造出功能強大的 CPU，這背後理論與製造製程的突破是人類史上的里程碑，從此人類擁有了第二個大腦，這深刻地改變了世界。

注意，本節重在介紹 CPU 的基本實現原理，工業級 CPU 的設計與製造絕不像這裡描述得這麼簡單。如果類比，那麼這裡的簡單實現只是小橋流水中的「橋」，而工業級 CPU 則是大橋的那種「橋」，工業級 CPU 的設計製造難度絕不亞於當今世界上各種巨集偉的超級工程。

CPU 是電腦系統中極為核心的部分，如果沒有 CPU 去執行指令，電腦就只是一堆冰冷的硬體，毫無用處。也正因其核心作用，CPU 與電腦系統中的一切都有連結，在接下來的幾節中我們特別注意 CPU 與作業系統、數值系統、執行緒及程式語言間的故事，這幾節過後你將更加清楚為什麼電腦系統是現在這個樣子的。

我們首先來看 CPU 與作業系統間的互動。

大家工作學習之餘，累了會休歇一會兒，散散步、聊聊天，那麼 CPU 閒置時會幹嗎呢？

4.2　CPU 閒置時在幹嘛

假設你正在用電腦瀏覽網頁，當頁面載入完成後開始認真閱讀，此時你沒有移動滑鼠，沒有敲擊鍵盤，也沒有網路通訊，那麼你的電腦此時在幹嗎？

有的讀者可能會覺得這個問題很簡單，但實際上，這個問題涉及從硬體到軟體、從 CPU 到作業系統等一系列核心環節，理解了這個問題你就能明白作業系統是執行原理的了。

4.2.1　你的電腦 CPU 使用率是多少

如果此時你正在電腦旁邊並且安裝有 Windows 或 Linux 系統，那麼你可以立刻看到自己的電腦 CPU 使用率是多少。

這是筆者的一台安裝有 Win 10 的電腦，如圖 4.9 所示。

可以看到，大部分情況下 CPU 使用率很低，8% 左右，實際上大部分電腦的 CPU 使用率都不高，當然在這裡不考慮玩遊戲、視訊短片、圖片處理等場景，如果你的使用率總是很高，那麼你要小心軟體 bug 或病毒了。

從筆者的工作管理員上看，系統中開啟了 241 個處理程式，這麼多處理程式基本上無所事事，都在等待某個特定事件來喚醒自己，如你寫了一個列印使用者輸入的程式，如果使用者不按鍵盤，那麼你的處理程式會一直處於這種等候狀態。

剩下的 CPU 時間都去哪裡了？

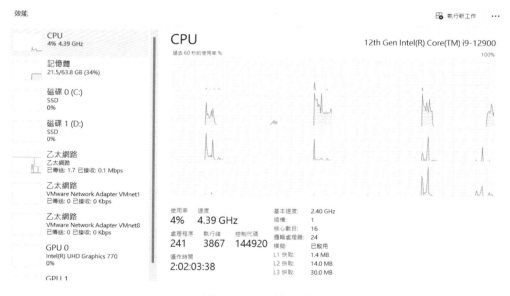

▲ 圖 4.9　CPU 使用情況

4.2.2　處理程序管理與處理程序排程

還是以筆者的電腦為例，打開工作管理員，找到「詳細資料」這一欄，你會發現有一個「系統閒置處理程式」，其 CPU 使用率達到了 99%，正是這個處

理程式消耗了幾乎所有的 CPU 時間，為什麼存在這樣一個處理程式呢？這個處理程式什麼時候開始執行呢？如圖 4.10 所示。

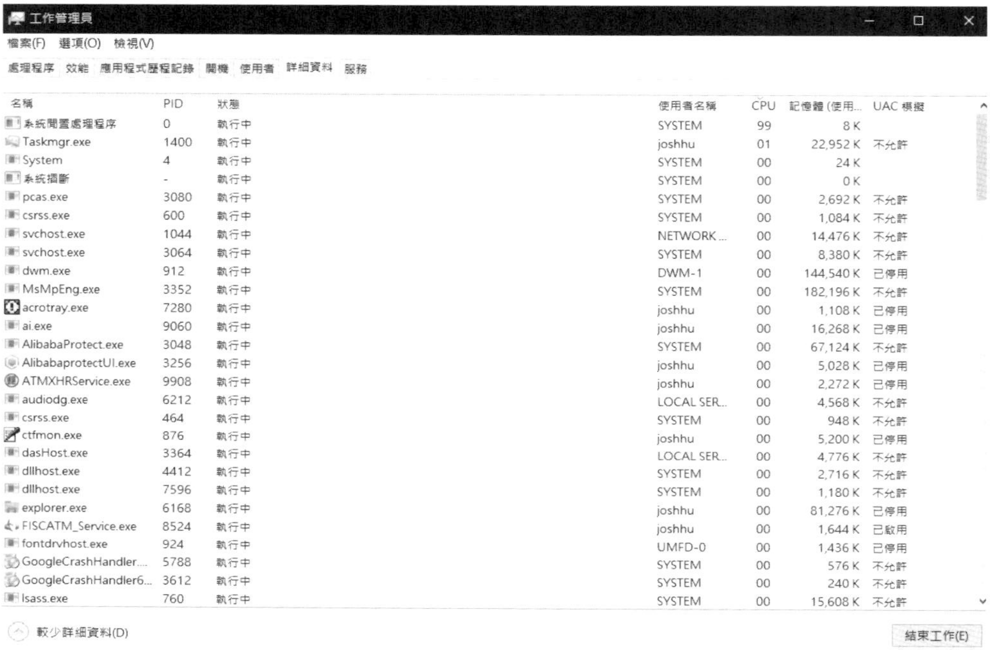

▲ 圖 4.10 系統閒置處理程式

這就要從作業系統說起了。

我們知道程式在記憶體中執行起來後是以處理程式的形式存在的，處理程式建立出來後開始被作業系統管理和排程，作業系統是怎麼管理的呢？

大家都去過銀行，實際上如果你仔細觀察，銀行的辦事大廳就能表現出作業系統最核心的處理程式管理與排程。

首先大家去銀行都要排隊，同理，處理程式在作業系統中也是透過佇列來管理的；其次銀行還按照客戶的重要程度劃分了優先順序，大部分都是普通客戶，但當你在這家銀行存上幾億時就能升級為 VIP 客戶，優先順序最高，每次去銀行都不用排隊，優先辦理你的業務。同理，作業系統也會為處理程式劃分優先順序，並據此將處理程式放到對應的佇列中供排程器排程，如圖 4.11 所示。

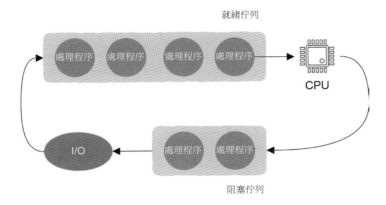

▲ 圖 4.11　處理程式排程

處理程式排程是作業系統需要實現的核心功能之一。

現在準備工作已經就緒，接下來的問題就是作業系統如何確定是否還有處理程式需要排程。

4.2.3　佇列判空：一個更好的設計

現在我們知道作業系統是透過佇列來管理處理程式的，顯然，如果就緒佇列為空，則說明此時作業系統內部沒有處理程式需要排程，這樣 CPU 就閒置下來了，此時，我們需要做點什麼：

```
if (queue.empty()) {
  do_someting();
}
```

這樣寫程式雖然簡單，但核心中到處充斥著 if 這種異常處理的語句，這會讓程式看起來一團糟，因此更好的設計是沒有異常的，怎樣才能沒有異常呢？很簡單，那就是讓佇列永遠不為空，這樣排程器總能從佇列中找到一個可供執行的處理程式，而這也是處理鏈結串列時通常會有「哨兵」節點的原因，就是為了避免各種判空，這樣既容易出錯也會讓程式一團糟，如圖 4.12 所示。

就這樣，核心設計者建立了一個被稱為閒置任務的處理程式，這個處理程式就是 Windows 下的我們最開始看到的「系統閒置處理程式」；當系統中沒有

可供排程的處理程式時，排程器就從佇列中取出閒置處理程式並執行，顯然，閒置處理程式永遠處於就緒狀態，且優先順序最低。

既然系統無所事事後開始執行閒置處理程式，那麼這個閒置處理程式到底在幹嘛呢？這就要講到 CPU 了。

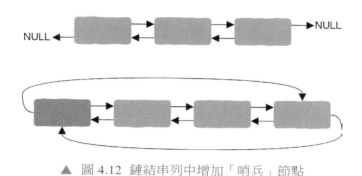

▲ 圖 4.12　鏈結串列中增加「哨兵」節點

4.2.4　一切都要歸結到 CPU

電腦系統中一切最終都要靠 CPU 來驅動，CPU 才是那個真正在最前線兢兢業業忙碌付出的「人」。

原來，CPU 設計者早就考慮到系統會存在閒置的可能，因此設計了一行機器指令，這個機器指令就是 halt 指令（x86 平臺），停止的意思。

這行指令會讓 CPU 內部的部分模組進入休眠狀態，從而極大降低對電力的消耗，通常這行指令也被放到迴圈中去執行，原因也很簡單，就是要維持這種休眠狀態。

值得注意的是，halt 指令是特權指令，也就是說只有在核心態下 CPU 才可以執行這行指令，程式設計師寫的應用都執行在使用者態，因此你沒有辦法在使用者態讓 CPU 去執行這行指令，還記得使用者態與核心態吧，忘掉的可以再去 3.5 節翻看一下。

此外，不要把處理程式暫停和 halt 指令混淆，當我們呼叫 sleep 之類的函式時，暫停執行的只是呼叫該函式的處理程式，此時如果還有其他處理程式可以

執行，那麼 CPU 是不會閒置下來的，當 CPU 開始執行 halt 指令時就表示系統中已經沒有可供執行的就緒處理程式了。

4.2.5　空閒處理程序與 CPU 低功耗狀態

現在我們有了 halt 指令，同時有一個迴圈不停地執行 halt 指令，這樣閒置任務處理程式實際上就已經實現了，其本質上就是這個不斷執行 halt 指令的迴圈，大功告成。這樣，當排程器在沒有其他處理程式可供排程時就開始執行閒置處理程式，也就是在迴圈中不斷地執行 halt 指令，此時 CPU 開始進入低功耗狀態，如圖 4.13 所示。

在 Linux 核心中，這段程式是這樣寫的：

```
while (1) {
  while(!need_resched()) {
     cpuidle_idle_call();
  }
}
```

其中，cpuidle_idle_call 函式最終會執行 halt 指令。注意，這裡刪掉了很多細節，只保留最核心程式，實際上 Linux 核心在實現閒置處理程式時還考慮了很多，如不同類型的 CPU 可能會有深睡眠、淺睡眠之類，核心需要預測出系統可能的閒置時長並以此判斷要進入哪種休眠等。

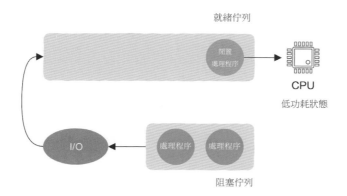

▲ 圖 4.13　閒置處理程式將 CPU 置於低功耗狀態

整體來說，這就是電腦系統閒置時 CPU 在幹嘛，其實就是在執行 halt 指令。

實際上，對電腦來說，halt 指令可能是 CPU 執行最多的一行指令，**全世界的 CPU 大部分時間都用在了這行指令上，是不是很奇怪？**然而，更奇怪的來了！

4.2.6 逃出無限迴圈：中斷

有的讀者可能已經注意到了，上面的迴圈可是一個 while(1) 無限迴圈，而且內部沒有 break 語句，也沒有 return，那麼作業系統是怎樣跳出這個迴圈的呢？又或當你的程式中出現 while(true) 無限迴圈時看起來好像程式也沒有獨佔 CPU，在即使只有單核心 CPU 的作業系統中，當程式出現無限迴圈時作業系統中的其他程式依然還有回應，你可以自己寫一段程式試驗一下，可這是為什麼呢？

原來，電腦作業系統會每隔一段時間就產生計時器中斷，CPU 在檢測到該中斷訊號後轉去執行作業系統內部的中斷處理函式，在對應的中斷處理函式中會判斷當前處理程式是否依然具備執行條件，如果具備的話，那麼被中斷的處理程式將繼續執行；否則該處理程式將被暫停執行，排程器將排程其他準備就緒的處理程式。

以上述閒置處理程式為例，當該處理程式被計時器中斷後，中斷處理函式會判斷系統中是否有準備就緒的處理程式，如果沒有，則繼續執行該閒置處理程式。

現在你應該明白了吧？即使你的程式中出現無限迴圈，作業系統也依然可以透過計時器中斷掌控處理程式排程，而不會出現因處理程式無限迴圈的存在導致作業系統一直沒有機會執行的問題，這種設計是不是很聰明？

關於 CPU 閒置時在幹嘛這個問題就到這裡，怎麼樣，這不是一個簡單的問題吧？涉及作業系統與 CPU 的軟體和硬體密切配合，這就是 CPU 與作業系統之間的故事。

讓我們中途下車休息一會兒，一杯咖啡後繼續了解 CPU 與數值系統的那些事。

4.3 CPU 是如何識數的

　　先來看一個簡單的問題：小孩子都知道數數——1、2、3、4、5、6、7、8、9、10，可為什麼要這樣數呢？為什麼不是 1、2、3、4、5、6、10 呢？

　　一種比較流行的解釋是因為人類有 10 個手指，所以人類的數字系統就是十進位的，如果這個解釋成立，那麼變色龍的數字系統應該是 4 進制的，如圖 4.14 所示。

▲ 圖 4.14 變色龍的手看起來是「雙指」

　　而電腦的手是單指，所以是二進位的……哈哈！開個玩笑，因為電腦在底層就是一個個開關（電晶體），所以電腦系統是二進位的。

4.3.1 數字 0 與正整數

　　0 這個數字有非常重要的意義，可能大家都沒想過這個問題，沒關係，我們來看兩種不同的數字系統：阿拉伯數字和羅馬數字。

　　阿拉伯數字：0，1，2，3，4，5，6，7，8，9。羅馬數字：I，II，III，IV，V，VI，VII，VIII，IX，X。

　　注意，羅馬數字中沒有「0」這個概念，你可能會想，這有什麼大不了的。來看一個例子，數字 205，在兩種數字系統中的表示分別是這樣的：羅馬，CCV；阿拉伯，205。

0 的出現可以讓 205 在阿拉伯數字系統中這樣表示：

```
205 = 2 × 100 + 0 × 10 + 5 × 1
```

可以看到，在阿拉伯數字系統中數值與數字所在的位置有直接關係，這就是進位制，而在羅馬數字系統則沒有進位制，這使得羅馬數字在表示大數值時非常困難。

電腦系統中的二進位同樣是進位制，數字 5 用二進位表示就是 101：

```
5 = 1 × 2^2 + 0 × 2^1 + 1 × 2^0
```

使用 k 個位元，就可以表示 2^k 個整數，範圍為 0~2^k-1，假設 k 有 8 位，那麼表示範圍為 0~255，當然這裡說的是無號正整數。

現在我們可以表示正整數了，但真正有用的計算不可避免地會涉及負數，也就是有號整數，而這也是真正有趣的地方。

4.3.2 有號整數

正整數的表示非常簡單，給定 k 個位元，就可以表示 2^k 個整數，假設 k 為 4，那麼我們可以表示 16 個整數。

如果要考慮有號整數呢？

那麼你可能會想這還不簡單，一半一半嘛！其中一半用來表示正數，另一半用來表示負數！

假設有 4 個位元，如果用來表示無號正數，就是 0~15，而如果要表示有號整數，那麼其中一半給到 1~7，另一半給到 -1~-7，在這種表示方法下最左邊的位元決定數字的正負，我們規定如果最左邊的位元是 0 則表示正數，否則表示負數。

```
0******* 正數
1******* 負數
```

接下來的問題就是負數，如對於 -2，該怎麼表示呢？現在我們只知道其最左邊的位元是 1，剩下的位元該是多少呢？

關於這一個問題有三種設計方法。

4.3.3　正數加上負號即對應的負數：原碼

這種設計方法很簡單，既然 0010 表示 +2，那麼把最左邊的位元替換成 1 就表示對應的負數，即 1010 表示 -2，這種設計方法簡單直接，這是最符合人類思維的設計，雖然不一定是最好的設計。

如果這樣設計，那麼 4 個位元能表示的所有數字就是：

```
0000    0
0001    1
0010    2
0011    3
0100    4
0101    5
0110    6
0111    7
1000    -0
1001    -1
1010    -2
1011    -3
1100    -4
1101    -5
1110    -6
1111    -7
```

你給這種非常符合人類思維的表示方法取了一個名字——原碼。

在原碼表示方法下會出現一個奇怪的數字——0，0000 表示 0 這沒什麼問題，1000 會表示 -0，其實 0 和 -0 不應該有什麼區別。

除了原碼，是不是還有其他表示方法呢？

4.3.4 原碼的翻轉：反碼

原碼還是太原始了，可以說基本上沒什麼設計，你突發奇想，既然 0010 表示 +2，那麼將其全部翻轉，即 1101 來表示 -2 即

```
0000    0
0001    1
0010    2
0011    3
0100    4
0101    5
0110    6
0111    7
1000    -7
1001    -6
1010    -5
1011    -4
1100    -3
1101    -2
1110    -1
1111    -0
```

你給這種表示方法也取了一個名字——反碼。

在反碼表示方法下，也存在 -0，0000 表示 0，全部翻轉也就是 1111 來表示 -0，可以看到這與原碼表示方法差別沒那麼大。

到這裡有的讀者可能會想，其實怎麼來表示有號數都是可以的，原碼可以，反碼也可以，都能表示出來，如果你是電腦的創造者，理論上怎麼設計都可以！最初的電腦真的可以有很多表示方法，採用反碼的電腦作業系統在歷史上真的出現過！但這些表示方法不約而同地都有一個問題，那就是兩數相加。

4.3.5 不簡單的兩數相加

我們以 2 + (-2) 為例。

在原碼表示方法下，2 為 0010，-2 為 1010，電腦該怎麼做 2+(-2) 的加法呢？

```
  0010
+
  1010
--------
  1100
```

可是，1100 在原碼表示方法下是 -4，這與原碼表示方法本身是矛盾的。

再來看看反碼，2 為 0010，-2 為 1101，兩數相加：

```
  0010
+
  1101
--------
  1111
```

1111 在反碼表示方法下為 -0，雖然 -0 不夠優雅，但這和反碼表示方法本身沒有矛盾。

在 4.1 節中我們知道，電腦的加法是透過加法器組合電路實現的，而要想利用這裡的原碼及反碼表示方法計算加法，都不可避免地要在之前提到的加法器之上額外增加組合電路來確保有號數相加的正確性，這無疑會增加電路設計的複雜度。

人是懶惰的也是聰明的，我們沒有一種 2+(-2) 就是 0（0000）的數字表示方法嗎？

4.3.6 對電腦友善的表示方法：補數

這裡的關鍵在於我們需要一種表示方法，可以讓 A+(-A) = 0，而且在這種表示方法下 0 的二進位只有一種，那就是 0000。

現在假設 A=2，那麼我們重點研究 2+(-2)=0（0000）的表示方法。

　　對正數的 2 來說很簡單，它的二進位表示就是 0010，對 -2 來說，現在我們只能確定最左邊的位元是 1，也就是說：

```
  0010
+
  1???
-------
  0000
```

　　顯然，-2 應該用 1110 來表示，這樣 2+(-2) 就真的是 0 了，由此我們可以推斷其他負數的二進位表示：

```
0000    0
0001    1
0010    2
0011    3
0100    4
0101    5
0110    6
0111    7
1000    -8
1001    -7
1010    -6
1011    -5
1100    -4
1101    -3
1110    -2
1111    -1
```

　　從這裡可以看出，在這種表示方法下就沒有 -0 了。

　　注意看 -1 和 0，分別是 1111 和 0000，當我們讓 -1（1111）加上 1（0001）時，確實獲得了 0000，不過還有一個進位，實際上我們得到的是 10000，但我們可以放心地忽略掉該進位，這種表示方法最美妙的地方在於 4.1 節提到的加法器在進行計算時可以根本不用關心數字的正負。

你給這種數字表示方法取了一個名字——補碼，這就是現代電腦系統所採用的數字表示方法。

採用補碼，如果是 4 個位元，那麼我們可以表示的範圍為 -8~7。再來仔細看一下反碼和補碼，如圖 4.15 所示。

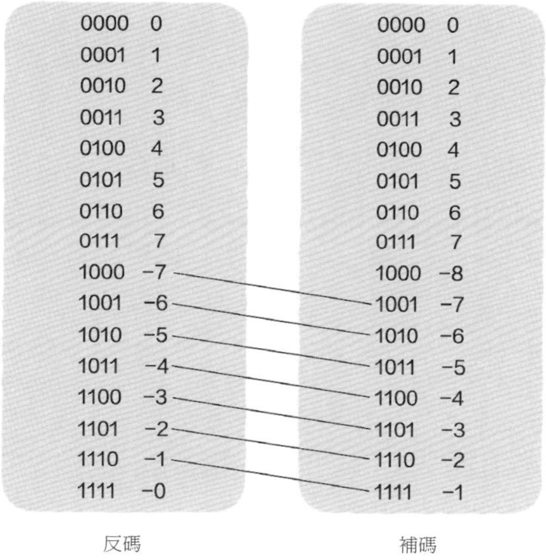

```
0000   0              0000   0
0001   1              0001   1
0010   2              0010   2
0011   3              0011   3
0100   4              0100   4
0101   5              0101   5
0110   6              0110   6
0111   7              0111   7
1000  -7              1000  -8
1001  -6              1001  -7
1010  -5              1010  -6
1011  -4              1011  -5
1100  -3              1100  -4
1101  -2              1101  -3
1110  -1              1110  -2
1111  -0              1111  -1

反碼                  補碼
```

▲ 圖 4.15 反碼和補碼之間的對應關係

可以看到，補碼中沒有 -0 這樣的表示，同時有一個很有意思的規律，那就是正數的反碼加上 1 就是其負數對應的補碼，如圖 4.15 所示。現在你應該知道該怎樣從反碼計算出補碼了吧？

4.3.7 CPU 真的識數嗎

現代電腦採用補碼的根本原因在於這種表示方法可以簡化電路設計，儘管補碼對人類來說不夠直觀。可以看到，在電腦科學中符合人類思維的設計並不一定對電腦友善。

讓我們再來看一下採用補碼時 2+(-2) 的計算過程，與十進位加法一樣，從右到左，如果產生進位，那麼進位要參與左邊一列的計算。

```
    0010
+   1110
------------
   10000
```

注意，在這個過程中加法器關心這個數字是正數還是負數了嗎？

答案是沒有。加法器根本不關心是正數還是負數，它甚至根本不理解「0010」這串數字表示什麼含義，它只知道兩個位元的互斥操作是加和的結果、兩個位元的與操作產生的是進位，至於數字該採用反碼還是補碼，這是人類需要理解的，確切來說是編譯器需要理解的，程式設計師也不需要關心，但程式設計師需要知道資料型態的表示範圍，否則會有溢位的風險。

從這裡我們應該看出，其實 CPU 本身是不能理解人類大腦裡的這些概念的，CPU 就像一個單純的細胞一樣，給它一個刺激（指令），它會有一個反應（執行指令），而之所以 CPU 可以正常執行僅是製作 CPU 的硬體工程師讓它這麼工作的，這就好比你問一輛自行車是如何理解自己怎麼跑起來的。其實僅是因為我們設計了車輪、車鏈，然後用腳一蹬跑起來的（好像我們至今也沒有徹底明白為什麼自行車跑起來不會倒）。

從宏觀上看，整個系統是這樣運作的：程式設計師把腦海裡思考的問題用程式的方式表達出來，編譯器負責將人類認識的程式轉為可以控制 CPU 的 01 機器指令，因此 CPU 根本不認識任何程式語言，理解程式語言的其實是編譯器。現在我們能給 CPU 輸入了，那輸出呢？輸出其實也是 01 串，剩下的僅就是解釋了，如給你一個 01 串——01001101，你可以認為這是一個數字，也可以認為這是一個字元，還可以認為這是表示 RGB 的顏色，一切都看你怎麼解釋，這就是軟體的工作，最終的目的只有一個：讓人類能看懂，如圖 4.16 所示。

因此，CPU 不能理解人類的概念，CPU 只是被人類控制用來處理交給它的任務的，從整體上看「任務」由程式設計師發出，經 CPU 處理後又流轉回了使用軟體的使用者，CPU 自始至終都不能真正理解自己的輸入與輸出。

關於原碼、反碼和補碼的內容就到這裡。

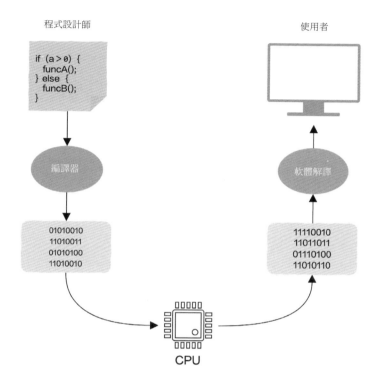

▲ 圖 4.16 資訊的流轉，從人類到電腦再到人類

在了解了 CPU 與作業系統、數值系統的故事後，接下來我們看一下 CPU 與程式語言之間又會有什麼連結，程式設計師寫程式時真的不需要關心 CPU 嗎？

4.4 當 CPU 遇上 if 語句

先來看一段程式：

```
const unsigned arraySize = 10000;
int data[arraySize];
```

```
long long sum = 0;
for (unsigned i = 0; i < 100000; ++i) {
    for (unsigned c = 0; c < arraySize; ++c) {
        if (data[c] >= 128) {
            sum += data[c];
        }
    }
}
```

這是一段 C 程式，我們建立了一個大小為 10000 的整數陣列，計算陣列中所有大於 128 的元素之和，重複計算 100000 次。

這段程式本身平淡無奇，但有趣的是，如果該陣列元素是有序的，那麼這段程式在筆者的機器上執行時間為 2.8s，但如果該陣列元素是隨機的，那麼其執行時間達到了 7.5s。

這是為什麼呢？

為了找到答案，我們使用 Linux 下 perf 工具初步分析一下該程式的執行狀況，該工具能告訴我們程式執行時期所有與 CPU 相關的重要資訊，其中有序陣列版本的程式執行起來後的統計資訊如圖 4.17 所示。

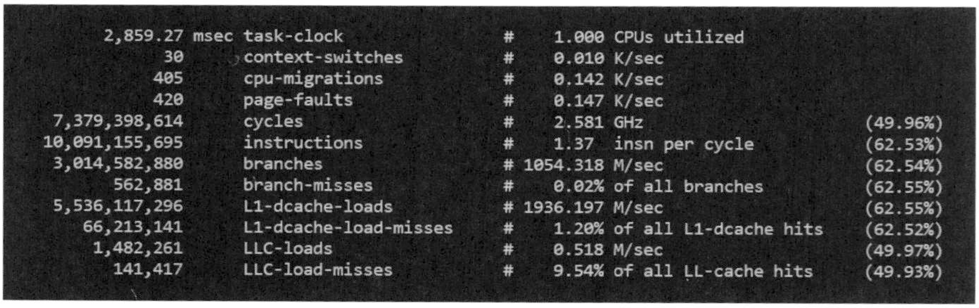

```
    2,859.27 msec task-clock            #    1.000 CPUs utilized
          30      context-switches      #    0.010 K/sec
         405      cpu-migrations        #    0.142 K/sec
         420      page-faults           #    0.147 K/sec
 7,379,398,614    cycles                #    2.581 GHz                    (49.96%)
10,091,155,695    instructions          #    1.37  insn per cycle        (62.53%)
 3,014,582,880    branches              # 1054.318 M/sec                 (62.54%)
       562,881    branch-misses         #    0.02% of all branches       (62.55%)
 5,536,117,296    L1-dcache-loads       # 1936.197 M/sec                 (62.55%)
    66,213,141    L1-dcache-load-misses #    1.20% of all L1-dcache hits (62.52%)
     1,482,261    LLC-loads             #    0.518 M/sec                 (49.97%)
       141,417    LLC-load-misses       #    9.54% of all LL-cache hits  (49.93%)
```

▲ 圖 4.17 有序陣列版本的程式執行起來後的統計資訊

而無序陣列版本的程式執行起來後的統計資訊如圖 4.18 所示。

```
    7,575.90 msec task-clock                #    1.000 CPUs utilized
            54      context-switches         #    0.007 K/sec
           570      cpu-migrations           #    0.075 K/sec
           439      page-faults              #    0.058 K/sec
 19,521,937,873     cycles                   #    2.577 GHz                      (49.98%)
 10,132,547,436     instructions             #    0.52  insn per cycle          (62.50%)
  3,024,418,640     branches                 #  399.216 M/sec                    (62.49%)
    427,150,386     branch-misses            #   14.12% of all branches         (62.49%)
  5,548,562,778     L1-dcache-loads          #  732.396 M/sec                    (62.50%)
     65,634,418     L1-dcache-load-misses    #    1.18% of all L1-dcache hits   (62.53%)
      2,062,680     LLC-loads                #    0.272 M/sec                    (50.02%)
        218,810     LLC-load-misses          #   10.61% of all LL-cache hits    (50.00%)
```

▲ 圖 4.18 無序陣列版本的程式執行起來後的統計資訊

這其中有一項差別非常大，注意看 branch-misses 這一項，該項表示分支預測失敗率，有序陣列版本的預測失敗率僅有 0.02%，而無序陣列版本的預測失敗率則高達 14.12%。

在弄清楚這些數字的含義之前我們需要回答一個問題，什麼是分支預測？這就要從管線技術講起了。

4.4.1 管線技術的誕生

1769 年，英國人喬賽亞·韋奇伍德開辦了一家陶瓷工廠，這家工廠生產的陶瓷乏善可陳，但其內部的管理方式極具創新，傳統方法都是由一名製陶工人從頭到尾製作完成的，但喬賽亞·韋奇伍德將整個製陶工藝流程分成了幾十道工序，每一道工序都交給專人完成，這便是工業管線最早的雛形。

雖然可以說管線技術是英國人發明的，但發揚光大的是美國人，這便是福特。20 世紀初，福特將管線技術應用到汽車的批次生產中，效率得到千倍提高，使得汽車這種奢侈品開始飛入尋常百姓家。

假設組裝一輛汽車需要經過：組裝車架、安裝引擎、安裝電池、質檢四道工序，同時假設每個步驟需要 20 分鐘，如果所有工序都由一個組裝網站來完成，那麼組裝一輛車需要 80 分鐘。

但如果每個步驟都交給一個特定網站來組裝就不一樣了，此時生產一輛車的時間依然是 80 分鐘，但工廠可以每 20 分鐘就交付一輛車，如圖 4.19 所示。

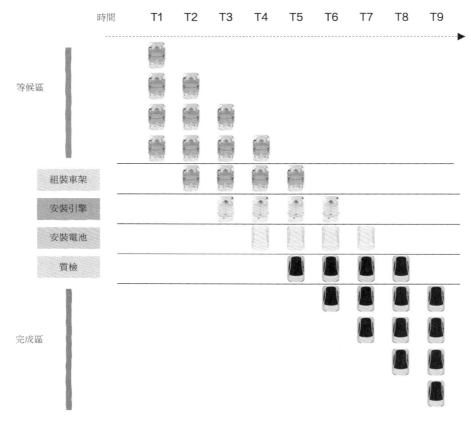

▲ 圖 4.19 管線式製造汽車

注意，管線並沒有減少組裝一輛車的時間，只是提升了工廠的吞吐能力。

4.4.2 CPU——超級工廠與管線

CPU 本身也是一座超級工廠，只不過 CPU 這座超級工廠並不生產汽車，而是執行機器指令。

　　如果我們把 CPU 處理一行機器指令當成生產一輛車的話,那麼對現代 CPU 來說,其一秒內可以交付數十億輛車,效率碾壓任何當今工業管線,CPU 是一座名副其實的超級工廠。

　　與生產一輛車需要經過四道工序類似,處理一行機器指令大體上也可以分為四個步驟:取指、解碼、執行、回寫,這幾個階段分別由特定的硬體來完成(注意,真實的 CPU 內部可能會將執行一行機器指令分解為數十個階段),如圖 4.20 所示。

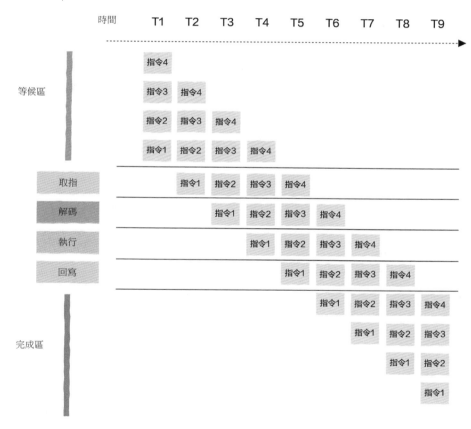

▲ 圖 4.20　CPU 以管線方式執行機器指令

　　怎麼樣,CPU 執行機器指令是不是和工廠生產汽車也沒什麼區別,當今 CPU 擁有每秒處理數十億筆機器指令的能力,管線技術功不可沒。

4.4.3 當 if 遇到管線

　　程式設計師撰寫的 if 語句一般會被編譯器翻譯成條件跳躍指令，該指令造成分支的作用，如果條件成立則需要跳躍，否則循序執行；但只有跳躍指令執行完成後我們才知道到底要不要跳躍，這會對管線產生影響，能產生什麼影響呢？

　　現在，我們仔細觀察一下汽車管線，你會發現當前一輛車還沒有製造完成時下一輛車就已經進入管線了，如圖 4.21 所示。

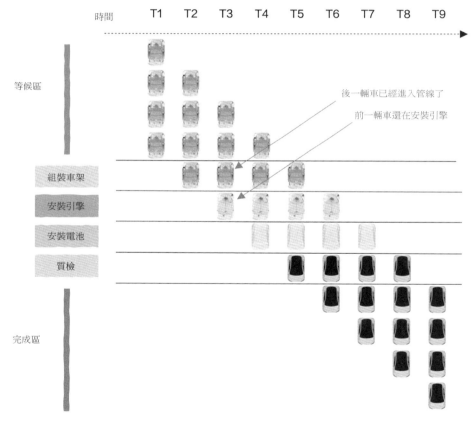

▲ 圖 4.21 前一輛車還沒製造完成下一輛車就需要進入管線

　　對 CPU 來說道理是一樣的，當一行分支跳躍指令還沒有執行完成時，後面的指令就要進入管線，否則管線中將出現「空隙」而不能充分利用處理器資源，這時問題來了，分支跳躍指令需要相依自身的執行結果來決定到底要不要跳躍，那麼在該指令沒有執行完的情況下 CPU 怎麼知道到底哪個分支的指令能進入管線呢？如圖 4.22 所示。

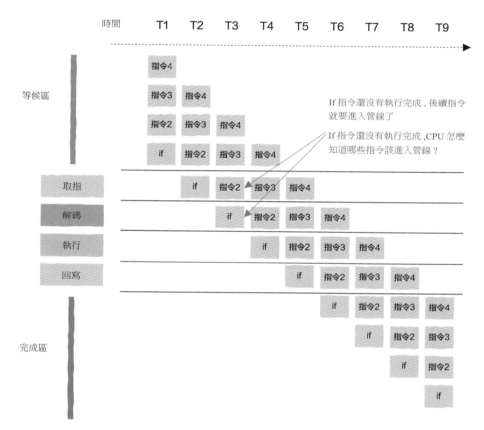

▲ 圖 4.22　前一行指令還沒有執行完成，後續指令就需要進入管線

　　實際上，CPU 是不知道的，該怎麼辦呢？很簡單，猜！

4.4.4 分支預測：儘量讓 CPU 猜對

你沒有看錯，CPU 會猜一下後續可能會走哪個分支，如果猜對了則管線照常繼續，如果猜錯了，那麼對不起，管線上已經執行的錯誤分支指令全部作廢，可以看到，顯然如果 CPU 猜錯了則會有性能損耗。

現代 CPU 將「猜」的這個過程稱為分支預測，當然，這裡的預測並不是簡單的拋硬幣式隨機猜測，如可能會以程式執行為基礎的歷史進行預測等。

理解分支預測後就可以解釋本節提出的問題了。

讓我們看一下陣列在有序及無序兩種情況下 if 條件的真假，對有序陣列來說 if 條件的真假情況，如圖 4.23 所示。

Arr[i] 大於 256 嗎？

▲ 圖 4.23 陣列有序時 if 條件的真假很有規律

從圖 4.23 中可以看到，陣列有序時 if 條件的真假很有規律，而如果陣列是無序的則 if 條件的真假情況如圖 4.24 所示。

Arr[i] 大於 256 嗎？

▲ 圖 4.24 陣列無序時 if 條件的真假毫無規律可言

從圖 4.24 中可以看到，陣列無序時 if 條件的真假就雜亂無章了，你覺得對 CPU 來說哪種更好猜一些？

如果陣列是有序的，那麼 CPU 幾乎不會猜錯；但如果陣列是無序的，那麼 Arr[i] 是否大於 256 基本上就是隨機事件，任何預測策略都無法極佳地應對隨機事件，這就解釋了為什麼在無序陣列情況下分支預測失敗率很高，程式性能較差了。

這對程式設計師的啟示：對於性能要求很高的程式，如果你在這裡撰寫了 if 語句，那麼你最好讓 CPU 大機率能猜對。

這就是為什麼程式語言中會有 likely/unlikely 巨集，只有程式設計師是最了解程式的，我們可以利用 likely/unlikely 巨集告訴編譯器哪些分支更有可能為真，這樣編譯器就可以進行更有針對性的最佳化了。

就像所有性能最佳化一樣，你一定是利用分析工具判斷出分支預測是性能瓶頸的，就像本節使用 perf 分析工具一樣，否則你幾乎不需要關心分支預測失敗帶來的性能銷耗問題，要知道現代 CPU 的分支預測是非常準確的，即使本節範例中陣列在無序的情況下分支預測的失敗率也沒有達到像拋硬幣一樣的 50%。

現在我們可以看到，即使程式設計師寫程式時使用的是高級程式語言，在特定情況下依然需要關心 CPU，只有理解它的實現原理才能寫出對 CPU 更加友善的程式。

接下來，把我們的目光轉向 CPU 與執行緒，CPU 是極其重要的硬體，而執行緒是極其重要的軟體，那麼這兩者之間有什麼關係嗎？

4.5　CPU 核心數與執行緒數有什麼關係

作為一名美食「資淺」同好，儘管筆者廚藝不佳，但依然阻擋不了我對烹飪的熱愛，炒菜其實很簡單，照著食譜一步步來即可：起鍋燒油、蔥薑蒜末下鍋爆香、倒入切好的食材、大火翻炒、加入適量醬油、加入適量鹽、繼續翻炒、出鍋嘍！

高效的大廚可以同時製作 N 樣菜，這邊在煲著湯，那邊在烘焙，不停地在幾樣菜品之間有條不紊地來回切換。

4.5.1 食譜與程式、炒菜與執行緒

實際上，CPU 和大廚一樣，都是按照食譜（機器指令）去執行某個動作、製作某個菜品（處理程式、執行緒的執行）的。從作業系統的角度來講，當CPU 工作在使用者態時，CPU 執行的一行指令就是執行緒，或說屬於某個執行緒，如圖 4.25 所示。

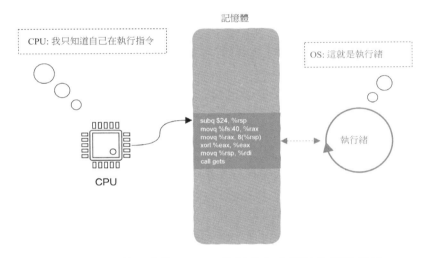

▲ 圖 4.25 使用者態下 CPU 執行的指令屬於某個執行緒

這和炒菜一樣，按照食譜炒魚香肉絲，這個過程就是魚香肉絲執行緒，按照食譜炒宮保雞丁，這個過程就是宮保雞丁執行緒。

廚師個數就好比 CPU 核心數，在某個時間段內炒菜的樣數就好比執行緒數，你覺得廚師的個數與可以同時製作幾樣菜品有關係嗎？

答案當然是沒有。CPU 的核心數和執行緒數沒有什麼必然的關係，CPU 是一個硬體，而執行緒是一個軟體的概念，更確切地說是一個執行串流，一個任務。在即使只有單一核心的系統上也可以建立任意多的執行緒（只要記憶體足夠且作業系統沒有限制）。

CPU 根本不理解自己執行的指令屬於哪個執行緒，CPU 也不需要理解這些，需要理解這些的是作業系統，CPU 需要做的事情就是根據 PC 暫存器中的位址從記憶體中取出機器指令後執行它，其他沒了，如圖 4.26 所示。注意，關於 PC 暫存器在不同的資料中可能會有不同的名稱，但它的作用都是指向下一行要執行的機器指令。

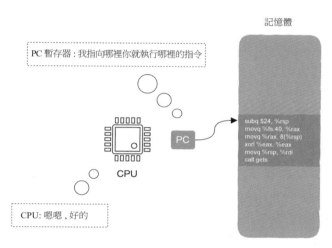

▲ 圖 4.26　CPU 只是簡單地執行機器指令，沒有「執行緒」的概念

接下來，我們看幾種使用執行緒的經典場景，在某些特定場景下你需要關心 CPU 核心數。

4.5.2　任務拆分與阻塞式 I/O

假設現在有兩個任務，任務 A 和任務 B，每個任務需要的計算時間都是 5 分鐘，無論是串列執行任務 A 與任務 B，還是放到兩個執行緒中並存執行，在單核心環境下執行完這兩個任務都需要 10 分鐘，因為在單核心系統中 CPU 一段時間內只能執行一個執行緒，多執行緒間儘管可以交替前進，但這並不是真正的平行處理。

有的讀者可能會覺得單核心下多執行緒沒什麼用，然而並不是這樣的。

　　實際上，執行緒這個概念為程式設計師提供了一種非常便利的抽象方法，我們首先可以把一項任務進行劃分，然後把每一個子任務放到一個個執行緒中去供作業系統排程執行，如圖 4.27 所示，這樣多個子任務之間可以同時執行。注意，這裡所說的任務不是程式設計中的概念，而是單純指工作的分類，如處理使用者請求是一類任務、讀寫磁碟是一類任務等。

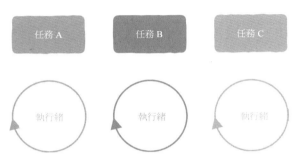

▲ 圖 4.27　將任務放到執行緒中執行

　　假如你的程式帶有圖形介面且某個 UI 元素的背後需要大量運算，這時為了防止執行該運算時 UI 產生卡頓，可以把這個運算任務放到一個單獨的執行緒中去。

　　此外，如果你要解決的問題涉及阻塞式 I/O，那麼當執行對應的阻塞式呼叫時整個執行緒會被作業系統暫停而暫停執行，導致該呼叫之後的程式也無法執行，這時你可以將涉及阻塞式 I/O 的程式放在單獨的執行緒中去執行，這樣剩下的程式就可以不受影響地繼續向前推進了，當然，這裡的前提是你的場景不涉及高並行，否則這就是另外的話題了，你可以再去 2.8 節翻看一下。

　　因此，如果你的目的是防止自己的執行緒因執行某項操作而不得不等待，那麼在這樣的應用場景下，你根據需要建立出對應數量的執行緒並把對應的任務丟給這些執行緒去執行即可，根本不需要關心系統是單核心還是多核心。

4.5.3　多核與多執行緒

實際上，執行緒這個概念是從 2003 年才開始流行的，為什麼？因為這一時期，多核心時代到來了，之所以產生多核心，是因為單核心的性能提升越來越困難了。

儘管採用多處理程式也可以充分利用多核心，但畢竟多處理程式程式設計是很煩瑣的，這涉及較為複雜的處理程式間通訊機制、處理程式間切換的代價較高等問題，執行緒這個概念極佳地解決了這些問題，開始成為多核心時代的主角，要想充分利用多核心資源，執行緒是程式設計師的首選工具。

如果你的場景是想充分利用多核心，那麼這時你的確需要知道系統內有多少核心數，一般來說你建立的執行緒數需要與核心數保持某種線性關係。

值得注意的是，執行緒不是越多越好。

如果你的執行緒只是單純的計算類型，不涉及任何 I/O、沒有任何同步互斥之類的操作等，那麼每個核心一個執行緒通常是最佳選擇。但通常來說，執行緒都需要一定的 I/O 及同步互斥操作，這時適當增加執行緒數確保作業系統有足夠的執行緒分配給 CPU 可能會提高系統性能，但當執行緒數量到達一個臨界值後系統性能將開始下降，因為這時執行緒間切換的銷耗將顯著增加。

這裡之所以用適當這個詞，是因為這很難去量化，只能用你實際的程式根據真正的場景不斷地測試才能得到這個值。

以上就是 CPU 與執行緒這個概念之間的連結。

在看完 CPU 與作業系統、數值系統、程式語言及執行緒之間的連結後，我們將從歷史演進的角度檢查一下 CPU。儘管 CPU 出現的歷史很短，但這並不妨礙其演變過程的波瀾壯闊、迭當起伏，筆者將這一部分的內容統稱為「CPU 進化論」，並將其放到了上、中、下三節中，我們趕快來看看吧！

4.6　CPU 進化論（上）：複雜指令集誕生

英國生物學家達爾文於 1859 年出版了震動整個學術界與宗教界的《物種起源》，達爾文在這本書中提出了生物進化論學說，認為生命在不斷演變進化，物競天擇，適者生存。

電腦技術和生命體一樣也在不斷演變進化，在討論一項技術時，如果不了解其演變過程而僅著眼於當下，則會讓人疑惑，因此，接下來我們將從歷史的角度重新了解 CPU。

首先來看看程式設計師眼裡的 CPU 是什麼樣子的。

4.6.1　程式設計師眼裡的 CPU

我們撰寫的所有程式，無論是簡單的「helloworld」程式，還是複雜的如 PhotoShop 之類的大型應用程式，最終都會被編譯器翻譯成一行行簡單的機器指令，因此在 CPU 看來程式是沒什麼本質區別的，無非就是一個包含的指令多，一個包含的指令少，這些指令被儲存在可執行程式中，程式執行時期被載入到記憶體，此後 CPU 只需要簡單地從記憶體中讀取指令並執行即可。

因此，在程式設計師眼裡看來 CPU 是一個很簡單的傢伙，接下來我們把目光聚焦到機器指令上。

4.6.2　CPU 的能力圈：指令集

我們該怎樣描述一個人的能力呢？寫過簡歷的讀者肯定都知道，類似這樣：

會寫程式
會打球
會唱歌
會跳舞
……

巴菲特有一個詞用得很好——能力圈，CPU 也是同樣的道理，每種類型的 CPU 都有自己的能力圈，只不過 CPU 的能力圈有一個特殊的名字，也就是 4.1 節講解的指令集（ISA）。指令集中包含各種指令：

> 會加法
> 會把資料從記憶體搬運到暫存器
> 會跳躍
> 會比較大小
> ……

指令集告訴我們 CPU 可以幹嘛，你從 ISA 中找一行指令發給 CPU，CPU 執行這行指令所指示的任務，如給定一行 ADD 指令，CPU 就去進行加法計算。

指令集有什麼用呢？當然是程式設計師用來程式設計的啦！

沒錯，最初的程式都是面向 CPU 直接用組合語言來撰寫導向的，這一時期的程式也非常的樸實無華，沒有那麼多花俏的概念，什麼物件導向啦、什麼設計模式啦，統統沒有，總之這個時期的程式設計師寫程式只需要看看 ISA 就可以了。

這就是指令集的概念。注意，指令集僅是用來描述 CPU 的。

不同類型的 CPU 會有不同類型的指令集，指令集的類型除了影響程式設計師寫程式，還會影響 CPU 的硬體設計，到底 CPU 該採用什麼類型的指令集，CPU 該如何設計，這一論戰持續至今，並且愈發精彩。

接下來，我們來看第一種也是最先誕生的指令集類型：複雜指令集（Complex Instruction Set Computer，CISC）。當今普遍存在於桌面 PC 和伺服器端的 x86 架構就是以複雜指令集為基礎的，生產 x86 處理器的廠商就是我們熟悉的英特爾和 AMD。

4.6.3 抽象：少就是多

直到 1970 年，這一時期編譯器還不是很成熟，沒多少人信得過編譯器，很多程式還在用組合語言撰寫，這是大部分現代程式設計師無法想像的。注意，意識到這一點極為重要，對於接下來理解複雜指令集非常關鍵。

當然，現代編譯器已經足夠強大、足夠智慧，編譯器生成的組合語言已經足夠優秀，因此當今程式設計師，除了編撰寫作業系統和驅動的那幫傢伙，剩下的幾乎已經意識不到組合語言的存在了，不要覺得可惜，這是生產力進步的表現，用高階語言撰寫程式的效率可是組合語言望塵莫及的。

總之，這一時期大部分程式都直接使用組合語言撰寫，因此大家普遍認為指令集應該更加豐富一些、指令本身的功能應該更強大一些。程式設計師常用的操作最好都有對應的特定指令，畢竟大家都在直接用組合語言寫程式，這樣會非常方便。如果指令集很少或指令本身功能單一，那麼程式設計師寫起程式來會非常煩瑣，如果你在那時用組合語言寫程式那麼你也會這樣想。

這就是這一時期一些電腦科學家所說的抹平差異，抹平什麼差異呢？

大家認為高階語言中的一些概念，如函式呼叫、迴圈控制、複雜的定址模式、資料結構和陣列的存取等都應該直接有對應的機器指令，用盡可能少的程式完成盡可能多的任務，抹平機器指令與高階語言概念間的差異。

除了更方便地使用組合語言寫程式，還需要考慮的是對儲存空間的高效利用。

4.6.4 程式也是要佔用儲存空間的

當今電腦基本都遵從馮·諾依曼（或稱馮紐曼）架構，該架構的核心思想之一是「從儲存角度看，程式和程式操作的資料不應該有什麼區別，它們都應該能儲存在電腦的存放裝置中」，圖 4.28 所示為馮·諾依曼架構，它是所有計算裝置的鼻祖，無論是智慧型手機、平板電腦、PC，還是伺服器，其本質都是出自這張簡單的圖，它是一切計算裝置的起源。

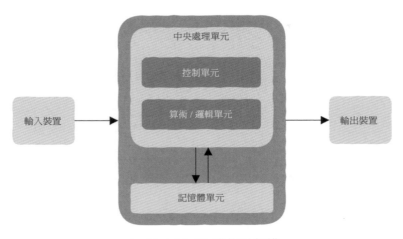

▲ 圖 4.28　馮·諾依曼架構

從馮·諾依曼架構中我們可以知道，可執行程式中既包含機器指令也包含資料，由此可見，程式設計師寫的程式是要佔據磁碟儲存空間的，載入到記憶體中執行時期是要佔據記憶體空間的。要知道在 20 世紀 70 年代，記憶體大小僅數 KB 到數十 KB，這是當今程式設計師不可想像的。因為現代智慧型手機的記憶體都已經達到數 GB（2021 年）了，圖 4.29 所示為 1974 年發佈的 Intel 1103 記憶體晶片，容量只有 1KB。

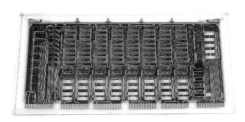

▲ 圖 4.29　1974 年發佈的 Intel 1103 記憶體晶片

但 Intel 1103 記憶體晶片的發佈標誌著電腦工業界開始進入動態隨機儲存 DRAM 時代， DRAM 也就是我們熟知的記憶體。

大家可以思考一下，幾 KB 的記憶體，可謂寸土寸金，這麼小的記憶體要想載入更多程式就必須仔細設計機器指令以節省程式佔據的儲存空間，這就要求：

（1）一行機器指令盡可能完成更多的任務，從而讓程式設計師更高效率地撰寫程式，這很容易理解，你更希望一行「給我端杯水」的指令，而非一串「邁出右腿、停住、邁出左腿，重複上述步驟直到飲水機旁……」這樣的指令。

（2）機器指令長度不固定，也就是變長機器指令，從而減少程式本身佔據的儲存空間。

（3）機器指令高度編碼（Encoded），提高程式密度，節省空間。

4.6.5 複雜指令集誕生的必然

基於方便利用指令撰寫程式及節省程式儲存空間的需要直接促成了複雜指令集的設計，顯然這是這一時期必然的選擇，複雜指令集就這樣誕生了，它的出現極佳地滿足了當時工業界的需求。

但一段時間後，人們發現了新的問題。

這一時期 CPU 指令集都是硬連線的（Hardwired），也就是說設定值、解碼及指令執行的每一步都由特定的組合電路直接控制。儘管這種方法在執行指令時非常高效，但其很不靈活，很難應對指令集的改變。因為增加新的指令時都將加大 CPU 設計及偵錯的複雜度，尤其複雜指令集下指令長度不固定、指令可能涉及複雜操作等都加重了這一問題。

這個問題的本質在於硬體改動起來非常麻煩，但軟體就不一樣了，軟體可以輕易改變，我們可以把大部分指令涉及的操作定義成一小段程式，這些程式由更簡單的指令組成，並將其儲存在 CPU 中，這樣就不需要針對每一行機器指令設計專用的硬體電路了，用軟體代替硬體，這些更簡單的指令就是微程式（Microcode）。微程式設計如圖 4.30 所示。

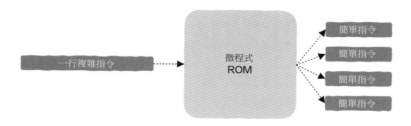

▲　圖 4.30　微程式設計

　　當增加更多的指令時，主要工作集中在修改微程式這一部分，這降低了 CPU 的設計複雜度。

4.6.6　微程式設計的問題

　　現在有了複雜指令集，程式設計師可以更方便地撰寫組合語言程式，這些程式也不需要佔用很多儲存空間，複雜指令集帶來的處理器設計較為複雜的問題可以透過微程式來簡化。

　　然而，這一設計隨著時間的演進又出現了新的問題。

　　我們知道程式難免會有 bug，微程式當然也不會例外。問題是修復微程式的 bug 要比修復普通程式的 bug 困難很多，而且微程式設計非常消耗電晶體。1979 年的 Motorola 68000 處理器就採用微程式設計，其中三分之一的電晶體都用在了微程式上。

　　1979 年，電腦科學家 Dave Patterson 被委以重任來改善微程式設計，為此他還專門發表了論文，但他後來又推翻了自己的想法，認為微程式帶來的複雜問題很難解決，更需要解決的是微程式本身。

　　因此，有人開始反思，是不是還會有更好的設計。

4.7 CPU 進化論（中）：精簡指令集的誕生

從 4.6 節我們可以看到，複雜指令集的出現更多的是受限於客觀條件，包括不成熟的編譯器（這一時期的程式還在使用組合語言撰寫）、存放裝置的容量限制（需要程式本身佔據盡可能少的儲存空間）等。

隨著時間的演進及技術的進步，這些限制開始鬆動。

20 世紀 80 年代，此時容量「高達」64KB 的記憶體開始出現（見圖 4.31），記憶體容量上終於不再捉襟見肘，價格也開始急速下降。在 1977 年，1MB 記憶體的價格高達 5000 美金，但到了 1994 年，1MB 記憶體的價格就急速下降到大概只有 6 美金。這是第一個趨勢。

▲ 圖 4.31 容量「高達」64KB 的記憶體

此外，這一時期編譯技術也有了長足的進步，編譯器越來越成熟，漸漸地程式設計師開始用高階語言撰寫程式，並依靠編譯器自動生成組合語言指令，直接用組合語言寫程式的方式一去不復返（對大部分程式設計師來說）了。這是第二個趨勢。

這兩個趨勢的出現讓人們有了更多的思考。

4.7.1 化繁為簡

19 世紀末 20 世紀初，義大利經濟學家 Pareto 發現了著名的二八定律，機器指令的執行頻率也有類似的規律。

在大約 80% 的時間裡 CPU 都在執行指令集中 20% 的機器指令，同時 CISC 中一部分比較複雜的指令並不怎麼被經常用到，而且那些設計編譯器的程式設計師也更傾向於將高階語言翻譯成更簡單的機器指令。

4.6.6 節提到的電腦科學家 Dave Patterson，他在早期工作中提出了一個關鍵點：複雜指令集中那些被認為可以提高性能的指令其實在 CPU 內部被微程式拖後腿了，如果移除掉微程式，那麼程式反而可能執行得更快，並且可以節省構造 CPU 使用的電晶體。

由於微程式的設計思想是將複雜機器指令在 CPU 內部轉為相對簡單的機器指令，這一過程對編譯器不可見，也就是說沒有辦法編譯成功器生成的機器指令去影響 CPU 內部的微程式執行行為。因此，如果微程式出現 bug，那麼編譯器是無能為力的。

Dave Patterson 還發現，一些複雜的機器指令執行起來要比等價的多個簡單指令慢，這一切都在提示：為什麼不直接用一些簡單指令來替換掉那些複雜指令呢？

4.7.2 精簡指令集哲學

以對複雜指令集的反思為基礎，精簡指令集哲學誕生了，精簡指令集主要表現在以下三個方面。

1）指令本身的複雜度

精簡指令集的特點是其思想其實很簡單，去掉複雜指令代之以一些簡單指令。這樣，也不需要 CPU 內部的微程式設計了，沒有了微程式，編譯器生成的機器指令對 CPU 的控制力大大增強。

注意，精簡指令集思想不是說指令集中指令的數量變少，而是說一行指令背後代表的操作更簡單了。舉個例子，複雜指令集中的一行指令背後代表的含義是「吃飯」的全部過程，而精簡指令集中的一行指令可能僅表示「咀嚼一下」，它只是其中的一小步。

2）編譯器

精簡指令集的另一個特點就是編譯器對 CPU 的控制力更強。

在複雜指令集下，CPU 會對編譯器隱藏機器指令的執行細節，如微程式，編譯器對此無能為力；而在精簡指令集下 CPU 的更多細節會曝露給編譯器。因此，精簡指令集（RISC）還有一個很有意思的稱呼：「Relegate Interesting Stuff to Compiler」，把一些有趣的東西讓編譯器來完成。

3）LOAD/STORE 架構

在複雜指令集下，一筆機器指令可能涉及從記憶體取出資料、執行一些操作，如加法，然後把執行結果寫回到記憶體中等一系列操作。注意，這是在一行機器指令下完成的。

但在精簡指令集下，這絕對是大寫的禁忌，精簡指令集下指令只能操作暫存器中的資料，不可以直接操作記憶體中的資料，也就是說這些指令，如加法指令不會直接去存取記憶體，如圖 4.32 所示。

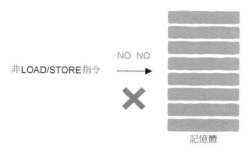

▲ 圖 4.32　精簡指令集下非 LOAD/STORE 指令不可以存取記憶體

畢竟資料還是存放在記憶體中的，那麼誰來讀寫記憶體呢？

原來在精簡指令集下有專用的 LOAD 和 STORE 兩類機器指令負責記憶體讀寫，其他指令只能操作 CPU 內部的暫存器而不能去讀寫記憶體，這是與複雜指令集一個很鮮明的區別。

你可能會好奇，用兩行專用的指令來讀寫記憶體有什麼好處嗎？別著急，在本節後半部分我們還會回到 LOAD/STORE 指令。

以上三點就是精簡指令集的設計哲學。

接下來，我們用一個例子來看一下 RISC 和 CISC 的區別。

4.7.3　CISC 與 RISC 的區別

圖 4.33 所示為精簡的計算模型：最右邊的是記憶體，存放機器指令和資料；最左邊的是 CPU，CPU 內部是暫存器和計算單元 ALU。

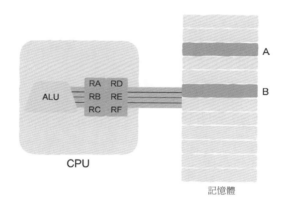

▲ 圖 4.33　精簡的計算模型

記憶體位址 A 和位址 B 上分別存放了兩個數，假設我們想先計算這兩個數字的乘積，然後把計算結果寫回記憶體位址 A。

我們分別來看看在 CISC 下和在 RISC 下會怎樣實現。

1）CISC

複雜指令集的思想之一就是用盡可能少的機器指令完成盡可能多的任務，因此複雜指令集 CPU 中可能會存在一行叫作 MULT 的機器指令。MULT 是乘法（multiplication）的簡寫，當 CPU 執行 MULT 這筆機器指令時需要：

（1）在記憶體位址 A 中讀取資料並存放在暫存器中。

（2）在記憶體位址 B 中讀取資料並存放在暫存器中。

（3）ALU 根據暫存器中的值進行乘積運算。

（4）將乘積寫回記憶體。

以上這幾步可以統一用一行指令來完成：

```
MULT A B
```

MULT 就是複雜指令，這一行指令涉及了讀取記憶體、兩數相乘、結果寫回記憶體。從這裡我們也可以看出，複雜指令並不是說「MULT A B」這一行指令本身有多複雜，而是其背後所代表的任務複雜。

實際上，這筆機器指令已經非常類似高階語言了，我們假設記憶體位址 A 中的值為變數 a，記憶體位址 B 中的值為變數 b，那麼這筆機器指令基本等價於高階語言中這樣一行程式：

```
a = a * b;
```

這就是 4.6 節提到的抹平高階語言和機器指令之間的差異，讓程式設計師使用最少的程式就能完成任務，這顯然也會節省程式本身佔用的儲存空間。

接下來，我們看 RISC。

2）RISC

相比之下，RISC 更傾向於使用一系列簡單的指令來完成任務，再來看一下完成一次乘積需要經過的幾個步驟：

（1）讀取記憶體位址 A 中的資料，存放在暫存器中。

（2）讀取記憶體位址 B 中的資料，存放在暫存器中。

（3）ALU 根據暫存器中的值進行乘積運算。

（4）將乘積寫回記憶體。

這幾步涉及：從記憶體中讀取資料；計算乘積；向記憶體中寫入資料。因此，在 RISC 下可能會有對應的 LOAD、PROD、STORE 指令分別完成這幾項操作。

LOAD 指令會將資料從記憶體搬到暫存器；PROD 指令會計算兩個暫存器中數字的乘積；STORE 指令把暫存器中的資料寫回記憶體。因此如果一個程式設計師想在 RISC 下完成上述任務就需要寫這些組合語言指令：

```
LOAD RA, A
LOAD RB, B
PROD RA, RB
STORE A, RA
```

現在你應該看到了，同樣一項任務，採用 CISC 的程式只需要一行機器指令，而在 RISC 下需要四行機器指令，顯然採用 RISC 的程式其本身佔據的儲存空間要比 CISC 大，而且這對直接用組合語言撰寫程式的程式設計師來說也更煩瑣。但 RISC 設計的初衷也不是讓程式設計師直接使用組合語言來寫程式，而是把這項任務交給編譯器，讓編譯器自動生成具體的機器指令。

4.7.4　指令管線

讓我們仔細看看在 RISC 下生成的這些指令：

```
LOAD RA, A
LOAD RB, B
PROD RA, RB
STORE A, RA
```

這些指令都非常簡單，CPU 內部不需要複雜的硬體邏輯來解碼，因此更節省電晶體，這些節省下來的電晶體可用於 CPU 的其他功能上。

最關鍵的是，由於每一行指令都很簡單，執行的時間都差不多（當然，執行記憶體讀寫指令需要的時間要長一些），這使得一種高效執行機器指令的方法成為可能，這項技術是什麼呢？

這就是 4.4 節講到的管線技術。

管線技術雖然不能縮短執行單筆機器指令的時間，但是可以提高輸送量，精簡指令集的設計者當然也明白這個道理。因此他們嘗試讓每行指令執行的時間都大體相同，盡可能讓管線更高效率地處理機器指令，而這也是在精簡指令集中存在 LOAD 和 STORE 兩行專用於存取記憶體的指令的原因。

由於複雜指令集指令中指令之間差異較大，執行時間參差不齊，因此沒辦法極佳地以管線的方式高效執行機器指令（在 4.8 節我們會看到複雜指令集怎樣解決這一問題）。

第一代 RISC 處理器即全管線設計，典型的就是五級管線，1~2 個時鐘週期就能執行一行指令，而這一時期的 CISC 需要 5~10 個時鐘週期才能執行一行指令。儘管 RISC 架構下編譯出的程式需要更多指令，但 RISC 精簡的設計使得 RISC 架構下的 CPU 更緊湊，消耗更少的電晶體（不需要微程式），因此帶來更高的主頻，這使得 RISC 架構下的 CPU 在完成相同的任務時優於 CISC 架構。

有管線技術的加持，採用精簡指令集設計的 CPU 在性能上開始橫掃其複雜指令集對手。

4.7.5 名揚天下

1980 年中期，採用精簡指令集的商業 CPU 開始出現，到 1980 年後期，採用精簡指令集設計的 CPU 就在性能上輕鬆碾壓所有傳統設計。

到了 1987 年，採用 RISC 設計的 MIPS R2000 處理器在性能上是採用 CISC 架構（x86）的 Intel i386DX 的 2~3 倍。

所有其他 CPU 生成廠商都開始跟進 RISC，積極採納精簡指令集設計思想，甚至作業系統 MINIX 的作者 Andrew Tanenbaum 在 20 世紀 90 年代初預言：「5 年後 x86 將無人問津」，x86 正是以 CISC 為基礎。

CISC 迎來至暗時刻。

接下來，CISC 該如何絕地反擊，要知道 Intel 和 AMD（x86 處理器的兩大知名生產商）的硬體工程師們絕非等閒之輩。

4.8 CPU 進化論（下）：絕地反擊

在美國商界有這樣一句諺語：「if you can't beat them, join them.」，直譯過來就是「如果你打不贏他們，就加入他們吧！」

CISC 陣營當年面對 RISC 的圍追堵截應該能想到這句話。

怎麼辦？直接放棄 CISC，全面擁抱 RISC 嗎？在當時的情況下他們內部也許真的有過這樣的討論。

如果全面轉向 RISC，則賣出去的那麼多晶片該怎麼辦？程式設計師消耗了那麼多腦細胞積年累月寫出來的程式無法在最新的 CPU 上執行該怎麼辦？問題看上去很難解決。

但這難不倒聰明的工程師。

程式設計師都知道「介面」這個概念，這裡多指函式介面，使用函式的一大好處就在於：「只要函式的介面不改變，那麼使用該函式的程式就不需要變動。至於函式本身內部的實現你愛怎麼折騰就怎麼折騰」，也就是說函式介面對外隱藏了內部實現，如圖 4.34 所示。

▲ 圖 4.34 函式介面對外隱藏了內部實現細節

軟體工程師們明白這個道理，那些硬體工程師們也深諳此道。

對 CPU 來說，「介面」是什麼？顯然就是指令集 ISA 嘛，雖然不能改變介面（也就是指令集），但是 CPU 內部的實現（也就是指令的執行）是可以改變的。

想明白了這一點，這些天才工程師們提出了一個概念——Micro-operations，一舉改變了被動局面。

接下來，我們好好看看 Micro-operations。

4.8.1 打不過就加入：像 RISC 一樣的 CISC

當時，精簡指令集的一大優勢在於可以極佳地利用管線技術，而複雜指令集因指令的執行時間參差不齊導致無法發揮管線的優勢。

既然如此，那乾脆就讓 CISC 變得更像 RISC 怎麼才能更像呢？答案就是把 CISC 中的指令在 CPU 內部轉為更加「類似」RISC 的簡單指令，這些「類似」RISC 的簡單指令就被稱為 Micro-operations，以下稱為微操作。

就像 RISC 中的指令一樣，這些微操作也都很簡單，執行時間也都差不多，因此同樣可以像 RISC 一樣充分利用管線技術。雖然程式設計師用組合語言寫程式，以及編譯器生成可執行程式時使用的還是 CISC 指令，但在 CPU 內部執行指令時類似 RISC，如圖 4.35 所示。

▲ 圖 4.35 指令集為 CISC，內部執行方式類似 RISC

這樣既能保持 CISC 指令集向前相容又能獲取 RISC 的好處，一舉兩得。這時，RISC 相對 CISC 來說已經沒有明顯的技術優勢了。

4.8.2　超執行緒的絕技

除了讓 CISC 看起來更像 RISC，CISC 陣營還開發了另一項技術——Hyper-threading，中文譯為超執行緒，Hyper-threading 也被稱為 Hardware Threads（硬體執行緒），筆者認為硬體執行緒這個詞更貼切、更容易理解一些，鑑於很多資料都在用超執行緒，以下也將其稱為超執行緒。

到目前為止，我們可以簡單地認為 CPU 一次只能做一件事，如圖 4.36 所示。

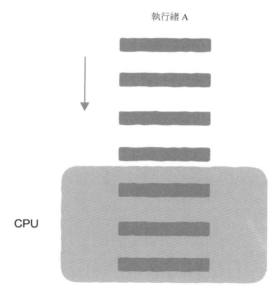

▲ 圖 4.36　CPU 一次只能做一件事

圖 4.36 中的小方塊代表一行機器指令，從圖中可以看出，CPU 一次只能執行屬於同一個執行緒的機器指令。假設系統中有 N 個 CPU 核心，作業系統可以將 N 個就緒態執行緒分配給這 N 個 CPU 核心同時執行，這對程式設計師來說是一種很經典的認知。

現在有了超執行緒，一個具有超執行緒功能的物理 CPU 核心會讓作業系統產生幻覺，作業系統會認為存在多個 CPU 核心（邏輯上的），儘管此時電腦系統中只有一個物理 CPU 核心。一個有超執行緒能力的 CPU 核心可以真正地同

時執行，如 2 個執行緒，是不是很神奇？因為在我們原來的認知中，一個物理 CPU 核心上一次最多只能執行一個執行緒，那這是怎麼做到的呢？

原來，其奧秘就在於採用超執行緒技術的 CPU 一次可以處理屬於兩個執行緒的指令流，這樣一個 CPU 核心看起來就像是多個 CPU 核心一樣，圖 4.37 所示為超執行緒的本質。

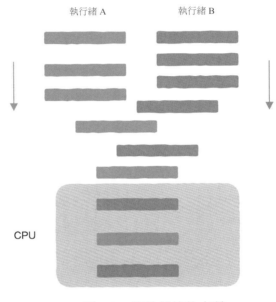

▲ 圖 4.37 超執行緒的本質

為什麼超執行緒技術是可行的呢？這就要說回管線技術了。

原來，由於指令間的相依關係，管線不能總是非常完美地滿載執行，也就是跑滿，總會有一些「空隙」，引入額外一路指令流見縫插針，這樣就能填滿整條管線進而充分利用 CPU 資源。

在這裡還要強調一下，軟體執行緒也就是程式設計師眼裡的執行緒，是由作業系統建立、排程、管理的；而硬體執行緒也就是超執行緒則是 CPU 硬體的功能，與作業系統沒有關係，超執行緒對作業系統來說是透明的，最多也就是讓作業系統認為系統中有更多的 CPU 核心可供使用。當然，這是假像，真正的物理核心沒有那麼多。

4.8.3　取人之長，補己之短：CISC 與 RISC 的融合

雖然超執行緒技術由 CISC 陣營提出，但該技術也可以引入 RISC，在一些高性能 RISC 架構 CPU 中你也能見到超執行緒的身影。

從這裡我們可以看到，CISC 與 RISC 就像兩個武功高手一樣，不斷汲取對方的優勢彌補自身的缺陷，CISC 的後端更像是 RISC，而在一些高端 RISC 架構 CPU 上，同樣採用了微指令，漸漸地，CISC 和 RISC 已經不再像最初那樣涇渭分明了。

儘管這兩種架構越來越像，但是 CISC 和 RISC 在以下幾個維度上還是有明顯差異的。在 RISC 下編譯器依然擔任著重要角色，在編譯器最佳化上 RISC 依然更有優勢；在指令長度方面，RISC 下指令的長度是固定的，CISC 依然是變長指令；在記憶體存取方面，RISC 依然是 LOAD/STORE 架構，CISC 則無此設計。

現在，CISC 與 RISC 在實現上的差異看起來遠不如商業上那麼明顯。

4.8.4　技術不是全部：CISC 與 RISC 的商業之戰

到目前為止，我們都是站在技術的角度來討論這兩種指令集的，然而技術並不是全部決定性因素。

二十世紀八九十年代，RISC 思想的出現使得處理器領域百花齊放，這讓以 x86 為代表的 CISC 陣營措手不及。雖然在那時 x86 處理器的確會比 RISC 處理器在性能上要差一些，但 x86 有一個非常好的基礎：軟體生態。當開發者花時間開發出調配 RISC 的軟體時更快的 x86 開始出現，儘管在技術上那時的 RISC 的確有其先進性，但有太多有價值的軟體執行在 x86 平臺，尤其 Intel 與 Windows 形成的 wintel 聯盟更是無限繁榮了其軟體生態，巨大的出貨量與低晶片設計成本形成無與倫比的規模優勢，同時 x86 吸收了 RISC 的各種優秀思想，在內部採用類似 RISC 的方式執行指令，製程也更先進。這些努力讓隨後的 x86 在性能上開始超越 RISC 陣營，最終 wintel 聯盟佔領了電腦市場，蘋果公司的 Mac 電腦

業務在 2006 年宣佈拋棄以 RISC 為基礎的 PowerPC 處理器轉而採用英特爾 x86 處理器。RISC 在桌面端僅存的餘暉也消逝了，精簡指令集終究無法在這裡留下一絲痕跡，以 ARM 為代表的 RISC 陣營退居嵌入式等低功耗領域偏安一隅。

RISC 在伺服器端同樣命運多舛，儘管在網際網路時代到來的初期 RISC 伺服器還佔有主導地位，如在 20 世紀 90 年代的網際網路大潮裡一時風頭無兩的 Sun 公司，該公司的伺服器成為當時很多創業公司的首選，該伺服器搭載的正是自研的 SPARC 精簡指令集處理器。然而 21 世紀初網際網路泡沫破滅後 Sun 公司幾乎遭受滅頂之災，x86 攜桌面端之威開始先佔伺服器市場，封閉的 RISC 陣營各自為戰，最終不敵持開放策略的 x86，英特爾的 x86 處理器在伺服器市場一統江湖。

英特爾的一系列努力在商業上獲得了巨大成功，以 x86 為代表的 CISC 處理器在伺服器端和桌面端獲得了統治地位，放眼望去市場上竟一時找不到對手，這是屬於 x86 的時代。

打敗一個時代的只能是另一個時代。

2007 年，劃時代的 iPhone 發佈了，人類開始進入行動網際網路時代，人手一部手機成為剛需，或許是在壟斷地位上的時間太長，巨大的慣性讓 wintel 聯盟倉促應戰。然而為時已晚，ARM 抓住了屬於自己的機會。當今智慧型手機幾乎全部採用以精簡指令集為基礎的 ARM 處理器，英特爾和微軟丟掉了行動端市場。

作為行動網際網路時代的開拓者，就像當年的英特爾和微軟一樣，蘋果公司獲得了豐厚的回報，並一舉成為當今世界上市值最高的公司（2021 年）。

蘋果公司開始複製英特爾當年的成功，自研的 A 系列行動端處理器性能越來越高，甚至媲美桌面端處理器性能。蘋果公司具備了設計更高性能的桌面端處理器能力，M1 晶片誕生了，蘋果公司的 Mac 電腦開始全面由英特爾 x86 處理器遷移到自研的 M1 晶片上，該晶片的處理器正是以 RISC 為基礎的 ARM，時隔多年，RISC 的星星之火再次在桌面端閃現。

　　當前，CISC 陣營的 x86 依然在桌面端和伺服器端佔據主導地位，以 RISC 為基礎的 ARM 則佔據著行動端大部分市場，二者均希望能先佔對方市場但都收效甚微。科技日新月異，時代輪換更替，未來誰主沉浮尚未可知，CISC 與 RISC 的競爭將更加精彩紛呈。

　　關於 CPU 的歷史就簡單介紹到這裡，就像 4.6 節提到的那樣，一項技術的誕生是有其必然性的，CISC 適應了那個資源受限的年代。隨著技術的發展 RISC 應運而生，此後這兩項技術相互競爭也相互參考並一路演變成了今天的樣子，從可預見的未來看，CISC 將和 RISC 長久共存下去。

　　CPU 是電腦中最為核心的硬體，從 CPU 的角度來講其工作非常簡單，無非是從記憶體中取出指令然後執行。但從軟體的角度來看，程式並不是按一行行循序執行的，指令的循序執行隨時會被函式呼叫、系統呼叫、執行緒切換、中斷處理等打斷，而這些又是電腦系統中極其重要的執行串流切換機制。

　　在本章的最後我們綜合地理解一下 CPU 在上述機制實現中所起的作用。

4.9　融會貫通：CPU、堆疊與函式呼叫、系統呼叫、執行緒切換、中斷處理

　　電腦系統中有很多讓程式設計師習以為常，但又十分神秘的機制：函式呼叫、系統呼叫、處理程式切換、執行緒切換及中斷處理。

　　函式呼叫能讓程式設計師提高程式可重複使用性，系統呼叫能讓程式設計師向作業系統發起請求，處理程式、執行緒切換讓多工成為可能，中斷處理能讓作業系統管理外部設備。

　　這些機制是電腦系統的基石，可是你知道這些機制是如何實現的嗎？

4.9.1 暫存器

CPU 為什麼需要暫存器？

原因很簡單：速度。CPU 存取記憶體的速度大概是存取暫存器速度的 1/100，如果 CPU 沒有暫存器而完全相依記憶體，那麼計算速度將比現在慢得多。

在建立處理程式時，程式及程式相依的資料被載入到記憶體，執行機器指令時需要把記憶體中的資料搬運到暫存器中供 CPU 使用。

實際上，暫存器和記憶體沒有什麼基本的差異，都是用來儲存資訊的，只是暫存器讀寫速度更快、造價更為昂貴，因此容量有限，我們才不得不把處理程式的執行時期資訊都存放在記憶體中，暫存器只是一個臨時存放點。

當然，除了臨時儲存中間計算結果，還有很多有趣的暫存器。根據用途，暫存器可以分為很多類型，但是，我們感興趣的有以下幾種暫存器。

4.9.2 堆疊暫存器：Stack Pointer

就像第 3 章講到的，函式在執行時期都有一個執行時期堆疊幀。對堆疊來說最重要的資訊之一就是堆疊頂，堆疊頂資訊就儲存在堆疊暫存器（Stack Pointer）中，其指向堆疊區域的底部，透過該暫存器就能追蹤函式的呼叫堆疊，如圖 4.38 所示。

函式在執行時期會有一塊獨立的記憶體空間，用來儲存函式內定義的區域變數、傳遞的參數等，這塊獨立的記憶體空間就叫堆疊幀。隨著函式呼叫層次的加深，堆疊幀數量也隨之增加；當函式呼叫完成後堆疊幀數量按照與函式呼叫相反的順序依次減少，這些堆疊幀就組成了堆疊區域，如圖 4.39 所示，這些已經在第 3 章講解過了。

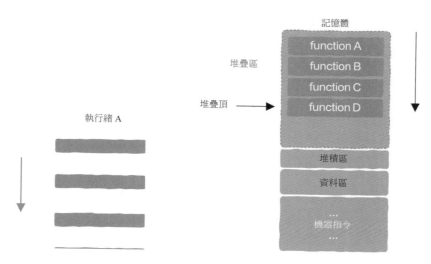

▲ 圖 4.38 堆疊區域與堆疊頂　　▲ 圖 4.39 堆疊幀組成處理程式的堆疊區域

　　函式的執行時期堆疊是關於程式執行狀態最重要的資訊之一，當然，這只是其一，另一個比較重要的資訊是「正在執行哪一行指令」，這就是指令位址暫存器的作用。

4.9.3　指令位址暫存器：Program Counter

　　指令位址暫存器的名稱比較多，大部分程式設計師將其稱為 Program Counter，簡稱 PC，即我們熟悉的程式計數器；在 x86 下則被稱為 Instruction Pointer，簡稱 IP，怎麼稱呼不重要，重要的是理解其作用，本節統一將其稱為 PC 暫存器。

　　程式設計師用高階語言撰寫的程式最終透過編譯器生成一行行機器指令，在茫茫的機器指令海洋中，CPU 怎麼知道該去執行哪筆機器指令呢？如圖 4.40 所示。

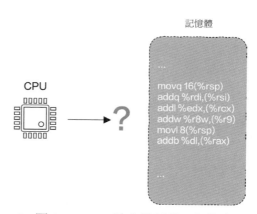

▲ 圖 4.40 CPU 該去執行哪一行指令

原來，奧秘就藏在 PC 暫存器中。

當程式啟動時，第一行要被執行的機器指令的位址會被寫入 PC 暫存器中，這樣 CPU 需要做的就是根據 PC 暫存器中的位址去記憶體中取出指令並執行。

通常指令都是按照順序依次被執行的，也就是說 PC 暫存器中的值會依次遞增。但對一些涉及控制轉移的機器指令來說，這些指令會把一個新的指令位址放到 PC 暫存器中，這包括分支跳躍也就是 if 語句、函式呼叫及函式返回等。

控制了 CPU 的 PC 暫存器就掌握了 CPU 的航向，機器指令自己會根據執行狀態指揮 CPU 接下來該去執行哪些指令。

4.9.4 狀態暫存器：Status Register

CPU 內部除了堆疊暫存器和指令位址暫存器，還有一類狀態暫存器（Status Register）；在 x86 架構下被稱為 FLAGS register，ARM 架構下被稱為 Application Program Status Register，以下統稱為狀態暫存器。

從名字也能看出來，該暫存器是儲存狀態資訊的，儲存什麼有趣的狀態資訊呢？

舉例來說，對涉及算數運算的指令來說，其在執行過程中可能會產生進位，也可能會溢位，這些資訊就儲存在狀態暫存器中。

除此之外，CPU 執行機器指令時有兩種狀態：核心態和使用者態。

對大部分程式設計師來說，其撰寫的應用程式執行在使用者態，在使用者態下 CPU 不能執行特權指令，而在核心態下，CPU 可以執行任何指令，當然也包括特權指令。核心就工作在核心態，因此核心可以掌控一切，這在 3.5 節也已經講解過了。

問題是我們怎麼知道 CPU 到底工作在使用者態還是核心態呢？

答案就在 CPU 內部的狀態暫存器中。該暫存器中有特定的位元來標記當前 CPU 正工作在哪種狀態下，當然也可以透過修改狀態暫存器來改變 CPU 的工作狀態，即 CPU 在使用者態與核心態之間的來回切換。

現在你應該知道這些暫存器的重要作用了吧？

4.9.5　上下文：Context

透過這些暫存器，你可以知道程式執行到當前這一時刻最細細微性的切面，這一時刻暫存器中儲存的所有資訊就是我們通常所說的上下文（Context）。上下文的作用是什麼呢？只要你能拿到一個程式執行時期的上下文並儲存起來，你就可以隨時暫停該程式的運行，也可以利用該資訊隨時恢復該程式的執行。

為什麼要儲存和恢復上下文資訊呢？

根本原因在於 CPU 不會嚴格按照遞增的順序依次執行機器指令：

（1）CPU 有可能從函式 A 跳躍到函式 B。

（2）CPU 有可能從使用者態切換到核心態去執行核心程式。

（3）CPU 有可能從執行程式 A 的機器指令切換到去執行程式 B 的機器指令。

（4）CPU 有可能在執行程式的過程中被打斷而去處理中斷。

以上幾種情況無一不會打斷 CPU 順序的執行機器指令，此時 CPU 必須儲存被打斷之前的狀態以便此後恢復。

上述四種情況分別對應：函式呼叫、系統呼叫、執行緒切換和中斷處理，而這四種情況也是程式執行的基石，其實現全部依靠上下文的儲存和恢復，如圖 4.41 所示。

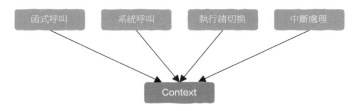

▲ 圖 4.41　四種機制都相依上下文的儲存與恢復

那麼上下文資訊又該如何儲存呢？儲存到哪裡呢？又該怎麼恢復呢？以上四種情況又是怎樣實現的呢？

4.9.6 嵌套與堆疊

中斷與恢復如圖 4.42 所示，看到這個圖你能想到什麼呢？

已經工作的讀者可能會想到，自己在寫程式時被拉過去開會、開會過程中又接了一個電話、接完電話後回去開會、開完會後接著寫程式。

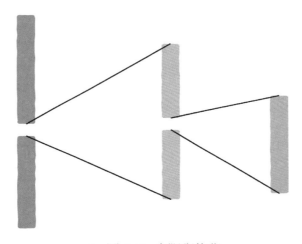

▲ 圖 4.42　中斷與恢復

喜歡數學的讀者可能會想到 $f(g(h(x)))$，計算函式 f 的值相依 g 函式，計算 g 函式的值相依 h 函式，要首先計算出 h 函式的值，得到結果後再去計算 g 函式的值，最後才能計算出 f 函式的值。

經常用瀏覽器查資料的讀者可能會想到，A 網頁中的內容相依 B 網頁，跳躍到 B 網頁後發現又相依 C 網頁，閱讀完 C 網頁的內容後才能讀懂 B 網頁，讀懂 B 網頁的內容後才能理解 A 網頁。

可以看到，這些活動無一不是巢狀結構結構的，A 相依於 B，B 相依於 C，C 處理完成後才能回到 B，B 處理完成後才能回到 A，也就是說先來的任務反而後完成，如圖 4.43 所示。

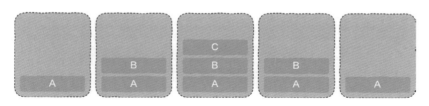

▲ 圖 4.43　任務的到來與完成呈現先進後出的順序

堆疊就是為處理這種巢狀結構結構而生的。

而我們剛才提到的函式呼叫、系統呼叫、執行緒切換和中斷處理無一不是巢狀結構結構，全部都可以利用堆疊來處理，現在你應該明白為什麼堆疊在電腦科學中具有舉足輕重的地位了吧？

這裡特別值得注意的是，堆疊是一種機制，與其本身怎麼實現沒有關係，你可以用軟體來實現堆疊，也可以用硬體來實現堆疊。

接下來，我們看看利用堆疊是如何實現上述四種情況的。

4.9.7　函式呼叫與執行時期堆疊

實際上，這一部分的內容在 3.3 節已經講解過了，為了本節內容的完整性在這裡再簡單重複一下，忘記的讀者可以回去翻看一下。

函式呼叫的困難在於 CPU 要跳躍到被呼叫函式的第一行機器指令，執行完該函式後還要跳躍回來，這涉及函式狀態的儲存與恢復，這主要包括返回位址、使用的暫存器資訊等，每個函式在執行時期都會有獨屬於自己的一塊記憶體空間，我們可以將函式的執行時期狀態儲存在這塊記憶體空間中，這塊記憶體空間被稱為堆疊幀。

當函式 A 呼叫函式 B 時會將執行時期資訊儲存在函式 A 的堆疊幀上，當函式 B 執行完成後根據堆疊幀中的資訊恢復函式 A 的執行。而隨著函式的呼叫，堆疊幀之間形成先進後出的順序，也就是堆疊，如圖 4.44 所示。假設這裡函式 A 呼叫函式 B，函式 B 呼叫函式 C。

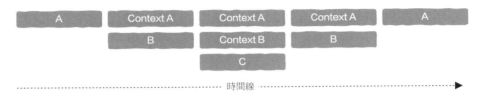

▲ 圖 4.44 函式呼叫

這就是堆疊在函式呼叫中的作用。

4.9.8 系統呼叫與核心態堆疊

當我們讀寫磁碟檔案或建立新的執行緒時，你有沒有想過到底是誰幫你讀寫檔案的？是誰幫你建立執行緒的？

答案是作業系統。

是的，當你呼叫類似 open 這樣的函式時，其實是作業系統在幫你完成檔案的打開操作，使用者程式向作業系統請求服務就是透過系統呼叫實現的。

既然是作業系統來完成這些請求的，那麼作業系統內部肯定也透過呼叫一系列函式來處理請求，有函式呼叫就需要執行時期堆疊，作業系統完成系統呼叫所需要的執行時期堆疊在哪裡呢？

答案是在核心態堆疊（Kernel Mode Stack）中。

原來，每個使用者態執行緒在核心態都有一個對應的核心態堆疊，如圖 4.45 所示。

4.9 融會貫通：CPU、堆疊與函式呼叫、系統呼叫、執行緒切換、中斷處理

當使用者執行緒需要請求作業系統的服務時需要利用系統呼叫，系統呼叫會對應特定的機器指令，如在 32 位元 x86 下是 int 指令。CPU 執行該指令時從使用者態切換到核心態，在核心態中找到使用者態執行緒對應的核心態堆疊，在這裡執行對應的核心程式完成系統呼叫請求。

讓我們來看看系統呼叫的過程。

開始時，程式執行在使用者態。假設在使用者態 functionD 函式內進行了系統呼叫，系統呼叫有對應的機器指令，此時 CPU 執行到該指令，如圖 4.46 所示。

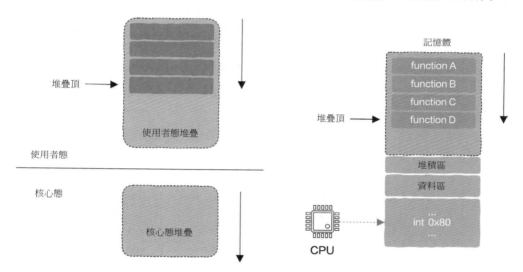

▲ 圖 4.45 使用者態堆疊與核心態堆疊　▲ 圖 4.46 CPU 開始執行系統呼叫指令

系統呼叫指令的執行將觸發 CPU 的狀態切換，此時 CPU 從使用者態切換為核心態，並找到該使用者態執行緒對應的核心態堆疊。注意，此時使用者態執行緒的執行上下文資訊（暫存器資訊等）被儲存在該核心態堆疊中，如圖 4.47所示。

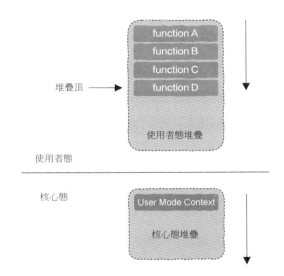

▲ 圖 4.47 核心態堆疊中儲存使用者態上下文資訊

　　此後，CPU 開始執行核心中的相關程式，後續核心態堆疊會像使用者態執行時期堆疊一樣，隨著函式的呼叫和返回增長及減少，如圖 4.48 所示。

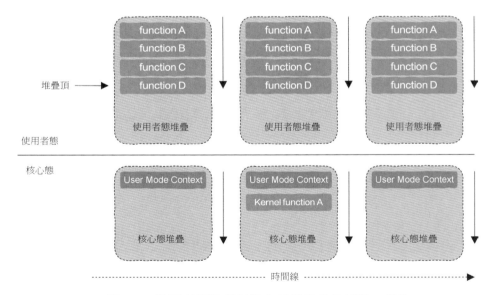

▲ 圖 4.48 使用者態堆疊與核心態堆疊的作用是一樣的

當系統呼叫執行完成後，根據核心態堆疊中儲存的使用者態程式上下文資訊恢復 CPU 狀態，並從核心態切換回使用者態，這樣使用者態程式就可以繼續執行了，如圖 4.49 所示。

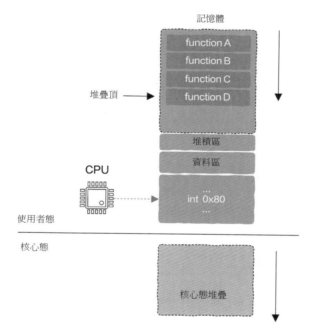

▲ 圖 4.49　從系統呼叫傳回使用者態後程式繼續執行

現在你應該明白這個過程了吧？

4.9.9　中斷與中斷函式堆疊

電腦之所以在執行程式的過程中也能處理鍵盤按鍵、滑鼠移動、接收網路資料等任務，是因為都是透過中斷機制來完成的。

中斷本質上就是打斷當前 CPU 的執行串流，跳躍到具體的中斷處理函式中，當中斷處理函式執行完成後再跳躍回來。

既然中斷處理函式也是函式，必然與普通函式一樣需要執行時期堆疊，那麼中斷處理函式的執行時期堆疊又在哪裡呢？

這分為兩種實現方法：

■ 中斷處理函式沒有屬於自己的執行時期堆疊，這種情況下中斷處理函式相依核心態堆疊來完成中斷處理。

■ 中斷處理函式有只屬於自己的執行時期堆疊，被稱為 ISR 堆疊，ISR 是 Interrupt Service Routine 的簡寫，即中斷處理函式堆疊。由於處理中斷的是 CPU，因此在這種方案下每個 CPU 都有一個自己的中斷處理函式堆疊，如圖 4.50 所示。

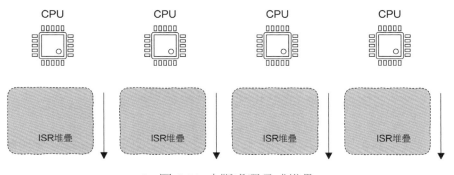

▲ 圖 4.50 中斷處理函式堆疊

為了簡單起見，我們以中斷處理函式共用核心態堆疊為例來講解。

實際上，中斷處理函式與系統呼叫比較類似，不同的是系統呼叫是使用者態程式主動發起的，而中斷處理是外部設備發起的，也就是說 CPU 在使用者態執行任何一行機器指令時都有可能因產生中斷而暫停當前程式的執行轉去執行中斷處理函式，如圖 4.51 所示。

此後的故事與系統呼叫類似，CPU 從使用者態切換為核心態，並找到該使用者態執行緒對應的核心態堆疊，將使用者態執行緒的執行上下文資訊儲存在核心態堆疊中。此後，CPU 跳躍到中斷處理函式起始位址，中斷處理函式在執行過程中核心態堆疊會像使用者態執行時期堆疊一樣隨著函式的呼叫和返回增長及減少。

4.9 融會貫通：CPU、堆疊與函式呼叫、系統呼叫、執行緒切換、中斷處理

當中斷處理函式執行完成後，根據核心態堆疊中儲存的上下文資訊恢復
CPU 狀態，並從核心態切換回使用者態，這樣使用者態執行緒就可以繼續執行
了。

既然你已經知道了中斷是如何實現的，接下來就讓我們看看最有意思的執
行緒切換是如何實現的。

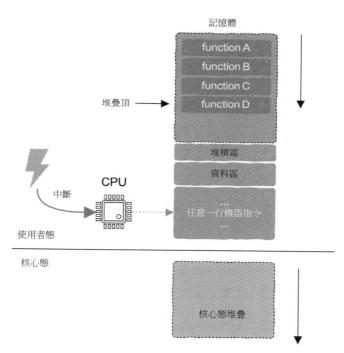

記憶體

function A
function B
function C
function D

堆疊頂

堆積區

資料區

CPU

中斷

任意一行機器指令

使用者態

核心態

核心態堆疊

▲ 圖 4.51 中斷訊號的產生打斷當前程式的執行

4.9.10 執行緒切換與核心態堆疊

假設現在系統中有兩個執行緒 A 和 B，當前執行緒 A 正在執行，如圖 4.52 所示。

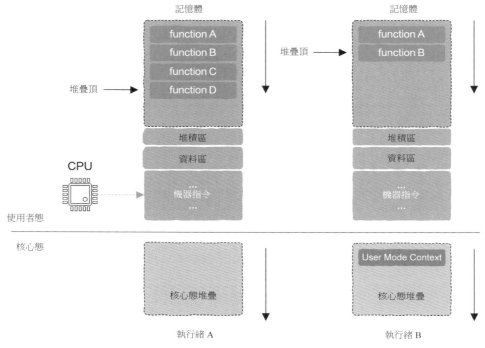

▲ 圖 4.52 執行緒 A 正在執行，執行緒 B 暫停

圖 4.52 中系統內的計時器產生中斷訊號，CPU 接收到中斷訊號後暫停當前執行緒的執行，從使用者態切換到核心態並開始執行核心中計時器中斷處理常式，這個過程與之前一樣。

計時器中斷處理常式會判定分配給執行緒 A 的 CPU 時間切片是否已經用盡，如果還沒有用盡，那麼傳回使用者態繼續執行；而如果執行緒 A 的時間切片已經用盡，那麼此時需要把 CPU 分配給其他執行緒，如這裡的執行緒 B。接下來就是我們經常說的執行緒切換，這包括兩部分工作。

4.9 融會貫通：CPU、堆疊與函式呼叫、系統呼叫、執行緒切換、中斷處理

第一部分要切換位址空間，畢竟執行緒 A 和執行緒 B 可能屬於不同的處理程式，不同的處理程式其位址空間是不一樣的。

第二部分是把 CPU 從執行緒 A 切換到執行緒 B，這主要包括儲存執行緒 A 的 CPU 的上下文資訊，恢復執行緒 B 的 CPU 上下文資訊。

每個 Linux 執行緒都有一個對應的處理程式描述符號，結構 task_struct，在該結構內部有 thread_struct，該結構專門用來儲存 CPU 的上下文資訊：

```
struct task_struct {
    ...

    /* CPU-specific state of this task */
      struct thread_struct thread;

      ...
}
```

當 CPU 從執行緒 A 切換到執行緒 B 時，就先將執行執行緒 A 的 CPU 上下文資訊儲存到執行緒 A 的描述符號中，然後將執行緒 B 描述符號中儲存的上下文資訊恢復到 CPU 中，如圖 4.53 所示。

就這樣 CPU 被成功實施「換顱術」，CPU 在執行執行緒 A 時的「記憶」成功封存在執行緒 A 的 thread_struct 結構中，並被換上執行緒 B 的「記憶」，從此刻後執行緒 B 開始執行。

那麼此刻執行緒 B 的「記憶」是什麼呢？

注意看執行緒 A，執行緒 A 是在處理完中斷後被切換出去的，執行緒 B 也有可能是同樣的狀況。這裡之所以使用「有可能」三個字是因為執行緒 B 還有可能是因為其他原因被暫停執行的，如發起阻塞式 I/O 等。為方便講解我們依然假設執行緒 B 也是因為時間切片用盡而被暫停的。

這樣**執行緒 B 此刻的「記憶」是剛剛處理完計時器中斷，但其實執行緒 B是在其時間切片用盡後被暫停執行的。不過執行緒 B 對自己被暫停執行一事一無所知**，執行緒 B 只記得接下來要切換回使用者態。

此後，根據執行緒 B 利用儲存在核心態堆疊中的上下文資訊跳躍回使用者態，執行緒 B 繼續在使用者態下執行，就像什麼都沒有發生過一樣，如圖 4.54所示。

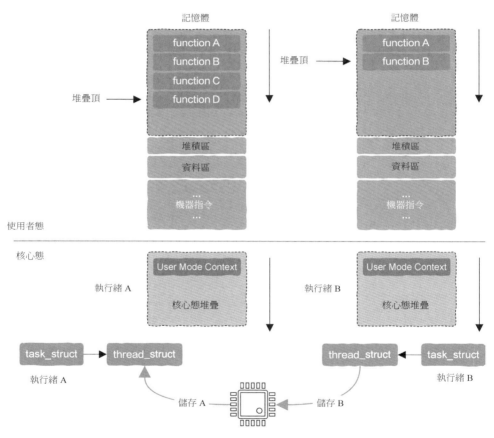

▲ 圖 4.53 上下文資訊儲存與恢復

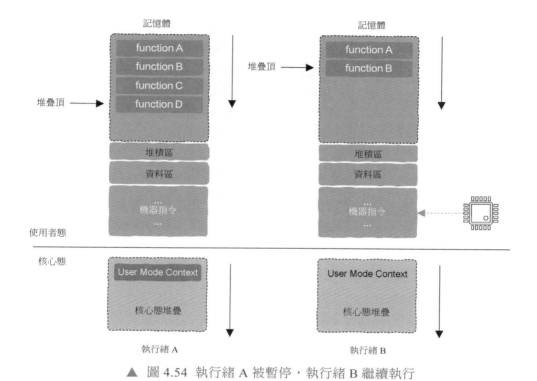

▲ 圖 4.54　執行緒 A 被暫停，執行緒 B 繼續執行

　　到這裡，本節提到的四種情況的實現原理全部介紹完畢，可以看到這些情況的實現都離不開 CPU 上下文資訊的儲存與恢復，而這又是借助堆疊這種結構來完成的。

　　理解了這些，對你來說，程式的執行將不再有任何秘密可言。

4.10　總結

　　怎麼樣，CPU 還是挺有趣的吧！

　　本章首先從最基礎的電晶體開始一步步講解了 CPU 的基本工作原理，此後不再侷限於 CPU 本身，而是將其和作業系統、數值系統、執行緒及程式語言結

合起來講解；然後從歷史的角度縱覽了 CPU 的演變過程，了解了為什麼會出現複雜指令集和精簡指令集這兩大陣營；最後，綜合講解了函式呼叫、系統呼叫、中斷處理及執行緒切換的實現原理，這離不開 CPU 上下文的儲存與恢復，而資訊的儲存與恢復又是借助堆疊這種簡潔、優雅的結構來完成的。

我們已經知道程式的執行離不開 CPU 與記憶體，同時程式執行時期 CPU 與記憶體之間會有大量互動，包括 CPU 從記憶體中讀取指令、讀取資料。指令執行完成後要將結果寫回記憶體，看上去 CPU 在和記憶體直接互動，但真的是這樣的嗎？如果不是，那麼 CPU 又是怎樣和記憶體互動的呢？

第 5 章給你答案。

第5章

四兩撥千斤，cache

在第 3 章和第 4 章中我們了解了記憶體與 CPU 的工作原理及用途，現在是時候來看一下這兩個電腦系統中最核心的組成部分是如何互動的了。

到目前為止，我們所有的講解都相依如圖 5.1 所示的簡單計算模型，也就是馮·諾依曼架構。在這個模型中，機器指令及指令相依的資料都需要儲存在記憶體中，CPU 執行機器指令時需要先把指令從記憶體中讀取出來，在執行指令過程中可能還需要從記憶體中讀取資料，此外如果指令涉及儲存計算結果則需要寫回記憶體。

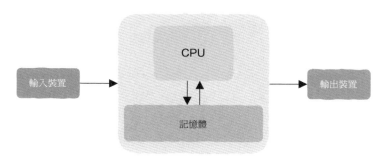

▲ 圖 5.1 馮·諾依曼架構

在程式執行過程中，CPU 需要和記憶體頻繁地進行互動，從圖 5.1 中看上去 CPU 是直接讀寫記憶體的，雖然這個模型很簡單，對我們理解電腦的工作原理非常有幫助，但是現實遠沒有這麼簡單。

CPU 與記憶體之間的對話模式將給 CPU 設計製造、電腦系統性能及程式設計師程式設計帶來深遠的影響。

歡迎來到本次旅行的第五站，在這一章裡我們將從理想走進現實。現實中的電腦世界正面臨危機。

5.1 cache，無處不在

　　馮·諾依曼架構告訴我們這樣一個事實，那就是 CPU 執行的指令機器及指令操作的資料都儲存在記憶體中，暫存器的容量是極其有限的，這就表示 CPU 必須頻繁存取記憶體獲取指令及資料，此外還要把指令執行的結果寫回記憶體。

　　因此，我們需要注意一個關鍵點，那就是 CPU 與記憶體的速度是否匹配。

5.1.1 CPU 與記憶體的速度差異

　　CPU 與記憶體作為一個整體，其系統性能也滿足木桶原理——受限於速度較慢的一方，只有 CPU 和記憶體的速度相當，才能發揮出最好的性能，那麼現實是怎樣的呢？

　　不幸的是，CPU 和記憶體自誕生之日起隨著時間的演進速度差異越來越大，且絲毫沒有改善的跡象，圖 5.2 深刻地揭示了這種速度差異，CPU 就好比一個永遠吃不飽的傢伙，記憶體就好比一個慢吞吞的廚師，記憶體永遠「餵不飽」CPU。

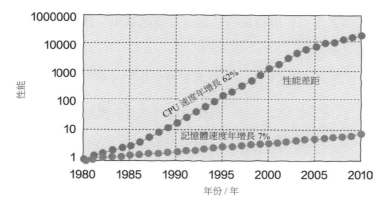

▲ 圖 5.2 CPU 與記憶體的速度差異

　　速度極快的 CPU 在執行指令時不得不等待慢吞吞的記憶體。記憶體有多慢呢？一般系統中記憶體的速度要比 CPU 的速度慢 100 倍左右，如果電腦系統的

儲存層級像圖 5.3 那樣，即 CPU 直接讀寫記憶體，那麼 CPU 高速執行機器指令的能力將無用武之地。

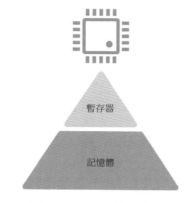

▲ 圖 5.3 CPU 直接讀寫記憶體

5.1.2 圖書館、書桌與 cache

經常去圖書館查閱資料的讀者肯定有經驗，如果你需要的資料在書架上，你就不得不花一點時間跑過去找到那本書，再拿回來，一段時間後如果你再次需要查閱該資料就簡單了，因為這本書就在你的桌子上，直接翻閱即可。此後桌子上一定擺滿了最近一段時間內你需要用到的資料，這樣你幾乎就不再需要去書架上找書了。

這張桌子就好比 cache（快取），書架就好比記憶體。

解決 CPU 與記憶體之間速度不匹配的問題也是同樣的想法。

現代 CPU 與記憶體之間會增加一層 cache，cache 造價昂貴、容量有限，但是存取速度幾乎和 CPU 的速度一樣快，cache 中儲存了近期從記憶體中獲取的資料，CPU 無論是需要從記憶體中取出指令或資料都首先從 cache 中查詢，只要命中 cache 就不需要存取記憶體，四兩撥千斤，大大加快了 CPU 執行指令的速度，從而彌補了 CPU 和記憶體間的速度差異，如圖 5.4 所示，CPU 不再直接讀寫記憶體。

一般地，現代 CPU，如 x86，與記憶體之間實際上增加了三層 cache，分別是 L 1 cache、L2 cache 與 L3 cache。

L1 cache 的存取速度雖然比暫存器的存取速度要慢一點，但也相差無幾，大概需要 4 個時鐘週期；L2 cache 的存取速度大概需要 10 個時鐘週期；L3 cache 的存取速度大概需要 50 個時鐘週期。其存取速度依次遞減，但容量依次遞增。增加了這幾層 cache 後的電腦系統的儲存層級如圖 5.5 所示。

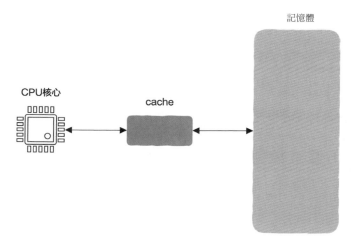

▲ 圖 5.4 CPU 不再直接與記憶體進行互動

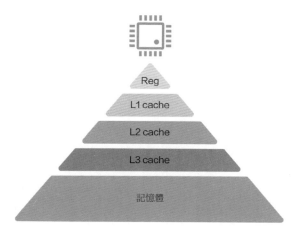

▲ 圖 5.5 CPU 與記憶體之間有三層 cache

注意，L1 cache、L2 cache、L3 cache 與 CPU 核心作為整體封裝在暫存器晶片中。 CPU 存取記憶體時首先在 L1 cache 中查詢，如果沒有命中則在 L2 cache 中查詢，如果還沒有命中則在 L3 cache 中查詢，如果最後依然沒有命中則直接存取記憶體，此後將記憶體中的資料更新到 cache 中，下次存取如果命中 cache 則不需要存取記憶體。

增加了這些 cache 後，CPU 終於不用再直面慢吞吞的記憶體了。

cache 對提升電腦系統性能如此重要，以至於當今 CPU 晶片上有很大一部分空間留給了 cache，而真正用於執行機器指令的 CPU 核心佔據的空間反而不大。

一切看上去都很棒，我們使用極少的代價就為系統性能帶來極大的提升，但增加 cache 就真完美到沒有缺點嗎？

5.1.3　天下沒有免費的午餐：cache 更新

雖然增加小小的 cache 能帶來系統性能的極大提升，但這也是有代價的。這個代價出現在寫入記憶體時。

現在有了 cache，CPU 不再直接與記憶體打交道，因此 CPU 直接寫入 cache，但此時會有一個問題，那就是 cache 中的值被更新了，但記憶體中的值還是舊的，這就是不一致（inconsistent）問題。

cache 與記憶體出現了不一致如圖 5.6 所示，cache 中變數的值是 4，但記憶體中變數的值是 2。

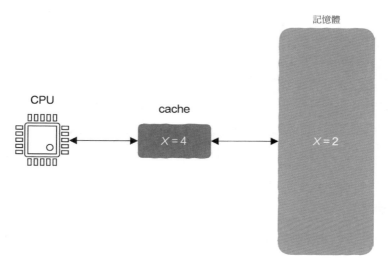

▲ 圖 5.6 cache 與記憶體出現了不一致

這是一切帶有 cache 的電腦系統都要面臨的問題。

解決該問題最簡單的方法是這樣的，當我們更新 cache 時也一併更新記憶體，這種方法被稱為 write-through，很形象吧。在這種方法下更新 cache 就不得不存取記憶體，也就是說 CPU 必須等待記憶體更新完畢，這顯然是一種同步的設計方法。還記得 2.6 節所說的同步與非同步的概念，如果你理解了這兩個概念，那麼最佳化方法顯然是把同步修改為非同步。

當 CPU 寫入記憶體時，直接更新 cache，但此時不必再等待記憶體更新完畢了，CPU 可以繼續執行接下來的指令。什麼時候才會把 cache 中的最新資料更新到記憶體中呢？

cache 的容量畢竟是有限的，因此當 cache 容量不足時就必須把不常用的資料剔除，此時我們就需要把 cache 中被剔除的資料更新到記憶體中（如果其被修改過的話），這樣更新 cache 與更新記憶體就解耦了，這就是非同步，這種方法也被稱為 write-back。這種方法相比 write-through 來說更複雜，但顯然性能會更好。

現在你應該看到了吧？天下沒有免費的午餐，當然也沒有免費的晚餐。

5.1.4 天下也沒有免費的晚餐：多核 cache 一致性

當莫爾定律漸漸體力不支後，「狡猾」的人類換了一種提高 CPU 性能的方法，既然單一 CPU 性能不好提升，我們還可以堆數量啊，這樣，CPU 進入多核心時代，程式設計師開始進入「辛苦」時代，硬體工程師也不能倖免。

如果沒有多執行緒或多處理程式去充分利用多核心，那麼無法充分發揮多核心的威力，但程式設計師都知道，多執行緒程式設計並不容易，能寫出正確執行的多執行緒程式更不容易，多執行緒不僅給軟體層面帶來一定麻煩，還給硬體層面帶來一定麻煩。

前文提到過，為提高 CPU 存取記憶體的性能，CPU 和記憶體之間增加了一層 cache，但當 CPU 有多個核心後新的問題來了，假設系統中有兩個 CPU 核心：Core1 和 Core2（以下簡稱 C1 和 C2），這兩個核心上分別執行了兩個執行緒，這兩個執行緒都需要存取記憶體中的變數 X，其初值為 2，如圖 5.7 所示。

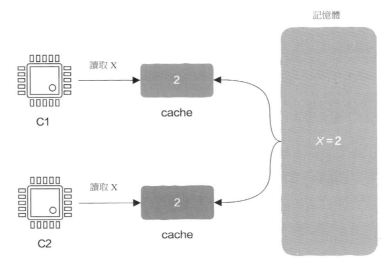

▲ 圖 5.7 兩個核心都需要使用變數 X

現在，C1 和 C2 要分別讀取記憶體中變數 X 的值，根據 cache 的工作原理，第一次讀取 X 不能命中 cache，因此需要從記憶體中讀取變數 X，然後更新到對應的 cache 中，現在 C1 cache 和 C2 cache 中都有了變數 X，其值都是 2。

接下來，C1 需要對變數 X 執行加 2 操作，同樣根據 cache 的工作原理，C1 從 cache 中拿到變數 X 的值加 2 後更新 cache，然後更新記憶體（這裡假設更新 cache 後就同步更新記憶體），此時 C1 cache 和記憶體中變數 X 的值都變成 4，如圖 5.8 所示。

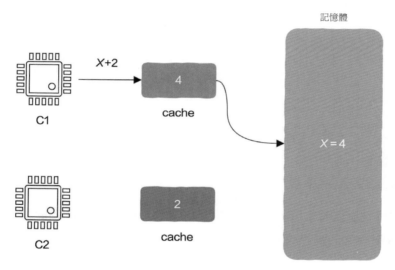

▲ 圖 5.8 C1 更新 cache 及記憶體

然後，C2 也需要對變數 X 執行加法操作，假設需要加 4，同樣根據 cache 的工作原理，C2 從 cache 中拿到變數 X 的值加 4 後更新 cache，此時 cache 中的值變成 6，然後更新記憶體，此時 C2 cache 和記憶體中的變數 X 的值都變成 6，如圖 5.9 所示。

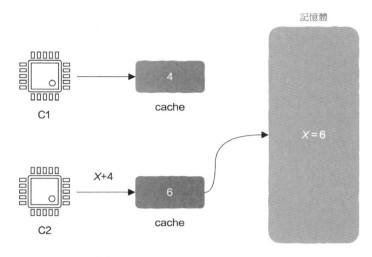

▲ 圖 5.9 C2 更新 cache 後寫回記憶體

看出問題在哪裡了嗎？

一個初值為 2 的變數，在分別加 2 和加 4 後正確的結果應該是 8，但從圖 5.9 中可以看出記憶體中變數 X 的值為 6。

問題出在記憶體中的變數 X 在 **C1 和 C2 的 cache 中有兩個副本，當 C1 更新 cache 時沒有同步修改 C2 cache 中 X 的值**，如圖 5.10 所示。

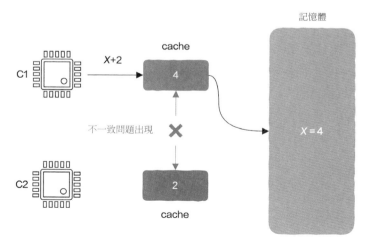

▲ 圖 5.10 變數 X 在兩個 CPU 核心的 cache 中出現了不一致問題

解決方法是什麼呢？

顯然，如果一個 cache 中被更新的變數同樣存在於其他 CPU 核心的 cache 中，那麼需要一併將其他 cache 更新好。

現在，CPU 更新變數時不再簡單地只關心自己的 cache 和記憶體，還需要知道這個變數是不是同樣存在於其他 CPU 核心的 cache 中，如果存在，則需要一併更新。實際上，現代 CPU 中有一套協定用來專門維護多核心 cache 的一致性，比較經典的包括 MESI 協定等。

當然，頻繁維護多核心 cache 的一致性也是有性能代價的。

怎麼樣，是不是在 CPU 與記憶體之間增加一層 cache 沒有我們想像的那麼簡單？cache 在提升系統性能的同時，也給系統增加了新的複雜度，這不僅給硬體工程師帶來麻煩，在某些情況下還會給程式設計師帶來出乎意料的問題，在 5.3 節你就能見到。

到目前為止，我們透過在 CPU 和記憶體之間增加一層 cache，緩解了 CPU 和記憶體之間的速度差異問題。

但程式的執行不止相依 CPU 和記憶體，不要忘了還有磁碟。

5.1.5　記憶體作為磁碟的 cache

當程式需要進行檔案 I/O 時，磁碟的問題就出現了。

雖然記憶體的存取速度是 CPU 的存取速度 1/100 左右，但與磁碟的存取速度相比就是小巫見大巫。對磁碟來說，一次 seek，也就是尋軌耗時大概在 10ms 量級（注意，並不是每次磁碟存取都需要 seek），不要覺得 10ms 很短，要知道與記憶體相比，記憶體的存取速度比磁碟尋軌速度快約 10 萬倍，更不用說與 CPU 的存取速度相比了。

當讀取檔案時首先要把資料從磁碟搬運到記憶體，然後 CPU 才能在記憶體中讀取檔案資料，該怎麼解決記憶體和磁碟之間的速度差異問題呢？

有的讀者可能會說這還不簡單，直接往記憶體和磁碟之間增加 cache 就行了。但是為什麼我們不直接把記憶體當成磁碟的 cache 呢？畢竟暫存器之所以不能當成記憶體的 cache 是因為暫存器容量有限，而記憶體容量其實是很可觀的，要知道就算是現在的智慧型手機，其記憶體都是 GB 數量級的。

沒錯，現代作業系統的確把記憶體當成磁碟的 cache。

既然磁碟存取速度非常慢，那麼我們就要好好利用千辛萬苦從磁碟讀取的記憶體中的資料，將其存放在記憶體中用作磁碟的 cache，這樣下次存取該檔案時則不需要磁碟 I/O，直接從記憶體中讀取並傳回即可。

我們知道，電腦系統中的記憶體佔用率通常不會達到 100%，總會有一部分閒置出來，但這部分記憶體不能白白浪費，作業系統總是將這部分閒置記憶體用作磁碟的 cache，快取從磁碟中讀取的資料，這就是 Linux 系統中 page cache 的基本原理。

只要增加 cache 就必然面臨 cache 更新問題，如我們寫入檔案時在底層很可能寫到記憶體 cache 就直接傳回了，此時最新的檔案資料可能還沒有更新到磁碟，如果系統崩潰或斷電，那麼資料將遺失，這就是很多 I/O 函式庫提供 sync 或 flush 函式的原因，就是為了確保將資料真正寫入磁碟。

現在你應該知道了吧？並不是每次讀取檔案都會有磁碟 I/O 的。大家使用電腦肯定有這樣的體驗，通常第一次載入大檔案時會很慢，但在第二次載入時就非常快，原因就在於該檔案內容可能已經被快取在記憶體中了，快取命中時不需要存取磁碟，這極大地加快了檔案載入速度。

既然記憶體被當成了磁碟的 cache，現在我們的電腦儲存系統就變成了如圖 5.11 所示的樣子。

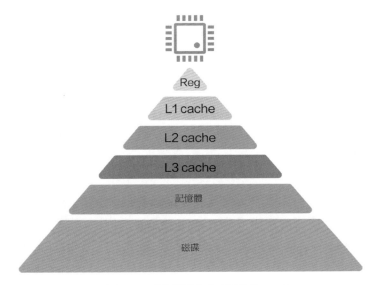

▲ 圖 5.11 記憶體作為磁碟的 cache

　　從這個儲存系統中可以看到，CPU 內部 cache 快取記憶體資料，記憶體快取磁碟資料，如圖 5.12 所示。

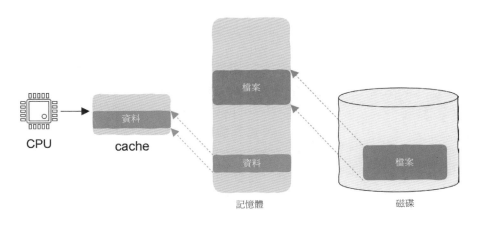

▲ 圖 5.12 cache 快取記憶體資料，記憶體快取磁碟資料

　　順便多說一句，在伺服器端，當前大有記憶體代替磁碟之勢：RAM Is the New Disk。原因很簡單，記憶體正在變得越來越便宜，從 1995 年到 2015 年，

每 GB 的記憶體價格下降了 1/6000！亞馬遜的 AWS（Amazon Web Services）甚至開始提供 2TB 記憶體的機器，注意是 2TB 記憶體，不是 2TB 磁碟！

正因如此，在某些場景下甚至可以直接把資料庫全部放到記憶體裡，這樣就不需要任何磁碟 I/O，以記憶體為基礎的系統，如 Presto、Flink 和 Spark 正在快速取代那些以磁碟為基礎的對手們。但這裡並不是說記憶體要完全代替磁碟，因為記憶體沒有資料持久化儲存的能力，只是隨著記憶體容量的增加，之前很多受限於記憶體容量而不得不相依磁碟的服務正在越來越多地遷移回記憶體中。

現在，我們將記憶體當成磁碟的 cache，這大大加快了檔案的存取速度，減少了磁碟 I/O，然而不僅是涉及檔案讀寫時記憶體才作為磁碟的 cache，涉及記憶體本身時也一樣，這是什麼意思呢？這就不得不提到虛擬記憶體了，這已經是我們第 N 次見到它了。

5.1.6 虛擬記憶體與磁碟

在之前的章節中我們多次講到過，每個處理程式都有一個自己的標準大小的位址空間，而且這個位址空間的大小與實體記憶體無關，處理程式位址空間的大小可以超過實體記憶體。那麼問題來了，既然這樣，如果系統中有 N 個處理程式，這 N 個處理程式實際使用的記憶體已經佔滿了實體記憶體，此時又開啟了一個新的處理程式，那麼當這第 N+1 個處理程式也要申請記憶體時，系統會如何處理呢？

實際上，這個問題我們在本節已經遇到過一次了，讀寫檔案時記憶體可以作為磁碟的 cache，此時磁碟則可以作為記憶體的「倉庫」。這是什麼意思呢？我們可以把某些處理程式不常用的記憶體資料寫入磁碟，從而釋放這一部分佔據的實體記憶體空間，這樣第 N+1 個處理程式就又可以申請到記憶體了。

是不是很有趣？無形之中，磁碟承接了記憶體的一部分工作，所有處理程式申請的記憶體大小竟然可以超過實體記憶體，且不再侷限於實體記憶體，更重要的是，整個過程對程式設計師是透明的，作業系統替我們在背後默默完成了這一工作。

　　既然處理程式位址空間中的資料可能會被替換到磁碟中，因此即使我們的程式不涉及磁碟 I/O，當 CPU 執行我們的程式時也可能需要存取磁碟，尤其是在記憶體佔用率很高的情況下。

5.1.7　CPU 是如何讀取記憶體的

　　現在，我們就可以回答 CPU 是如何讀取記憶體的這個問題了，以下假設作業系統中有虛擬記憶體。

　　首先，CPU 能看到的都是虛擬記憶體位址，顯然 CPU 操作記憶體時發出的讀寫指令使用的也都是虛擬記憶體位址，該位址必須被轉為真實的實體記憶體位址，轉換完畢後開始查詢 cache，如 L1 cache、L2 cache、L3 cache，在任何一層能查詢到都直接傳回，查找不到就不得不開始存取記憶體。但這裡要注意，由於虛擬記憶體的存在，處理程式的資料可能會被替換到磁碟中，因此本次讀取可能也無法命中記憶體，這時就不得不將磁碟中的處理程式資料載入回記憶體，然後讀取記憶體。

　　可以看到，在現代電腦系統中，一次記憶體讀取絕不是我們想像中的那麼簡單。讓我們再次回到 cache 這一主題。

　　解決完 CPU 與記憶體、記憶體與磁碟之間速度差異問題後，巨量資料時代到來了，單台機器的磁碟已經無法完全載入巨量的使用者資料，該怎麼辦呢？

5.1.8　分散式儲存來幫忙

　　解決巨量資料的儲存問題其實很簡單，一台機器裝不下我們可以用多台機器，這就是分散式檔案系統。

　　使用者端機器可以直接掛載分散式檔案系統，本地磁碟中儲存著從遠端分散式檔案系統傳輸過來的檔案，使用時直接存取本地磁碟而不需要經過網路，這樣我們就可以把本地磁碟看成遠端分散式檔案系統的 cache，如圖 5.13 所示。

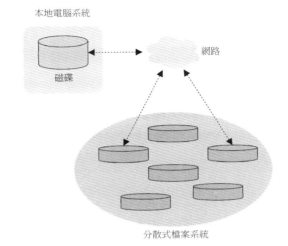

▲ 圖 5.13 把本地磁碟看成遠端分散式檔案系統的 cache

　　當然，為進一步加速，我們也可以將遠端分散式檔案系統中的資料以資料流程的形式直接拉取到本地電腦系統的記憶體中，如圖 5.14 所示。這種使用模式在當前非常普遍，如訊息仲介軟體 kafka 系統等，巨量訊息存放在遠端分散式檔案系統中，並即時將其傳遞給該資料的消費方，這時我們就可以把記憶體看成遠端分散式檔案系統的 cache 了。

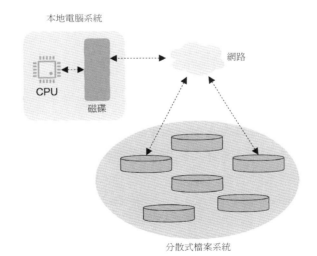

▲ 圖 5.14 把記憶體看成遠端分散式檔案系統的 cache

現代電腦系統的儲存系統就變成了如圖 5.15 所示的樣子。

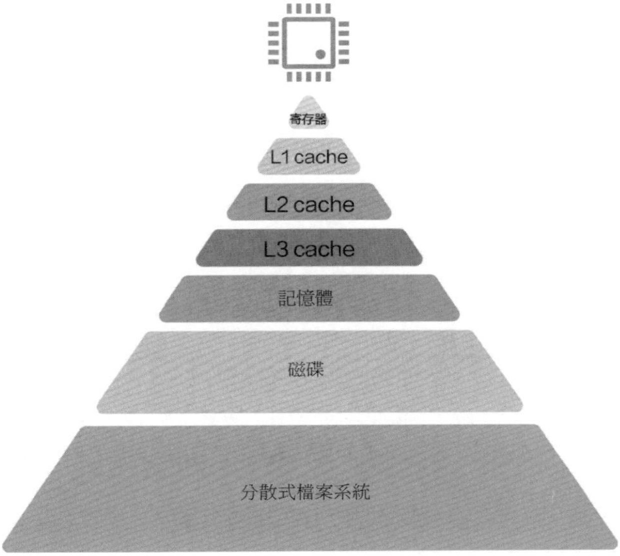

▲ 圖 5.15 現代電腦系統的儲存系統

　　現在我們知道，電腦儲存系統中的每一層都充當下一層的 cache，但這裡必須注意一點，每一層儲存的容量一定是比下一層少的，如 L3 cache 一定比記憶體容量少，否則我們可以直接把 L3 cache 用作記憶體。以此為基礎，如果希望整個儲存系統能獲得最好的性能，那麼我們的程式必須對 cache 非常友善。這一點極其關鍵，這樣的程式能最大限度地發揮 cache 的作用。最終，我們用該系統中底層廉價、低速的裝置儲存資料，並僅以少量的代價就能讓 CPU 幾乎以最快的速度去執行程式，cache 的設計思想實在功不可沒。

　　因此，接下來的關鍵就是如何撰寫對 cache 友善的程式。

5.2 如何撰寫對 cache 友善的程式

　　從 5.1 節中我們知道，為了彌補 CPU 和記憶體之間的速度差異，現代電腦系統中 CPU 不會直接存取記憶體，而是在 CPU 和記憶體之間增加 cache，也就

是快取， 通常有三層 cache，即 L1 cache、L2 cache 及 L3 cache。從 L1 cache 到 L3 cache，cache 的容量依次增大、存取速度依次變慢。這三層 cache 快取記憶體中的資料，當 CPU 需要存取記憶體時，首先去 cache 中查詢，如果命中 cache，那麼 CPU 將非常高興，因為這表示不需要存取慢吞吞的記憶體。

因此，對現代電腦系統來說，程式存取記憶體時的 cache 命中率非常重要，那麼該怎樣撰寫對 cache 友善的程式從而提高 cache 命中率呢？

這就要從程式的局部性原理說起了。

5.2.1 程式的局部性原理

程式的局部性原理本質是在說程式存取記憶體「很有規律」，這就好比還在學校讀書的學生，每天三點一線，必去的地方就是教室、餐廳、寢室，哪怕是週末，最多也就是去學校附近改善一下伙食。

如果一個程式存取一塊記憶體之後還會多次引用該記憶體，如圖 5.16 所示，這就叫作時間局部性，就好比學生今天去了教室明天還會去。

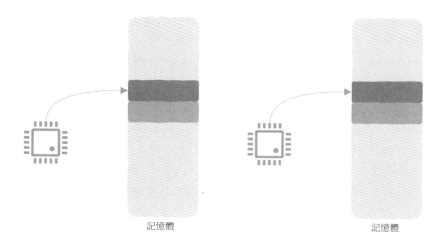

記憶體　　　　　　　　　　　記憶體

▲ 圖 5.16 時間局部性

時間局部性對 cache 非常友善，原因很簡單，因為只要資料位於 cache，重複存取就總能命中，而不需要存取記憶體。

　　當程式引用一塊記憶體時，此後也會引用相鄰的記憶體，如圖 5.17 所示，這就叫作空間局部性，就好比學生只去學校附近的地方逛一逛。

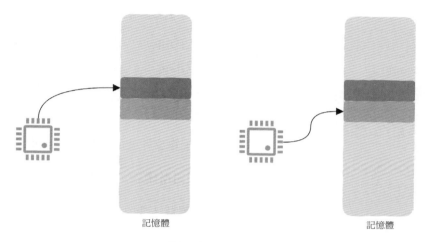

▲ 圖 5.17　空間局部性

　　空間局部性也會對 cache 友善，原因在於當 cache 不能命中需要將記憶體資料載入到 cache 時，通常也會把記憶體中的鄰近資料載入到 cache，這樣當程式存取鄰近資料時即可命中 cache。

　　知道了程式的局部性原理剩下的內容就簡單了，接下來介紹幾種對 cache 友善的程式設計原則。

5.2.2　使用記憶體池

　　一般場景下通用的記憶體分配器，如 C/C++ 程式設計師使用的 malloc/new 都能工作得很好，記憶體池技術通常出現在對性能要求較高的場景。

　　動態申請記憶體通常使用 malloc，這是一個比較複雜的過程。除此之外，malloc 可能還會有另一個缺點。假設我們的程式需要申請 N 區塊記憶體，如果透過 malloc 申請的話，那麼這 N 區塊記憶體很可能散落在堆積區域的各個角落，因此其空間局部性較差。

記憶體池技術則預申請一大區塊記憶體，此後的記憶體申請和釋放不再經過 malloc，除了沒有 malloc 銷耗，對 cache 也非常友善，原因就在於初始化記憶體池時通常申請一塊連續的記憶體空間，我們需要使用的資料都是從這塊連續的記憶體空間中申請的，資料存取非常集中不再分散，因此可能會有更好的空間局部性，進而獲得更高的 cache 命中率。

關於記憶體池的實現參見 3.6 節。

5.2.3 struct 結構重新佈局

假設我們要判斷鏈結串列是否存在滿足某個條件的節點，鏈結串列的結構是這樣定義的：

```
# define SIZE 100000

struct List {
  List* next;
  int arr[SIZE];
  int value;
};
```

可以看到，鏈結串列節點中除了儲存必要的值和 next 指標，還包含一個陣列，而我們的查詢程式可能是這樣寫的：

```
bool find(struct List* list, int target) {
    while (list) {
      if (list->value == target) {
        return true;
      }
      list = list->next;
    }
    return false;
}
```

這段程式非常簡單，先遍歷鏈結串列，然後依次查看鏈結串列中的值。從這裡可以看到，頻繁使用的欄位是 next 指標和 value 欄位，根本沒有使用陣列，

但 next 指標和 value 欄位被陣列 arr 隔開了，這可能會導致較差的空間局部性，
因此一種更好的方法是將 next 指標和 value 欄位放在一起：

```
# define SIZE 100000

struct List {
  list* next;
  int value;
  int arr[SIZE];
};
```

這樣，由於 next 指標與 value 欄位相鄰，因此如果 cache 中有 next 指標，
則有極大可能也會包含 value 欄位，這就是空間局部性原理在最佳化結構佈局上
的應用。

5.2.4　冷熱資料分離

上述結構還可以進一步最佳化，依然假設 next 指標和 value 欄位被頻繁存
取，陣列 arr 很少被存取到。

通常鏈結串列不止一個節點，如果節點較多，那麼存取鏈結串列時需要被
快取的節點也就較多，**但程式設計師必須意識到，cache 的容量是有限的**，鏈
結串列本身佔用的儲存空間越大，能被快取的節點個數就越少，因此我們可以
把陣列 arr 放到另外一個結構中，在 List 結構中增加一個指標指向該結構：

```
# define SIZE 100000

struct List {
  List* next;
  int value;
  struct Arr* arr;
};
struct Arr {
    int arr[SIZE];
};
```

這樣 List 結構大大減小，cache 也就能容納更多的節點。

在這裡我們可以認為該結構的陣列 arr 是冷資料，而 next 指標和 value 欄位是被頻繁存取的熱資料，將冷、熱資料隔離開，從而獲得更好的局部性。當然使用這種方法的前提是你要知道結構各個欄位的存取頻率。

5.2.5 對 cache 友善的資料結構

從局部性原理的角度上講，陣列要比鏈結串列好，如對 C++ 來說，使用容器 std::vector 就要比使用容器 std::list 好（注意，前提是從局部性角度來講的）。原因很簡單，因為陣列存放在一片連續的記憶體（虛擬記憶體的存在導致其在實體記憶體上也許不一定連續）中，而鏈結串列節點通常會散落在各個角落，顯然連續的記憶體會有更好的空間局部性，對 cache 也更為友善。

必須強調的是，這裡對資料結構優劣的討論僅限於是否對 cache 友善這一角度，實際使用時要根據具體場景進行選擇，如雖然陣列的空間局部性要比鏈結串列的空間局部性好，但如果在某個場景下會頻繁新增、刪除節點的話，那麼這時顯然鏈結串列要優於陣列，因為鏈結串列的增刪時間複雜度只有 $O(1)$。

如果既想擁有鏈結串列的增刪優勢，又想對 cache 友善，那麼也很簡單，建立鏈結串列時從自訂的記憶體池中申請記憶體即可，這樣各個鏈結串列節點的記憶體分配就會較為緊湊，從而表現出更好的空間局部性。**這裡還要強調一下，當你想進行此類最佳化時，一定是透過某種分析工具判斷出 cache 命中率成為系統性能瓶頸的，否則你也不需要進行此類最佳化。**

最後，再讓我們看一個關於局部性原理的經典案例。

5.2.6 遍歷多維陣列

假設有這樣一段對二維陣列進行加和的程式：

```
int matrix_summer(int A[M][N])
{
  int i, j, sum = 0;
  for (i = 0; i < M; i++)
```

```
    for (j = 0; j < N; j++)
      sum += A[i][j];
  return sum;
}
```

這段程式非常簡單，按照先行後列的順序依次加和，而 C 語言也是按照以行為主的順序來存放陣列的。

現在我們假設陣列是 4 行 8 列的，也就是 M 為 4，N 為 8，同時假設 cache 的容量最多載入 4 個 int，如圖 5.18 所示。

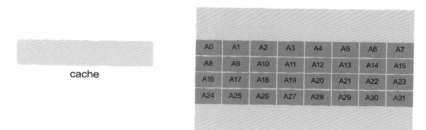

▲ 圖 5.18　cache 與記憶體

當遍歷開始時，cache 中顯然沒有任何該陣列的資料，這時的 cache 是空的。因此，當存取陣列 A 的第一個元素 A0 時無法命中 cache，此時會把包含 A0 在內的 4 個元素載入到 cache 中，如圖 5.19 所示。

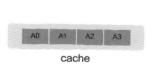

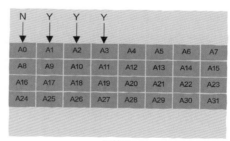

▲ 圖 5.19　把包含 A0 在內的 4 個元素載入到 cache 中

　　現在 cache 已經預熱完畢，這樣當存取 A1 到 A3 時將全部命中 cache 而不需要存取記憶體，但是當存取 A4 時又將無法命中 cache，因為 cache 的容量有限。

　　當存取 A4 無法命中 cache 時，會把包含 A4 在內的後續 4 個元素載入到 cache 中，並替換掉之前的資料，當存取 A5 到 A7 時又將命中 cache，如圖 5.20 所示。

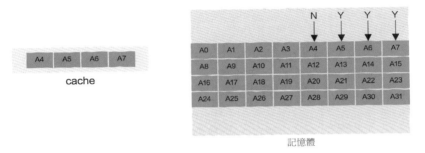

▲ 圖 5.20 存取 A4 需要替換掉原來 cache 的資料

　　此後，存取陣列第二行的模式與存取陣列第一行的模式完全相同。

　　也就是說，存取陣列的每一行都有兩個元素無法命中 cache，這樣一共有 8（2×4）個元素導致無法命中 cache，cache 命中率為 (32-8)/32，即 75%，看上去不錯。

　　但如果我們的存取模式不是行優先，而是列優先：

```
int matrix_summer(int A[M][N])
{
  int i, j, sum = 0;
  for (j = 0; j < N; j++)
    for (i = 0; i < M; i++)
      sum += A[i][j];
  return sum;
}
```

那麼情況會怎樣呢？

當存取第一個元素 A0 時依然無法命中 cache，然後 cache 滿心歡喜地把 A0 到 A3 載入進

來，這個過程與圖 5.19 一樣。然而，我們的程式下一個要存取的元素是 A8，此時無法命中 cache，因此不得不把 A8 到 A11 載入進來替換掉 A0 到 A3，相當於之前的工作白做了。

但糟糕的情況還在繼續，下一個要存取的元素是 A16，依然無法命中 cache，不需要再繼續演示了，按照列優先遍歷陣列的話，每一次都無法命中 cache，也就是說 cache 的命中率為 0。

這與按行優先遍歷的 75% 命中率有天壤之別，僅因為程式存取模式稍有差異。 本節的內容就是這樣，注意本節提到的原則僅用作範例，並不全面，這裡的關鍵在於理解程式的局部性原理，只要你的程式展現出良好的局部性，就能充分利用現代 CPU 中的 cache。

這裡必須再次強調，**你一定是透過性能分析工具確定了系統的性能瓶頸就在 cache 命中率上，否則你不需要過度關注本節提到的這些原則。**

隨著多核心時代的到來，多執行緒程式設計開始成為充分利用多核心資源的必備武器，當 cache 遇上多執行緒後新的問題產生了，讓我們來看一下這個有趣的問題，以及程式設計師該注意些什麼。

5.3　多執行緒的性能「殺手」

假設 CPU 需要存取一個 4 位元組的整數，但並沒有命中 cache，接下來該怎麼辦呢？

你可能會想，這還不簡單，把記憶體中這 4 位元組整數載入到 cache 中就如圖 5.21 所示。

然而，事實並非如此。

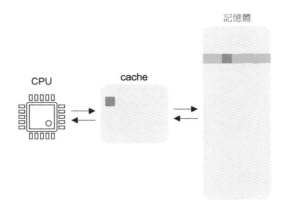

▲ 圖 5.21 將記憶體資料載入到 cache 中

5.3.1 cache 與記憶體互動的基本單位：cache line

程式的空間局部性原理告訴了我們什麼？如果你的程式存取了一區塊資料，那麼接下來很可能還會存取與其相鄰的資料，因此只把需要存取的資料載入到 cache 中是很不明智的，更好的辦法是把該資料所在的「一整塊」資料都載入到 cache 中。

這「一整塊」資料有一個名字——cache line，翻譯為一行資料，如圖 5.22 所示。

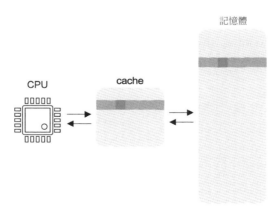

▲ 圖 5.22 將記憶體中的「一整塊」資料載入到 cache 中

現在你應該知道了，原來 cache 與記憶體互動的基本單位是 cache line，也就是「一整塊」資料，這「一整塊」資料的大小通常為 64 位元組，也就是說如果未能命中 cache，那麼會把這「一整塊」資料都載入到 cache 中。

cache 與記憶體之間的這個互動細節會給多執行緒程式設計帶來一些匪夷所思但又極其有趣的問題。

cache 的理論部分至此全部講解完畢，是時候檢驗成果了，接下來我們看幾段很有趣的程式。

5.3.2 性能「殺手」一：cache 乒乓問題

有這樣兩個 C++ 程式，第一個程式：

```cpp
atomic<int> a;

void threadf() {
  for (int i = 0;i<500000000;i++)
    ++a;
}
void run() {
  thread t1 = thread(threadf);
  thread t2 = thread(threadf);
  t1.join();
  t2.join();
}
```

第二個程式：

```cpp
atomic<int> a;

void run() {
  for (int i = 0;i<1000000000;i++)
    ++a;
}
```

這兩個程式都很簡單，第一個程式開啟兩個執行緒，每個執行緒都對全域變數 a 加 500000000 次；第二個程式只有一個執行緒，對全域變數 a 加 1000000000 次。你覺得哪個程式執行得更快？

你可能會這樣想：第一個程式是兩個執行緒平行處理對 a 進行加法操作，而第二個程式是單一執行緒在執行，所以第一個程式更快，並且執行時間只有第二個程式執行時間的一半。

實際結果怎麼樣呢？

在筆者的多核心電腦上，第一個程式執行了 16s，第二個程式只執行了 8s，單執行緒程式竟然要比多執行緒程式執行得更快，有的讀者看到這裡可能會大吃一驚，這看上去違背常識，多執行緒可是在平行計算呀，為什麼反而會比單執行緒慢呢？

讓我們再次用 Linux 下的 perf 工具分析一下這兩個程式，使用 perf stat 命令來統計其執行時期的各種關鍵資訊，得到的多執行緒程式的統計資訊如圖 5.23 所示，單執行緒程式的統計資訊如圖 5.24 所示。

```
   32638.65 msec task-clock:u              #    1.974 CPUs utilized
          0      context-switches:u        #    0.000 K/sec
          0      cpu-migrations:u          #    0.000 K/sec
        117      page-faults:u             #    0.004 K/sec
 99713693995     cycles:u                  #    3.055 GHz
 15002052403     instructions:u            #    0.15  insn per cycle
  4000393789     branches:u                #  122.566 M/sec
      43988      branch-misses:u           #    0.00% of all branches
```

▲ 圖 5.23 多執行緒程式的統計資訊

```
    8176.64 msec task-clock:u              #    0.995 CPUs utilized
          0      context-switches:u        #    0.000 K/sec
          0      cpu-migrations:u          #    0.000 K/sec
        111      page-faults:u             #    0.014 K/sec
 25019081462     cycles:u                  #    3.060 GHz
 15001989876     instructions:u            #    0.60  insn per cycle
  4000358303     branches:u                #  489.243 M/sec
      19489      branch-misses:u           #    0.00% of all branches
```

▲ 圖 5.24 單執行緒程式的統計資訊

我們注意最右側「insn per cycle」這一項，該項告訴我們一個時鐘週期內 CPU 執行了該程式中的多少筆機器指令。這一項可以從執行機器指令數量的角度給我們一個直觀的關於程式執行速度的資訊，就好比汽車的執行速度一樣（注意，這僅是一個維度，程式的執行速度不僅取決於該項）。

多執行緒程式中的「insn per cycle」為 0.15，意思是一個時鐘週期內執行了 0.15 行機器指令；而單執行緒程式中的「insn per cycle」為 0.6，意思是一個時鐘週期內執行了 0.6 行機器指令，其是多執行緒程式中的 4 倍。

注意，為了減小與多執行緒程式的差異，在單執行緒程式中全域變數 a 也被定義為 atomic 原子變數，如果我們把單執行緒程式中的變數 a 定義為普通的 int 值，那麼在筆者的多核心電腦上單執行緒程式的執行時間只有 2s，速度是多執行緒程式的 8 倍，其「insn per cycle」為 1.03，意思是一個時鐘週期內約能執行 1 行機器指令。

因此這裡的問題就是，多執行緒程式的性能為什麼這麼差呢？如果你真的理解了 cache 一致性協定的話，就不會驚訝了。

我們之前說過，為了保證 cache 一致性，如果兩個核心的 cache 中都用了同一個變數，就像這個範例中的全域變數 a，那麼該變數會分別出現在 C1 cache 和 C2 cache 中，而在筆者的多核心電腦上，作業系統顯然有極大機率將兩個執行緒分配給了兩個核心，這裡假設為 C1 和 C2，如圖 5.25 所示。

然後，兩個執行緒都需要對該變數執行加 1 操作，假設此時執行緒 1 開始對變數 a 執行加法操作，如圖 5.26 所示，為保證 cache 一致性必須將 C2 cache 中的變數 a 置為無效：乓！

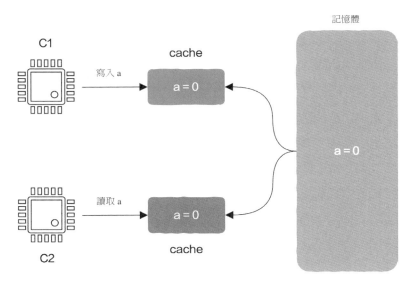

▲ 圖 5.25 兩個核心同時讀寫變數 a

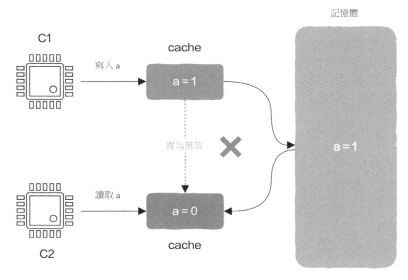

▲ 圖 5.26 C1 寫入變數 a 時需要將 C2 cache 中的變數 a 置為無效

　　此後，C2 將不得不從記憶體中讀取變數 a 的值，然而 C2 也需要將變數 a 加 1，如圖 5.27 所示，為保證 cache 一致性必須將 C1 cache 中的變數 a 置為無效：乓！

此後，C1 將不得不從記憶體中讀取 a 的最新值，但不巧的是此後 C1 又需要繼續修改變數 a，又不得不將 C2 cache 置為無效：乒！

就這樣 C1 cache 和 C2 cache 不斷地乒乒乒乓乓乓乓乓……

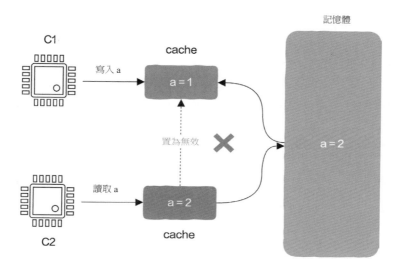

▲ 圖 5.27　C2 寫入變數 a 時需要將 C1 cache 中的變數 a 置為無效

頻繁地維持 cache 一致性導致 cache 不但沒有造成應有的作用反而拖累了程式性能，這就是有趣的 cache 乒乓問題，如圖 5.28 所示。

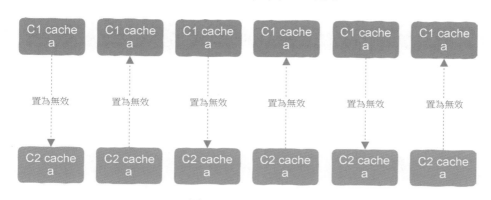

▲ 圖 5.28　cache 乒乓問題

在這種情況下，維護 cache 的銷耗，以及從記憶體中讀取資料的銷耗佔據了主導地位，這樣的多執行緒程式的性能反而不如單執行緒程式的性能。

這個範例告訴我們，如果有辦法避免多執行緒間共用資料，就應該儘量避免。

你可能會想，如果不共用資料肯定就沒有問題了，哪有那麼簡單！我們接著往下看。

5.3.3 性能 "殺手" 二：錯誤分享問題

有這樣一個資料結構 data，我們用其定義了一個全域變數：

```
struct data {
  int a;
  int b;
};

struct data global_data;
```

接下來有兩個程式，第一個程式：

```
void add_a() {
  for (int i = 0;i<500000000;i++)
    ++global_data.a;
}

void add_b() {
    for (int i = 0;i<500000000;i++)
    ++global_data.b;
}
void run() {
  thread t1 = thread(add_a);
  thread t2 = thread(add_b);
  t1.join();
  t2.join();
}
```

　　這個程式開啟了兩個執行緒，分別對結構中的變數 a 和變數 b 加 500000000 次。第二個程式：

```
void run() {
  for (int i = 0;i<500000000;i++)
    ++global_data.a;
  for (int i = 0;i<500000000;i++)
    ++global_data.b;
}
```

　　第二個程式是單執行緒的，同樣對變數 a 和變數 b 加 500000000 次。現在問你哪個程式執行得更快，快多少？

　　你吸取上一個範例中的經驗，仔細看了一下，這兩個執行緒沒有共用任何變數，因此不會有上面提到的 cache 乒乓問題，因此你大膽推斷：第一個多執行緒程式執行得快，而且比第二個單執行緒程式的執行速度快 2 倍。

　　實際結果怎麼樣呢？

　　在筆者的多核心電腦上，第一個多執行緒程式執行了 3s，第二個單執行緒程式只執行了 2s，有的讀者可能會再次大吃一驚，為什麼充分利用多核心且沒有共用任何變數的多執行緒程式竟然還是比單執行緒程式執行得慢？

　　原來，儘管這兩個執行緒沒有共用任何變數，但這兩個變數極有可能位於同一個 cache line 上，也就是說這兩個變數可能會共用同一個 cache line。不要忘記，cache 和記憶體之間是以 cache line 為單位來互動的，當存取變數 a 未能命中 cache 時，會把變數 a 所在的 cache line 一併載入到 cache 中，而變數 b 極有可能也會被載入進來，如圖 5.29 所示。

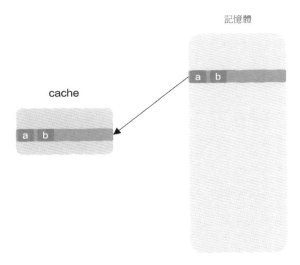

▲ 圖 5.29 變數 a、b 可能位於同一個 cache line 上，並同時載入到 cache 中

也就是說，儘管看上去這兩個執行緒沒有共用任何資料，但 cache 的工作方式導致其可能會共用 cache line，這就是有趣的 False Sharing 問題，直譯過來就是錯誤分享問題，這同樣會導致 cache 乒乓問題。

現在你應該明白為什麼多執行緒程式執行得慢了吧？

知道了原因，改進也就非常簡單了，這裡僅提供一種想法，在這兩個變數之間填充一些無用資料，就像這樣：

```
struct data {
  int a;
  int arr[16];
  int b;
};
```

比單執行緒程式快 1 倍了。

▲ 圖 5.30 將變數 a 和變數 b
隔離在不同的 cache line 中

由於筆者的多核心電腦的 cache line 大小為 64 位元組，因此在變數 a 和變數 b 之間填充了一個包含 16 個元素的 int 陣列，這樣變數 a 和變數 b 就被陣列隔開而不會位於同一個 cache line 上了，如圖 5.30 所示。

修改程式再次測試，這次多執行緒程式的執行時間從原來的 3s 降低到了 1s，這下多執行緒程式真的就比單執行緒程式快 1 倍了。

當然，除了在變數之間填充資料，也可以調整變數順序。假設你確定了是變數 a 和變量 b 導致的錯誤分享問題，並且該結構中還有其他變數，就像這樣：

```
struct data {
  int a;
  int b;
  ... // 其他變數
};
```

只要其他變數大於 cache line，就可以把其他欄位調整到變數 a 和變數 b 之間：

```
struct data {
  int a;
  ... // 其他變數
  int b;
};
```

這樣變數 a 和變數 b 就不會共用同一個 cache line 了。

在本節中，我們認識了兩位多執行緒程式的性能「殺手」：一個是 cache 乒乓問題，另一個是錯誤分享問題。其中 cache 乒乓問題是由多執行緒共用資源導致的，而錯誤分享問題同樣會導致 cache 乒乓問題。

在本節的實驗中也可以看到，如果你的多執行緒程式出現性能瓶頸，仔細進行性能測試且排除掉其他可能依然找不出問題原因，就要警惕這裡的 cache 乒乓問題了。通常該問題可以透過避免執行緒間共用資源來解決，但在避免多執行緒共用資源的同時要確保不掉進錯誤分享的陷阱裡。

怎麼樣，看似簡單的 cache 確實給電腦的各方面帶來了不小的影響吧！在了解了記憶體、CPU 及 cache 後，我們綜合地來看一下涉及這三者的一類非常有趣的問題：記憶體屏障（memory barrier）。在這裡必須提及的一點是，如果你對無鎖程式設計不感興趣，那麼可以放心地跳過 5.4 節。

5.4 烽火戲諸侯與記憶體屏障

西周末年，周幽王為博褒姒一笑，命人點燃了烽火臺，各諸侯見到烽火於是積極備戰，怎料這其實只是周幽王在戲弄諸侯，於是大家不再信任烽火，後來犬戎攻破鎬京，西周滅亡。

這與電腦有什麼關係呢？實際上烽火戲諸侯是一種經典的執行緒間同步場景，假設周幽王是一個執行緒，諸侯是一個執行緒，那麼烽火就相當於兩個執行緒之間的同步訊號，周幽王執行緒設定烽火訊號，諸侯執行緒檢測烽火訊號，當訊號為真時諸侯執行緒執行必要操作，如圖 5.31 所示。

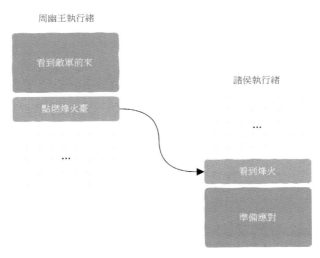

▲ 圖 5.31 周幽王執行緒與諸侯執行緒透過烽火訊號進行同步

這個場景可以用程式這樣來表示：

```
bool is_enemy_coming = false;
int enemy_num = 0;

// 周幽王執行緒
void thread_zhouyouwang() {
    enemy_num = 100000;
    is_enemy_coming = true;
}

// 諸侯執行緒
void thread_zhuhou() {
    int n;
    if (is_enemy_coming)
        n = enemy_num;
}
```

上述程式中有兩個全域變數及兩個執行緒：is_enemy_coming 表示敵人是否到來，enemy_num 表示敵軍的數量；thread_zhouyouwang 為周幽王執行緒，發現敵軍後計算出敵軍數量並點燃烽火臺，thread_zhuhou 為諸侯執行緒，看到烽火後得到敵軍數量並備戰。

這裡的問題是，諸侯執行緒中的 n 會是多少呢？

肯定有很多讀者會說顯然是 100000 啊，周幽王執行緒首先將 enemy_num 設定為 100000，然後才點燃烽火臺，那麼當諸侯執行緒看到烽火後讀取 enemy_num 必然為 100000。

然而事實並非如此，這段程式在部分類型的 CPU 中執行得到的 n 有可能是 0，諸侯被周幽王戲要了，有的讀者看到這裡可能會大吃一驚，這怎麼可能呢？這也太違反直覺了吧（注意，這裡提到的問題不會出現在 x86 平臺中，在本節後半部分會講解原因）！

我們再來看第二個範例，假設有兩個全域變數 X 和 Y，其初值都是 0，此外還有兩個執行緒，同時執行的程式如下：

```
執行緒 1        執行緒 2
X = 1;         Y = 1;
a = Y;         b = X;
```

這裡的 a 和 b 最終會是多少呢？有這樣幾種情況：

（1）執行緒 1 先執行完成，此時 a=0，b=1。

（2）執行緒 2 先執行完成，此時 a=1，b=0。

（3）執行緒 1 和執行緒 2 同時執行第一行程式，此時 a=1，b=1。還有第四種情況嗎？

你是不是在想不可能會有其他情況了，然而在我們熟悉的 x86 平臺中，執行完上述程式後，a 和 b 也可能都是 0。你是不是再一次大吃一驚，這怎麼可能呢？程式怎麼可能看起來會亂數執行呢？

看完本節你就明白啦。

5.4.1 指令亂數執行：編譯器與 OoOE

原來，CPU 並不一定嚴格按照程式設計師寫程式的循序執行機器指令，這是本節要記住的第一句話。

原因也非常簡單：一切都是為了提高性能。指令的亂數會出現在兩個階段：

（1）生成機器指令階段，也就是編譯期間的指令重排序。

（2）CPU 執行指令階段，也就是執行期間的指令亂數執行。

在 1.2 節中我們講解了編譯器的原理，編譯器將程式設計師撰寫的程式轉為 CPU 可以執行的機器指令，編譯器在這個過程中是有機會「動手腳」的。

我們來看這樣一個程式：

```
int a;
int b;
```

```
void main() {
    a = b + 100;
    b = 200;
}
```

在筆者的 Intel 處理器環境下首先用 gcc 預設編譯選項進行編譯，然後使用 objdump 來查看編譯後的機器指令：

```
mov    0x200b54(%rip),%eax      # %eax = b
add    $0x64,%eax               # %eax = %eax + 100
mov    %eax,0x200b4f(%rip)      # a = %eax
movl   $0xc8,0x200b41(%rip)     # b = 200
```

可以看到，機器指令是按照程式順序生成的。接下來我們用 -O2 選項再次編譯，該選項告訴編譯器可以對程式進行最佳化：

```
mov    0x200c4e(%rip),%eax      # %eax = b
movl   $0xc8,0x200c44(%rip)     # b = 200
add    $0x64,%eax               # %eax = %eax + 100
mov    %eax,0x200c3f(%rip)      # a = %eax
```

從這裡我們可以清楚地看到編譯器將 b = 200 這行程式放到了 a = b + 100 之前（注意，這裡不會有錯誤，因為 eax 暫存器儲存了變數 b 的初值 100）。

這就是編譯期間的指令重排序，通常我們增加這樣一行指令即可告訴編譯器不要進行指令重排序：

```
asm volatile("" ::: "memory");
```

但僅防止編譯器進行指令重排序還是不夠的，CPU 在執行指令時也會「動手腳」，這就是執行期間的指令亂數執行。

到目前為止，我們可以簡單認為 CPU 的工作過程是這樣的：

（1）取出機器指令。

（2）如果指令中的運算元已經準備就緒，如讀取到了暫存器中，那麼該指令將進入執行時；如果指令需要的運算元尚未就緒，如還沒有從記憶體讀取到暫存器中，那麼這時 CPU 需要等待直到運算元從記憶體讀取到暫存器中為止，因為同 CPU 速度相比，存取記憶體是非常慢的。

（3）資料已經就緒，開始執行指令。

（4）將執行結果寫回。

雖然這種指令執行方式很直觀，但其低效之處在於如果相依的運算元尚未就緒則 CPU 必須等待，改進方法是這樣的：

（1）取出機器指令。

（2）將指令放到佇列中，並讀取指令相依的運算元。

（3）指令在佇列中等待運算元就緒，對就緒的指令來說可以提前進入執行時。

（4）執行機器指令，執行結果再次排隊。

（5）只有當靠前的指令執行結果回寫完畢後，才回寫當前指令的執行結果，確保執行結果是按照指令原本的順序生效的。

從這個過程中我們可以看出，指令的執行其實並沒有嚴格按照順序進行，這就是指令亂數執行（Out of Order Execution，OoOE）。

由於 CPU 與記憶體之間速度差異巨大，如果 CPU 必須嚴格按照循序執行機器指令，那麼在等待指令相依的運算元時管線內部會出現「空隙」，即 slots，但如果我們用其他已經準備就緒的指令來填充這些「空隙」的話，那麼顯然可

以加快指令的執行速度。因此 OoOE 可以充分利用管線，但在 CPU 外部看來，指令是按照循序執行並且指令的執行結果是按照順序生效的。

這裡必須注意的是，只有當前後兩行機器指令沒有任何相依關係時，CPU 才可以這樣提前執行後面的指令。

因此，對具備 OoOE 能力的 CPU 來說，指令可能是亂數執行的，這裡需要強調一下，並不是所有的 CPU 都具備該能力。

5.4.2 把 cache 也考慮進來

接下來我們回到 cache，包含三層 cache 的電腦系統如圖 5.32 所示，其中 L1 cache 和 L2 cache 是 CPU 核心私有的，各個核心共用 L3 cache 及記憶體。

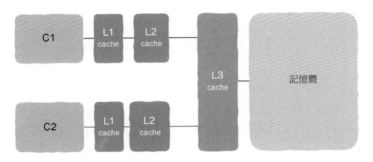

▲ 圖 5.32 包含三層 cache 的電腦系統

帶有 cache 的系統都必須面臨同一個問題，那就是如何更新 cache 及維護 cache 一致性，這個過程是較為耗時的，在此之前 CPU 必須停止等待。為最佳化這一過程，有的系統會增加一個佇列，如 store buffer，如圖 5.33 所示。當有寫入操作時直接將其記錄在該佇列而不需要立即更新到 cache 中，此後 CPU 可以繼續執行接下來的指令而不需要等待。

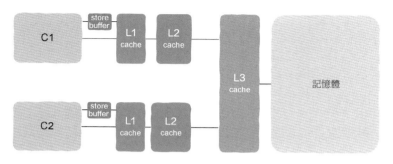

▲ 圖 5.33 利用 store buffer 加速指令執行

從這裡可以看出，相對 CPU 執行指令來說，寫入其實是一個非同步的過程，也就是說 CPU 可能並不會等待寫入操作真正更新到 cache/RAM 後才執行接下來的指令，這種非同步寫入操作會帶來一個很有趣的現象。假設有這樣的程式，變數 a 的初值為 0，y 的初值為 100：

```
a = 1;
b = y;
```

當 CPU 中的 A 核心執行 a=1 這行程式時，可能 1 還沒有被更新到 A 核心的 cache 中，但由於 store buffer 的存在，A 核心可以不必等待 1 完全更新到 cache 中即可開始執行下一行程式，即 b=y。此時變數 b 的值變成了 100，但是當其他 CPU 核心，如 B 核心檢測到 b 為 100 時，a 的值在 B 核心看來可能依然為 0（還沒被更新的 cache/RAM），最終的效果看起來就好像先執行第二行程式再執行第一行程式一樣。

這裡必須注意，在該執行緒內部是看不到指令亂數執行的，如在 a=1 和 b=y 這兩行程式後列印 a 的值，我們一定會輸出 1 而非其初值 0（CPU 的設計可以確保這一點）：

```
a = 1;
b = y;
print(a);
```

也就是說，**這種亂數只在除自身以外的其他核心觀察該核心時才可能出現**，儘管 C1 可能是按照 123 的順序在執行指令，但在 C2 看來是按照 132 的順序在執行指令，這就好比 C1 說「我要喊 123 啦」，但 C2 聽到的是「132」，C1 出現了「言行不一致」的情況，這也算指令亂數執行的一種，至少看起來是這樣。

CPU 這種看起來「搶跑式」提前執行不相關指令的行為顯然是為了獲得更好的性能，這也是所有指令亂數執行的根本原因所在。

最有趣的是，不管什麼類型的指令亂數執行，在單執行緒程式中無論如何都是看不到這種亂數的，只有其他執行緒也去存取該共用資料時才可能看到這種亂數執行，這是我們要記住的第二句話，**也就是說如果你僅在單執行緒環境下程式設計，那麼你根本就不需要關心這個問題。**

注意這裡的 store buffer 也不一定是所有處理器中都會有的，不同類型的 CPU 在內部可能會有自己的最佳化方法。歡迎來到真實的底層世界，在這裡你能看到硬體參差不齊的一面，每一類 CPU 都有自己的脾氣和秉性，有的可能會亂數執行有的可能不會，一種功能在有的 CPU 上可能會具備而在其他的 CPU 上可能不具備，這就是真實的硬體。

對程式設計師來說，大部分情況下都不需要關注這種差異，而且其使用的程式語言也會遮罩這種差異，但當程式設計師在進行無鎖程式設計時則需要關心這個問題。這是我們要記住的第三句話。無鎖程式設計（lock-free programming）是指可以在不使用鎖保護的情況下，在多執行緒中操作共用資源。一般來說，多執行緒操作共用資源都需要加鎖保護，實際上鎖並不是必需的，也可以在無鎖的情況下存取共用資源，原理是利用原子操作，如 CAS（Compare And Swap）操作等，這類指令不是執行就是不執行，不存在中間狀態。

那麼我們該怎樣解決這裡提到的指令亂數執行問題呢？

答案就是本節的主題——記憶體屏障（memory barrier），它其實就是一行具體的機器指令。

指令是會亂數執行的，我們可以透過增加記憶體屏障機器指令告訴執行該執行緒的 CPU 核心：「在這個地方你不要耍任何花樣，老老實實按照循序執行，

別讓這個核心在其他核心看來在亂數執行指令」。簡單地說，記憶體屏障的目的就是確保某個核心在其他核心看起來是言行一致的。

涉及記憶體時無非就兩類操作：讀和寫，即 Load 和 Store。因此，組合起來會有四種記憶體屏障類型：LoadLoad、StoreStore、LoadStore 和 StoreLoad。每個名稱都表示要阻止此類亂數執行。

接下來，我們詳細看一下。

5.4.3 四種記憶體屏障類型

第一種記憶體屏障類型是 LoadLoad。

顧名思義，就是要阻止 CPU 在執行 Load 指令時「搶跑式」執行後面的 Load 指令，如圖 5.34 所示。

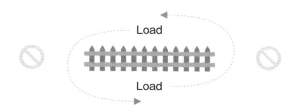

▲ 圖 5.34 LoadLoad 記憶體屏障

我們可以看到，即使是相對簡單的記憶體讀取指令，在有的 CPU 類型上也會「搶跑式」執行，當然也是為了獲得更高的性能。

以烽火戲諸侯為例，諸侯執行緒需要讀取變數 is_enemy_comming 與 eneny_num，諸侯執行緒所在的 CPU 可能「搶跑式」首先讀取 eneny_num，不巧的是此時 eneny_num 可能依然為 0，但讀取 is_enemy_comming 時發現該變數為真，因此我們可以在 if 之後設定 n 之前增加 LoadLoad 記憶體屏障防止這類重排序，以確保當 is_enemy_comming 為真時，不會讀取到 eneny_num 變數中儲存的「舊值」，如圖 5.35 所示。

第二種記憶體屏障類型是 StoreStore。

　　同樣地，從名字可以看出要阻止 CPU 在執行 Store 指令時「搶跑式」執行後面的 Store 指令，如圖 5.36 所示。

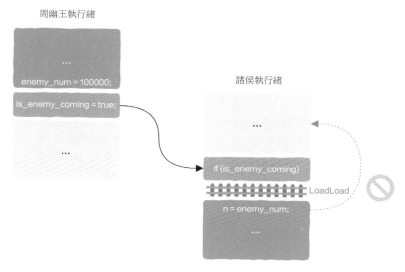

▲ 圖 5.35　透過 LoadLoad 記憶體屏障防止讀取重排序

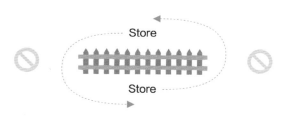

▲ 圖 5.36　StoreStore 記憶體屏障

　　以烽火戲諸侯為例，周幽王執行緒需要先後兩次設定 is_enemy_comming 與 eneny_ num，周幽王執行緒所在的 CPU 可能「搶跑式」首先設定 is_enemy_ comming，這時雖然諸侯執行緒檢測到了烽火訊號但敵軍沒有到來，為防止周幽王戲耍諸侯，可以在兩次設定變數中間增加 StoreStore 記憶體屏障，如圖 5.37 所示。

　　由於系統中增加了 cache 等，因此寫入這種操作可能是非同步的。在預設情況下我們不可以對什麼時候變數真正更新到記憶體進行任何假設，但增

加 StoreStore 記憶體屏障可以保證其他核心看到的變數更新順序與程式順序是一致的，也就是說只要我們在 a=100 和 update_ a=true 這兩行程式之間增加了 StoreStore 記憶體屏障，當其他核心檢測到變數 update_a 為真後，我們就能確信讀取 a 必然能得到最新的值，即 100。

第三種記憶體屏障類型是 LoadStore。

LoadStore 記憶體屏障如圖 5.38 所示。

有的讀者可能會有疑問，寫入不是一個比較重的操作嗎，為什麼也可以提前到 Load？如果 Load 並沒有命中 cache，那麼在有些類型的 CPU 上可能會提前執行後續的 Store 指令。

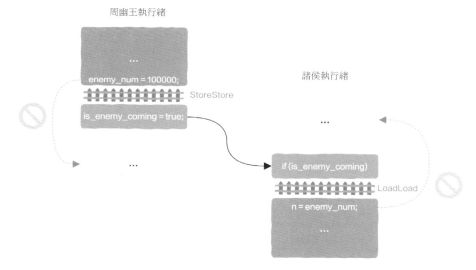

▲ 圖 5.37 透過 StoreStore 記憶體屏障防止先設定烽火訊號

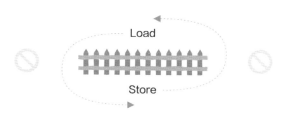

▲ 圖 5.38 LoadStore 記憶體屏障

以烽火戲諸侯為例：

```
// 諸侯執行緒
void thread_zhuhou() {
    int n;
    int important;
    if (is_enemy_coming) {
        LoadLoad_FENCE(); // LoadLoad 記憶體屏障
        n = enemy_num;
        important = 10; // 必須等看到烽火訊號後才可以執行
    }
}
```

假設有一些特定的寫入操作必須等看到烽火訊號後才可以執行，如 important = 10 這行程式，其不相依任何其他變數，僅在諸侯執行緒中增加 LoadLoad 記憶體屏障就想確保這行程式必須等看到烽火訊號後才可以執行是不夠的，同時需要增加 LoadStore 記憶體屏障才能保證 CPU 不會「搶跑式」提前執行這行程式，如圖 5.39 所示。

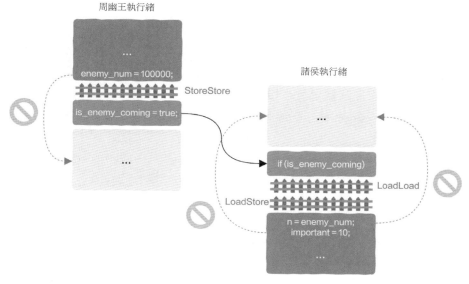

▲ 圖 5.39 透過 LoadStore 記憶體屏障防止提前執行寫入操作

第四種記憶體屏障類型是 StoreLoad。

StoreLoad 記憶體屏障如圖 5.40 所示。

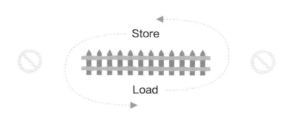

▲ 圖 5.40 StoreLoad 記憶體屏障

從字面意思上看，StoreLoad 記憶體屏障阻止 CPU 在執行寫入指令時「搶跑式」提前執行讀取指令，該記憶體屏障是這四種記憶體屏障中最「重」的。

在使用 StoreLoad 記憶體屏障的情況下，當 CPU 執行寫入指令時，無論該寫入指令相依的操作有多麼複雜、需要等待的時間有多麼長，CPU 都不可以在這個閒置時間段裡提前執行後續不相關的讀取指令，必須確保在 StoreLoad 記憶體屏障之前的寫入操作對所有其他核心是可見的，也就是說只要其他核心在 StoreLoad 記憶體屏障被執行之後再去讀取該屏障之前的變數，就一定能確保讀取到的是最新值。

注意 StoreLoad 記憶體屏障和 StoreStore 記憶體屏障的區別，StoreStore 記憶體屏障並不保證在其被執行之後其他核心可以立即讀取到該記憶體屏障之前的變數的最新值，StoreStore 記憶體屏障只保證更新順序與程式順序一致，但不保證更新立即對其他核心可見。

因此，本質上 StoreLoad 記憶體屏障是一個同步操作。

StoreLoad 記憶體屏障是唯一可以確保以下程式不會出現 a 為 0、b 也為 0 的記憶體屏障類型。

```
執行緒 1         執行緒 2
X = 1;          Y = 1;
StoreLoad();    StoreLoad();
a = Y;          b = X;
```

在 x86 下你可以使用 mfence 指令來作為 StoreLoad 記憶體屏障。

既然你已經了解了四種記憶體屏障，就應該能看出來上述四種記憶體屏障還是太瑣碎了，如在舉例用的諸侯執行緒中，為防止 CPU「搶跑式」執行 Load 指令後的 Load 與 Store 指令，該執行緒中可能需要兩種記憶體屏障，這還是有點煩瑣的，現在是時候了解 acquire- release 語義了，它可以解決這個問題。

5.4.4　acquire-release 語義

使用多執行緒程式設計時程式設計師主要面臨兩個問題：

（1）共用資料的互斥存取。

（2）執行緒之間的同步問題，就好比本節中烽火戲諸侯的範例，利用烽火訊號在兩個執行緒間進行同步。

acquire-release 語義是用來解決第二個問題的，然而關於 acquire-release 語義並沒有一個正式的定義，在這裡僅舉出筆者的理解。

acquire 語義是針對記憶體讀取操作來說的，即在本次 Load 之後的所有記憶體操作不可以放到本次 Load 操作之前執行，如圖 5.41 所示。

release 語義是針對記憶體寫入操作來說的，即在本次 Store 之前的所有記憶體操作不能放到本次 Store 操作之後執行，如圖 5.42 所示。

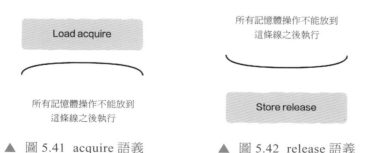

▲　圖 5.41　acquire 語義　　　▲　圖 5.42　release 語義

實際上，如果你真的理解了 acquire-release 語義就會發現：LoadLoad 與 LoadStore 的組合即 acquire 語義；StoreStore 與 LoadStore 的組合即 release 語義。

更有趣的是，為獲得 acquire-release 語義，我們不需要 StoreLoad 這種很重的記憶體屏障，僅依靠剩下的三種記憶體屏障即可。

還是以烽火戲諸侯為例，現在我們可以直接使用 acquire-release 語義來解決問題了。在周幽王執行緒中使用 release 語義確保所有記憶體讀寫操作不會放到設定烽火訊號之後，在諸侯執行緒中使用 acquire 語義確保所有記憶體讀寫操作不會放到檢測到烽火訊號之前，如圖 5.43 所示。這樣，當檢測到烽火訊號後我們一定能確信敵軍到來，周幽王就再也不能戲耍諸侯啦！

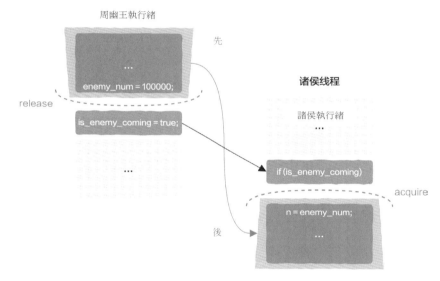

▲ 圖 5.43 使用 acquire-release 語義解決執行緒同步問題

5.4.5 C++ 中提供的介面

就像我們剛才提到的，不同類型的 CPU 可能會有不同的脾氣和秉性，如 x86 下實際上就只會出現 StoreLoad 重排序，而且不同類型的 CPU 會有不同的指令集，如果你只針對某種類型的 CPU 進行程式設計，如在 x86 下使用 mfence 機器指令消除 StoreLoad 重排序，那麼這樣的程式無法移植到 ARM 平臺上。

　　因此，如果你想撰寫可移植的無鎖程式，那麼需要使用語言層面提供的 acquire- release 語義，程式語言實際上幫程式設計師遮罩了不同類型的 CPU 在指令集上的差異，如在 C++11 中的 atomic 原子函式庫提供的程式：

```
#include <atomic>
std::atomic_thread_fence(std::memory_order_acquire);
std::atomic_thread_fence(std::memory_order_release);
```

　　使用上述程式即可獲得 acquire-release 語義，而且該程式可以在幾乎任何類型的 CPU 上正確工作。

　　關於烽火戲諸侯的例子，我們可以這樣增加 acquire-release 語義，以下是 C++11 實現：

```
std::atomic<bool> is_enemy_coming(false);
int enemy_num = 0;

// 周幽王執行緒
void thread_zhouyouwang() {
    enemy_num = 100000;

    // release 屏障
    std::atomic_thread_fence(std::memory_order_release);

    is_enemy_coming.store(true, std::memory_order_relaxed);
}

// 諸侯執行緒
void thread_zhuhou() {
    int n;
    if (is_enemy_coming.load(std::memory_order_relaxed)) {

      // acquire 屏障
      std::atomic_thread_fence(std::memory_order_acquire);
      n = enemy_num;
    }
}
```

　　除增加了 acquire-release 語義之外，還有一個改動點就是烽火訊號 is_enemy_coming 由原來的 int 類型修改成了原子變數，原子變數的讀寫使用了 std::memory_order_relaxed 選項，該選項的意思是僅需要確保變數的原子性即可，不需要施加其他限制，如不允許指令重排序等，因為我們已經用 acquire-release 語義確保了這一點。

　　注意，當涉及多執行緒讀寫共用變數時，如果你的用法和這裡的 is_enemy_coming 一樣，那麼你幾乎總應該將其宣告為原子變數，防止其他執行緒看到變數被修改的中間狀態。

　　現在是時候看看各類 CPU 有哪些差異了。

5.4.6　不同的 CPU，不同的秉性

　　在本節我們見識到了各種指令重排序：LoadLoad、LoadStore、StoreStore 與 StoreLoad，然而並不是所有類型的 CPU 都會有這些指令重排序。

　　不同架構的指令重排序情況如圖 5.44 所示。

Type	Alpha	ARMv7	MIPS	RISC-V WMO	RISC-V TSO	PA-RISC	POWER	SPARC RMO	SPARC PSO	SPARC TSO	x86 [a]	AMD64	IA-64	z/Architecture
Loads can be reordered after loads	Y	Y		Y		Y	Y	Y					Y	
Loads can be reordered after stores	Y	Y		Y		Y	Y	Y					Y	
Stores can be reordered after stores	Y	Y		Y		Y	Y	Y	Y				Y	
Stores can be reordered after loads	Y	Y	depend on implementation	Y	Y	Y	Y	Y	Y	Y	Y	Y	Y	Y
Atomic can be reordered with loads	Y	Y		Y			Y	Y					Y	
Atomic can be reordered with stores	Y	Y		Y			Y	Y	Y				Y	
Dependent loads can be reordered	Y													
Incoherent instruction cache pipeline	Y	Y		Y	Y		Y	Y	Y	Y	Y		Y	

▲ 圖 5.44　不同架構的指令重排序情況（引自 wikipedia）

可以看到，在 Alpha、ARMv7 和 POWER 等系列 CPU 上你幾乎可以看到所有類型的指令重排序，因此這些平臺被稱為弱記憶體模型（Weak Memory Models）。

較為嚴苛的是 x86 平臺，在該平臺下僅有 StoreLoad 重排序，在 x86 下你不會見到 LoadLoad、LoadStore 和 StoreStore 重排序，也就是說 x86 附帶 acquire-release 語義。關於本節烽火戲諸侯的例子即使不增加 acquire-release 語義，在 x86 下也不會有問題，因此 x86 也被稱為強記憶體模型（Strong Memory Models）。

最有趣的是，圖 5.44 中所有類型的 CPU 都具有 StoreLoad 重排序，筆者也只能推測，也許在程式設計中我們幾乎不會相依 StoreLoad 這樣的順序一致性。

了解了不同類型的 CPU 重排序情況後，接下來一個重要問題就是，到底誰應該關心指令重排序？

5.4.7　誰應該關心指令重排序：無鎖程式設計

一句話，只有那些需要進行無鎖程式設計的讀者才需要關心指令重排序，當共用變數在沒有鎖的保護下被多個執行緒使用時會曝露這個問題，在其他情況下不需要關注這一點。

多執行緒程式設計時通常使用鎖來保護共用變數，但是持有鎖的執行緒被作業系統暫停後，所有其他需要鎖的執行緒都無法繼續向前推進，而無鎖程式設計可以確保無論作業系統以怎樣的順序排程，系統中都會有一個執行緒可以繼續向前推進，當系統具備這一特點時，我們才說這是無鎖的（Lock-free）。

舉例來說，本節周幽王執行緒與諸侯執行緒就是無鎖的，無論作業系統如何排程這兩個執行緒都會有一個執行緒能繼續向前推進，不存在如果一個執行緒被作業系統暫停，另一執行緒就會被阻塞而不能繼續執行的可能。

這裡還要提及的一點是，在進行有鎖程式設計時，鎖自動幫我們處理好了指令重排序這一問題，在臨界區內，鎖確保了這裡的程式不會跑到臨界區之外執行，如圖 5.45 所示。

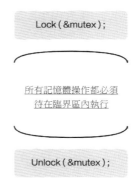

▲ 圖 5.45 鎖幫我們處理好了指令重排序這一問題

　　你可能會想無鎖程式設計聽上去好像比有鎖程式設計更加高效，但實際並不是這樣的。

5.4.8 有鎖程式設計 vs 無鎖程式設計

　　我們先來看一下系統中常用的鎖。

　　多執行緒程式設計下通常使用互斥鎖來保護共用資源，同一時刻最多可以有一個執行緒持有互斥鎖，當該鎖被佔用後，其他請求該鎖的執行緒會被作業系統暫停等待，直到佔用該鎖的執行緒將其釋放為止。

　　除此之外還有一類鎖，當該鎖被佔用後其他請求鎖的執行緒會迴圈不斷檢測鎖是否被釋放，此時請求鎖的執行緒不會被作業系統暫停，因此這被稱為迴旋鎖。

　　以上兩種都是有鎖程式設計，有鎖程式設計最大的特點是當鎖被佔用時其他請求鎖的執行緒必須原地等待，無論是被作業系統暫停還是迴圈不斷檢測，這些執行緒都不能繼續向前推進。

　　無鎖程式設計是指當共用資源被某個執行緒使用時，其他也需要使用該共用資源的執行緒，不會像請求使用互斥鎖的執行緒那樣被作業系統暫停等待，也不會像使用迴旋鎖的執行緒那樣陷入迴圈原地等待，而是在檢測（通常利用

原子操作進行檢測）到共用資源被使用時轉而去處理其他有用的事情，這是有鎖與無鎖最大的區別。

　　從這裡可以看出，無鎖程式設計並不是用來提高系統性能的，它的價值就在於使執行緒始終有事可做，這對即時性要求較高的系統來說是很重要的，但無鎖程式設計需要處理很多複雜的資源競爭問題和 ABA 問題，相比有鎖程式設計來說在程式實現上也更加複雜。但如果某些場景非常簡單，則使用少量原子操作即可實現，這時無鎖程式設計的性能可能會更好。

　　因此，大部分場景下簡單的有鎖程式設計更可能是程式設計師的首選，但要注意鎖要保護的臨界區不能過大。此外，當競爭激烈時互斥鎖帶來的上下文切換銷耗也會增加。

5.4.9　關於指令重排序的爭議

　　如果你能讀到這裡（希望如此）就會明白重排序問題是比較「燒腦」的，肯定也會有讀者質疑，設計 CPU 的硬體工程師一定要把指令重排序這種問題推給軟體工程師讓他們用記憶體屏障來保證程式的正確性嗎？

　　從硬體工程師的角度來講，指令重排序的確有助提高 CPU 性能，但從軟體工程師的角度來講，如 Linus 認為指令重排序問題是很難的，是一大類 bug 的主要誘因，因此在硬體內部解決掉要比用軟體來解決更好，當然，前提是不能影響 CPU 的性能。

　　指令重排序這個問題最終會怎樣，筆者也沒有答案，但這裡的講解至少會讓那些工作在層層抽象之上享受歲月靜好的程式設計師更珍惜當下，而那些工作在底層的程式設計師將不得不面對硬體醜陋的一面。但硬體也是一直在演變進化的，也許在將來的一天，硬體足夠智慧。本節講解的各種技術無論是硬體的還是軟體的都將成為歷史，到那時，記憶體屏障這個詞可能只會存在於一部分程式設計師的記憶裡。

　　這一節講解的內容可能有點複雜，如果你不需要面對無鎖程式設計，那麼可以選擇忘掉這一節的內容，回到讀這一節之前的美好時光裡：簡單地認為

CPU 就是按照程式設計師撰寫程式的順序在執行指令就好。如果你還想記住點什麼，那麼筆者希望就是以下幾句話：

（1）為了性能，CPU 並不一定嚴格按照程式設計師寫程式的循序執行機器指令。

（2）如果程式是單執行緒的，那麼無論如何程式設計師都看不到指令的亂數執行，因此單執行緒程式不需要關心指令重排序問題。

（3）記憶體屏障的目的就是確保某個核心執行指令的順序在其他核心看來與程式順序是一致的。

（4）如果你的場景不涉及多執行緒無鎖程式設計，那麼不需要關心指令重排序問題。

5.5 總結

從馮·諾依曼架構來看，電腦模型本不需要 cache，只要有可以執行指令的處理器、儲存指令和資料的記憶體，再加上 I/O 裝置即可組成功能完備的電腦。電腦先驅，如馮·諾依曼等在將電腦從理論變為現實的過程中大機率也沒有想過要在處理器和記憶體之間增加一層 cache，從理論上講 cache 是沒有必要的。

但人們在後來的實踐中發現，CPU 與記憶體之間的速度差異巨大，增加 cache 對提升電腦整體性能有很重要的作用，因此從工程的角度來看，cache 有相當重要的意義，以至於當今的 CPU 晶片內部有很大一部分空間留給了 cache，同時多核心、多執行緒再加上 cache 也給軟體設計帶來了一定的挑戰。

儘管大部分情況下我們都不需要關心 cache 的存在，但對那些對程式性能要求極為苛刻的場景來說，撰寫出對 cache 友善的程式也是不可忽視的，這裡的關鍵在於我們需要意識到：① cache 的容量是有限的，因此程式相依的資料越「聚焦」越好；②多核心間需要維護 cache 一致性，多執行緒程式設計時需要警惕 cache 乒乓問題，執行緒之間能不共用資料就儘量不共用資料，在不共用資料的

前提下也需要注意多執行緒頻繁存取的資料是否會落在同一個 cache line 上，如果是的話，則將會可能帶來錯誤分享問題，錯誤分享依然會導致cache乒乓問題。再次強調，只有當你透過分析工具判定 cache 命中率成為系統性能瓶頸時，才需要進行一系列有針對性的最佳化，還要記住「過早最佳化是萬惡之源」。

最後，我們講解了有趣的指令重排序問題，這可以透過增加記憶體屏障來解決，但除非我們需要進行多執行緒無鎖程式設計，否則也不需要關心這個問題。

本章的內容就是這些，時間總是過得飛快，很快我們就要來到本次旅行的最後一站啦，既然已經了解了 CPU、記憶體和 cache，接下來我們去看看電腦的 I/O。

第**6**章

電腦怎麼能少得了 I/O

人與電腦對話模式的變革往往催生新的產業形態。

圖形互動介面的發明讓電腦這種以往只有少數專業科學研究人員才能使用的機器走入大眾的生活,並成為人們生活不可分割的一部分,催生出了電腦產業;用人類的手指透過觸控式螢幕直接控制手機的對話模式催生出了行動網際網路產業,現在我們只要簡單地拿出手機點幾下就能買東西、叫外賣、坐計程車等,這極大地方便了我們的生活,更不用說當下流行的可穿戴裝置,如 VR、AR 等。這裡的互動其實就是指計算裝置的輸入與輸出(Input/Output,I/O),電腦必須具備一定的 I/O 能力,這樣使用者才能使用它;而對我們來說更感興趣的則是 I/O 的實現原理,以及作為程式設計師該如何高效率地用程式處理 I/O。

歡迎來到本次旅行的最後一站,在這裡我們將從底層開始,以從硬體到軟體的順序了解 I/O 與 CPU、作業系統及處理程式之間的連結,最後再講解兩種高級 I/O 技術。

首先我們來看 I/O 在底層是如何實現的。

6.1 CPU 是如何處理 I/O 操作的

使用者可以透過敲擊鍵盤輸入資訊給電腦，用滑鼠移動箭頭來指揮電腦、最佳化螢幕把互動介面資訊呈現出來，讓使用者能直接感受到電腦，這些都是站在使用者的角度來看待外部設備的，作為程式設計師我們該怎樣理解裝置呢？

就像 CPU 內部有暫存器一樣，裝置也有自己的暫存器——裝置暫存器（Device Register）。

CPU 中的暫存器可以臨時儲存從記憶體中讀取到的資料或儲存 CPU 計算的中間結果，而裝置暫存器中存放的則是與裝置相關的一些資訊，主要有以下兩類暫存器。

（1）存放資料的暫存器：如果使用者按下鍵盤的按鍵，資訊就會存放在這類暫存器中。

（2）存放控制資訊及狀態資訊的暫存器：透過讀寫這類暫存器可以對裝置進行控制或查看裝置狀態。

因此，從程式設計師角度來看，裝置在底層無非就是一堆暫存器而已，獲取裝置產生的資料或對裝置進行控制都是透過讀寫這些暫存器來完成的。

現在的問題是怎麼去讀寫裝置暫存器呢？很簡單，就是透過我們熟悉的機器指令。那麼又該怎樣設計這些機器指令呢？

6.1.1　專事專辦：I/O 機器指令

想一想 CPU 內部的常見操作，如算術計算、跳躍、記憶體讀寫等都有特定的機器指令，自然地，我們也可以設計出特定的機器指令來專門讀寫裝置暫存器，這類特定的機器指令就是 I/O 指令，如 x86 中的 IN 和 OUT 機器指令。

但現在還有一個問題沒有解決，我們怎麼知道該去讀寫哪個裝置暫存器呢？原來，在這種實現方案下裝置會被指定唯一的位址，I/O 指令中會指明裝置的位址，這樣 CPU 發出 I/O 指令後硬體電路就知道該去讀寫哪個裝置暫存器了。

除了設計特定的 I/O 機器指令，還有其他操作裝置的方法嗎？

實際上仔細想想，從 CPU 的角度來看，記憶體也能算得上一個「外部設備」，讀寫記憶體有特定的指令，如精簡指令集下的 LAOD/STORE 指令。我們能不能像讀寫記憶體一樣簡單地讀寫裝置暫存器呢？

儘管該設計看上去不錯，但這裡有一個問題，也就是當 CPU 發出一行 LOAD/STORE 指令後，這行指令到底是要讀寫記憶體還是要讀寫裝置暫存器呢？

6.1.2　記憶體映射 I/O

顯然，透過 LOAD/STORE 指令本身我們是沒有辦法區分到底是要讀寫記憶體還是要讀寫裝置暫存器的，只能從 LOAD/STORE 指令所攜帶的資訊去著手了。

LOAD/STORE 指令攜帶了什麼資訊呢？

顯然是記憶體位址，更確切地說是記憶體位址空間（Memory Address Space）。

一定要注意，記憶體位址空間和真實的記憶體位址其實是兩個不同的概念。從機器指令的角度來說，CPU 看到的是位址空間，CPU 只知道要從位址空間中的某個位址獲取資料，至於該位址的資料是從什麼地方來的 CPU 不需要關心。

因此，我們可以把位址空間中的一部分分配給裝置。

假設我們的位址空間是 8 位的，那麼二進位的位址範圍就是 00000000
~11111111，可以把其中的 00000000~11101111 分配給記憶體，把 11110000~
11111111 分配給裝置，如圖 6.1 所示。

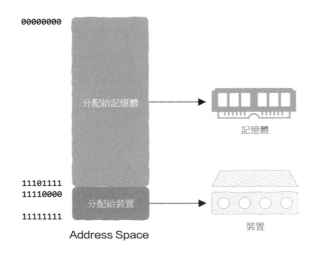

▲ 圖 6.1 記憶體映射 I/O

假設此時 CPU 要執行一筆資料載入指令，該指令指定要從位址 0xf2 中讀取
資料，0xf2 的二進位為 11110010，CPU 執行這行指令時內部的硬體邏輯檢測該
指令所攜帶的位址資訊，如果前四位都是 1，那麼該指令將作用於裝置，否則這
就是一行普通的記憶體讀取指令。在這個範例中 11110010 前四位都是 1，因此
這實際上是一行 I/O 指令。

這種把位址空間的一部分分配給裝置，從而可以像讀寫記憶體那樣操作裝
置的方法就是記憶體映射 I/O。

因此，在電腦的底層，本質上有兩種 I/O 實現方法：一種是用特定的 I/O 機
器指令；另一種是重複使用記憶體讀寫指令，但把位址空間的一部分分配給裝
置。

現在 CPU 實現 I/O 操作的方法都有了，可以開始寫程式啦！

6.1.3　CPU 讀寫鍵盤的本質

我們以獲取鍵盤資訊為例來講解。

假設我們採用記憶體映射 I/O 方案，鍵盤的暫存器映射到了位址空間中的 0xFE00，那麼 CPU 讀取鍵盤的機器指令就可以這樣寫：

```
Load R1 0xFE00
```

把位址 0xFE00 中的值載入到 CPU 暫存器中，從這行指令我們就能看到 CPU 是如何從鍵盤中獲取資料的。

不管上層封裝得多麼複雜，CPU 真正去讀取鍵盤資料時只需要這一行指令就可以了，這就是 CPU 讀取鍵盤資料的本質所在，現在你應該明白這個問題了吧？

我們知道怎樣讀取鍵盤資料了，但問題是使用者什麼時候敲鍵盤是不確定的，我們怎麼知道該在什麼時候去讀取資料呢？

在回答該問題前我們先來看一道簡單的計算題。

現代 CPU 主頻通常為 2~3GHz，我們假設 CPU 主頻為 2GHz，這表示一個時鐘週期僅需要 0.5ns，注意是 ns，1s 等於 1000000000ns。

同時，我們假設一個時鐘週期執行一行機器指令，也就是說 CPU 執行一行機器指令僅需要 0.5ns，想一想 1s 內你能在鍵盤上最多敲出多少個字元。如果想匹配 CPU 的速度，那麼人類需要在 1s 內敲出 20 億字元，這顯然是不可能的。

也就是說，CPU 的工作規律和外部設備是非常不一樣的，大多數裝置是人來操作的，人在什麼時候去動滑鼠、敲鍵盤是不確定的。

因此，這裡的關鍵點在於，CPU 需要某種辦法獲取當前裝置的工作狀態，如是否有鍵盤按鍵資料到來、是否有滑鼠資料到來等，那麼 CPU 是怎麼知道裝置的工作狀態的呢？

這就是裝置狀態暫存器的作用，前文也提到過，透過讀取這類暫存器的值，CPU 就能知道裝置當前是否讀取、是否寫入。

解決了這一問題後就可以繼續寫程式了，我們先來看最簡單的辦法。

6.1.4 輪詢：一遍遍地檢查

你應該也能想到，我們可以不斷地去檢測裝置狀態暫存器，如果鍵盤被按下就將該鍵盤上的字元讀取出來，否則就繼續檢測。

在 6.1.3 節我們看到了利用 Load 機器指令可以讀取 CPU 暫存器中的值，接下來假設有一行叫作 BLZ 的分支跳躍指令，這行指令的作用是這樣的，如果上一行指令的結果為 0，那麼跳躍到指定位置。此外，還有這樣一行指令——BL，其作用是無條件跳躍到指定位置。現在，假設鍵盤中儲存按鍵資料的暫存器被映射到了位址空間中的 0xFE01 位置，狀態暫存器被映射到了位址空間中的 0xFE00 位置。有了這些準備工作，我們就可以寫程式了：

```
START
    Load   R1 0xFE00
    BLZ    START
    Load   R0 0xFE01
    BL     OTHER_TASK
```

這段程式非常簡單，Load R1 0xFE00 這行程式讀取鍵盤此時的狀態。BLZ START 這行程式的意思是，如果此時鍵盤狀態暫存器的值是 0，也就是還沒有人按鍵，那麼將跳躍到起始位置重新檢測鍵盤此時的狀態，因此這裡本質上就是一個迴圈。

如果有人按鍵，那麼此時狀態暫存器的值為 1，則 Load R0 0xFE01 這行指令開始執行，此時讀取鍵盤資料並將其存放在暫存器 R0 上，此後無條件跳躍到其他任務。

這段程式如果翻譯為高階語言就是這樣的：

```
while( 沒人按鍵 ) {
  ;
}
讀取鍵盤資料
```

這種 I/O 實現方式非常形象地被稱為輪詢（Polling）。

有的讀者可能一眼就能看出 Polling 這種 I/O 實現方式是有問題的，如果使用者一直沒有按鍵，那麼 CPU 會一直在迴圈中空跑等待。

CPU 在空跑等待使用者按鍵的這段時間裡完全可以去執行其他有意義的機器指令，該怎麼改進 Polling 這種方案呢？

本質上輪詢是一種同步的設計方案，CPU 會一直等待直到有人按鍵為止，一種很自然的改進方法就是將同步改為非同步。將同步改為非同步是電腦科學中極為常用的一種最佳化方法，軟體也好硬體也罷都是通用的，我們見到過很多次了。

該怎樣將同步改為非同步呢？在此之前我們先來看一下快遞是如何接收的。

6.1.5 點外賣與中斷處理

假設你點完外賣後什麼也不想幹，只想一直盯著手機刷外賣小哥的位置資訊，那麼此時你和外賣訂單處理就是同步的。更好的辦法是你該幹什麼就幹什麼，外賣到了自然會通知你，這時你和外賣訂單處理就是非同步的，這在第 2 章已經講解過了。

假設你決定採用非同步方案，點完外賣後去愉快地玩遊戲，片刻後門鈴響起，你的外賣到了，由於此時接收外賣的優先順序要比玩遊戲高（否則你的中午飯就沒了），因此你不得不先暫停遊戲，起身去拿外賣，簽收後回來繼續玩遊戲。

這就是一個典型的中斷處理過程。

電腦系統中也有中斷處理機制，而且是一種很基礎的機制，如圖 6.2 所示。

當 CPU 正在愉快地執行某個處理程式的機器指令（玩遊戲）時，外部設備有某個事件產生，如網路卡中有新的資料到來需要 CPU 處理一下，此時外部設備發出中斷訊號（按門鈴），CPU 判斷當前正在執行任務的優先順序是否比該中斷高（玩遊戲 vs 午飯），如果高的話，則 CPU 暫停當前任務的執行轉而去處理中斷（簽收外賣），處理完中斷後再繼續當前任務。

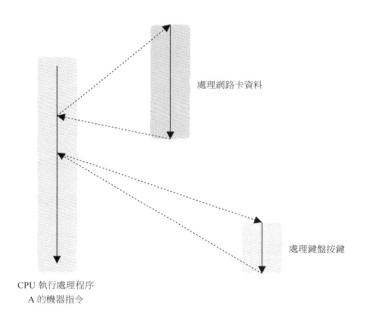

處理網路卡資料

處理鍵盤按鍵

CPU 執行處理程序
A 的機器指令

▲ 圖 6.2 中斷處理與返回

從這裡可以看出，我們的程式並不是一直在執行的，它隨時可能會被裝置中斷掉，只不過這個過程對程式設計師來說是透明的、不可見的，中斷處理與返回機制再配合作業系統給程式設計師提供了一種假像：讓其認為自己的程式一直在執行。

6.1.6 中斷驅動式 I/O

有了中斷機制，CPU 就不再傻傻地一直去問鍵盤「有沒有資料！有沒有資料！有沒有資料……」，而是該幹什麼就幹什麼，當有人按鍵後主動打斷 CPU：「Hey CPU，我這有剛被按下的新鮮資料，趕快取走吧！」

當 CPU 接收到該訊號後，放下正在處理的工作轉而讀取鍵盤資料，獲取資料後，繼續執行之前被中斷的任務。

CPU 執行的指令流看起來像這樣：

執行 A 程式的機器指令 n
執行 A 程式的機器指令 n+1
執行 A 程式的機器指令 n+2
執行 A 程式的機器指令 n+3
檢測到中斷訊號
儲存 A 程式的執行狀態
執行處理該中斷的機器指令 m
執行處理該中斷的機器指令 m+1
執行處理該中斷的機器指令 m+2
執行處理該中斷的機器指令 m+3
恢復 A 程式的執行狀態
執行 A 程式的機器指令 n+4
執行 A 程式的機器指令 n+5
執行 A 程式的機器指令 n+6
執行 A 程式的機器指令 n+7

從這種方案中可以看到，我們幾乎沒有浪費任何 CPU 時間，這顯然要比輪詢方案高效得多，只要裝置還沒有資料，CPU 就一直在執行其他有用的任務。

在這種方案下 CPU 實際上還是浪費了一些時間的，這部分時間主要用在了儲存和恢復 A 程式的執行狀態上：

儲存 A 程式的執行狀態
...
恢復 A 程式的執行狀態

在執行這兩項操作時系統中沒有任何一項任務能繼續向前推進，但這兩項操作又是有必要的，以確保 A 程式能夠在被打斷後重新恢復執行。

在 A 程式看來，CPU 執行的指令流是這樣的：

執行 A 程式的機器指令 n
執行 A 程式的機器指令 n+1
執行 A 程式的機器指令 n+2
執行 A 程式的機器指令 n+3
執行 A 程式的機器指令 n+4
執行 A 程式的機器指令 n+5
執行 A 程式的機器指令 n+6
執行 A 程式的機器指令 n+7

在 A 程式看來，CPU 一直在執行自己的指令，就好像從來沒被中斷過一樣，這就是儲存和恢復 A 程式執行狀態的意義所在。

以上這種非同步處理 I/O 的方法就是中斷驅動，該方法最早在 1954 年的 DYSEAC 系統上就出現了。

現在由同步的輪詢改成了非同步的中斷處理，還有兩個問題沒有解決：

（1）CPU 怎麼檢測到有中斷訊號呢？

（2）如何儲存並恢復被中斷程式的執行狀態呢？

我們一項一項地解決。

6.1.7 CPU 如何檢測中斷訊號

在前面的章節中我們講到過，CPU 執行機器指令的過程可以被分為幾個典型的階段，如取指、解碼、執行、回寫，現在不一樣了，CPU 在最後一個階段需要去檢測是否有硬體產生中斷訊號。

如果沒有，那麼一切正常，CPU 將開始執行下一行機器指令；如果檢測到訊號，那麼說明某個裝置出現了需要 CPU 處理的事件，此時必須決定要不要處理該事件，這涉及優先順序問題，就好比當前 CPU 正在執行你在忙裡偷閒時玩

的紙牌遊戲程式，而發出中斷訊號的是核彈預警雷達，這時 CPU 必須暫停執行你的遊戲轉而去處理中斷，但如果中斷訊號的優先順序沒有當前正在執行的程式高，那麼也可以選擇不處理。接下來我們看如何處理中斷。

處理中斷時首先需要將被中斷任務的狀態儲存起來，然後 CPU 跳躍到中斷處理函式起始位置開始執行指令（中斷處理函式），在處理完中斷後再跳躍回來繼續執行被中斷的任務，如圖 6.3 所示。

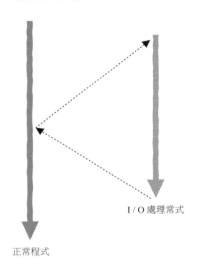

I/O 處理常式

正常程式

▲ 圖 6.3 中斷處理與返回

有的讀者可能會有疑問，這與普通的函式呼叫有什麼區別嗎？

6.1.8 中斷處理與函式呼叫的區別

中斷處理的確與普通的函式呼叫很相似，都涉及跳躍及返回，這一點是相同的（注意，這裡只考慮使用者態的函式呼叫）。

從第 3 章的講解中我們知道，函式呼叫前要儲存返回位址、部分通用暫存器的值和參數等資訊，但也僅限於此，而跳躍到中斷處理函式要儲存的絕不僅是這些資訊了。

　　根本原因在於不管是使用者態還是核心態，函式呼叫僅發生在單一執行緒內部，處在同一個執行串流中，而中斷處理跳躍則涉及兩個不同的執行串流，因此相比函式呼叫，中斷處理跳躍需要儲存的資訊也更多。

　　現在我們還需要解決最後一個問題，那就是如何儲存並恢復被中斷程式的執行狀態。實際上這個問題在 4.9 節的中斷處理部分講解過，這裡再細化一下，如果你已經有點記不清楚的話，那麼可以回去翻看一下。

6.1.9 儲存並恢復被中斷程式的執行狀態

　　讓我們來看一個稍微複雜一些的範例，如圖 6.4 所示。

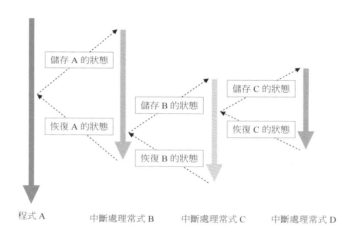

▲ 圖 6.4 中斷處理常式也可以被中斷

　　程式 A 在執行過程中被中斷，此時程式 A 被暫停執行，CPU 跳躍到中斷處理常式 B；CPU 在執行中斷處理常式 B 時也被中斷，此時中斷處理常式 B 被暫停，CPU 跳躍到中斷處理常式 C；當 CPU 在執行中斷處理常式 C 時又一次被中斷，此時中斷處理常式 C 被暫停，CPU 跳躍到中斷處理常式 D。

　　當中斷處理常式 D 執行完成後依次返回到程式 C、程式 B 和程式 A。注意觀察儲存狀態和恢復狀態的順序，先看儲存狀態的順序：

儲存程式 A 的狀態；
儲存程式 B 的狀態；
儲存程式 C 的狀態。

再看恢復狀態的順序：

恢復程式 C 的狀態；
恢復程式 B 的狀態；
恢復程式 A 的狀態。

從這裡我們可以看出，先儲存狀態的反而要後恢復狀態，這自然可以使用堆疊來實現，因此我們可以建立一個專用於儲存程式執行狀態的堆疊，當然該堆疊必須位於核心態，也就是說普通程式是無法看到和修改此堆疊的，只有當 CPU 進入核心態時才能操作此堆疊。

我們把上面的例子細化一下，假設本節開頭的範例在記憶體中的狀態如圖 6.5 所示。

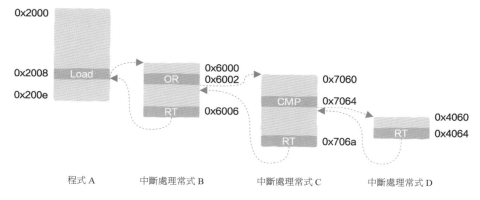

▲ 圖 6.5 中斷處理常式的跳躍與返回

假設當 CPU 執行位址 0x2008 上屬於程式 A 的 Load 指令後檢測到有中斷產生，此時 CPU 開始進入核心態，並將程式 A 下一行要執行的機器指令位址（假設是）0x2009 和程式 A 的狀態 push 到堆疊中，此時該堆疊的狀態如圖 6.6 所示。

儲存完程式 A 的所有必要資訊後，CPU 跳躍到程式 B，也就是跳躍到位址 0x6000，當 CPU 執行到位址 0x6002 屬於程式 B 的 OR 指令後，再次檢測到中斷產生，此時把要執行的下一行指令的位址（假設是）0x6003 和程式 B 的狀態 push 到堆疊中。此時該堆疊的狀態如圖 6.7 所示。

▲ 圖 6.6 跳躍到程式 B 時的堆疊狀態

▲ 圖 6.7 跳躍到程式 C 時的堆疊狀態

此後，這個策略就很清晰了，CPU 跳躍到程式 C，執行一段時間後再次被中斷，此時 CPU 要把下一行指令的位址和程式 C 的狀態 push 到堆疊中，如圖 6.8 所示。

▲ 圖 6.8 跳躍到程式 D 時的堆疊狀態

此後，CPU 跳躍到程式 D，終於，CPU 可以不被打斷地執行完該任務了。

注意，關鍵點來了，當 CPU 執行完程式 D 的最後一行 RT 指令後該怎麼辦呢？RT 指令的作用就是跳躍回被中斷的程式，該指令 pop 堆疊頂的資料，將其

恢復到 PC 暫存器及對應狀態暫存器，就這樣，當 CPU 執行完程式 D 的 RT 指令後 PC 暫存器中的值變為 0x7065，而這正是程式 C 接下來要執行的指令。

就這樣，程式 C 繼續執行，就好像從來沒被打斷過一樣，是不是很有趣？同樣，當程式 C 執行到最後一行 RT 指令時，從堆疊頂 pop 出資料，並將其恢復到 PC 暫存器中，這樣程式 B 繼續執行。當程式 B 執行到最後一行指令時，再次 pop 移出堆疊頂資料並將其恢復到 PC 暫存器，這樣程式 A 繼續執行。

這就是中斷處理的實現原理和堆疊的奇妙用處。

注意，本節說明的是 I/O 的底層實現原理，而裝置驅動和檔案系統等是在此基礎上進一步設計與封裝的。

既然現在你已經理解了兩種 I/O 處理方式——輪詢和中斷，與之前一樣，是時候把我們的目光從單純的 I/O 轉移出來了，看看它與 CPU、作業系統、磁碟這幾者之間又有哪些連結和巧妙的設計。

6.2　磁碟處理 I/O 時 CPU 在幹嘛

不賣關子先說答案：對現代電腦系統來說，其實磁碟處理 I/O 是不需要 CPU 參與的，在磁碟處理 I/O 請求的這段時間裡，CPU 會被作業系統排程去執行其他有用的工作，CPU 也許在執行其他執行緒，也許在核心態忙著執行核心程式，也許閒置著。

假設 CPU 開始執行的是執行緒 1，執行一段時間後發起涉及磁碟的 I/O 請求，如讀取檔案等，磁碟 I/O 相比 CPU 速度是非常慢的，因此在該 I/O 請求尚未處理完之前執行緒 1 無法繼續向前推進，此時操作暫停執行緒 1 的執行，將 CPU 分配給了處於就緒狀態的執行緒 2，這樣執行緒 2 開始執行，磁碟開始處理執行緒 1 發起的 I/O 請求。注意，在這段時間內 CPU 和磁碟都在獨立處理自己的事情，當磁碟處理完 I/O 請求後 CPU 繼續執行執行緒 1。

可以看到，磁碟處理 I/O 與 CPU 執行任務是兩個獨立的事情，互不相依，可以平行處理，如圖 6.9 所示。

▲ 圖 6.9 當執行緒發起磁碟 I/O 請求後被暫停，其他執行緒開始執行

為什麼磁碟處理 I/O 請求全程都不需要 CPU 參與呢？

要想理解這個問題你需要了解裝置控制器、DMA 和中斷。

接下來我們一一講解。首先來看裝置控制器。

6.2.1 裝置控制器

對於 I/O 裝置，如磁碟，如圖 6.10 所示，大體上可以將其劃分為兩部分。其中一部分是機械部分。

▲ 圖 6.10 磁碟

從圖 6.10 中我們可以看到磁頭、磁柱等，當有 I/O 請求到來時，需要讀取的資料可能並沒有位於磁頭所在的磁軌上，這時磁頭需要移動到具體的磁軌上去，這個過程叫作尋軌（seek），這是磁碟 I/O 中非常耗時的操作，原因很簡單，因為這是機械器件，相對 CPU 的速度來說是極其緩慢的。

除了看得見、摸得著的機械部分，另一部分就是電子部分。

電子部分是電子化的，被稱為裝置控制器（Device Controller）。

還是以磁碟為例，最初電子部分的職責非常簡單，但現在電子部分儼然已經變成一個微型的計算系統了，具備自己的微處理器和軟體，可以在沒有 CPU 協助的情況下完成複雜操作，同時有自己的 buffer 或暫存器，用來存放從裝置中讀取的資料或要準備寫入裝置中的資料。

注意，不要把裝置控制器和裝置驅動混淆，我們常說的裝置驅動（Device Driver）是一段屬於作業系統的程式，而裝置控制器可以視為硬體，其作用是接收來自裝置驅動的命令並以此控制外部設備，如圖 6.11 所示。

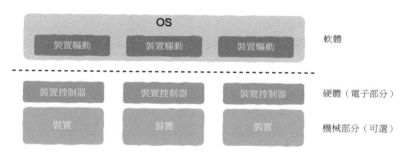

▲ 圖 6.11 OS、裝置控制器與裝置

可以認為裝置控制器是一座橋樑，架設起了作業系統（裝置驅動）和外部設備，裝置控制器越來越複雜，目的之一就是解放 CPU。

6.2.2 CPU 應該親自複製資料嗎

雖然現在裝置控制器有一定的獨立自主能力，接收到命令後可以自行處理任務，如把資料從磁碟讀取到自己的 buffer 中，但是此後 CPU 應該親自執行資料傳輸指令把裝置控制器 buffer 中的資料複製到記憶體中嗎？

答案是否定的，如圖 6.12 所示。

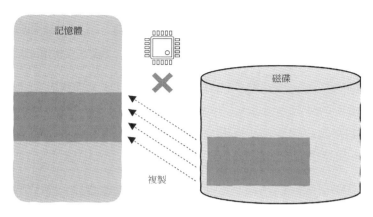

▲ 圖 6.12 CPU 應該去執行更有用的任務

對 CPU 來說，親自複製資料是一件極其浪費運算資源的事情，CPU 時間是非常寶貴的，不應該浪費在資料複製這樣的事情上。

雖然 CPU 不應該去幹這些髒活累活，但資料總是要在裝置和記憶體之間傳輸的，因此總要有人來完成這項任務。

為此，聰明的人類設計了一種機制，可以在沒有 CPU 參與的情況下直接在裝置和記憶體之間傳輸資料，這種機制有一種很直觀的名稱——直接記憶體存取（Direct Memory Access，DMA）。

到目前為止，我們已經了解了兩種在 I/O 裝置與記憶體之間傳輸資料的機制，即輪詢與中斷，DMA 是第三種。

6.2.3 直接記憶體存取：DMA

其實從磁碟往記憶體讀取資料就好比遠洋貿易，貨物漂洋過海一路被慢悠悠地運到港口後需要轉運到具體的工廠，CPU 可以親自把貨物從港口運到工廠，但 CPU 太重要了，讓 CPU 去完成這麼沒有技術含量的工作就是浪費。CPU 要做的事就是待在辦公室裡下達命令，指揮手下的人去做事，這個負責在記憶體與外部設備之間搬運資料的傢伙就是 DMA。

　　因此，我們可以看到 DMA 這種機制目的非常明確：不需要 CPU 的介入，直接在裝置與記憶體之間傳輸資料，如圖 6.13 所示。

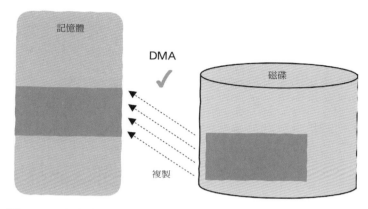

▲ 圖 6.13　不需要 CPU 的介入，直接在裝置與記憶體之間傳輸資料

　　接下來，我們簡單看一下 DMA 的工作過程。

　　首先，雖然 CPU 不需要親自去做資料複製的事情，但 CPU 必須下達指令告知 DMA 該怎樣去複製資料，是把資料從記憶體寫入裝置還是把資料從裝置讀取到記憶體中？讀寫多少資料？從哪塊記憶體開始讀寫？從哪個裝置讀寫資料？這些資訊必須告訴 DMA，此後 DMA 才能開展工作。

　　DMA 在明確自己的工作目標後，開始進行匯流排仲裁，也就是申請對匯流排的使用權，此後開始操作裝置。假設我們從磁碟中讀取資料，當資料讀取裝置控制器的 buffer 後 DMA 開始將這些資料寫入指定的記憶體位址，這樣就完成了一次資料複製工作。

　　從記憶體向裝置寫入資料的過程也類似。

　　實際上，DMA 接管了部分原本屬於 CPU 的工作，如圖 6.14 所示。

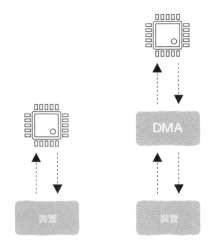

▲ 圖 6.14 DMA 接管了部分原本屬於 CPU 的工作

從這裡我們可以看出，在裝置與記憶體之間傳輸資料的整個過程中 CPU 很少參與。

當然，天下沒有免費的午餐，在電腦世界中尤其如此。DMA 在解放 CPU 的同時也帶來一定的麻煩，對什麼樣的系統會帶來麻煩呢？答案是支援虛擬記憶體和帶有 cache 的系統。

關於虛擬記憶體，我們已經在之前的章節中多次提到過；關於 cache，就是指 CPU 與記憶體之間的 cache，我們在第 5 章講解過。

對支援虛擬記憶體的系統來說，其實有兩套記憶體位址，一套是虛擬位址，另一套是實體記憶體位址。以從裝置讀取資料寫入記憶體為例，對 DMA 來說到底是把讀取到的資料寫入虛擬位址還是實體記憶體位址呢？一種解決辦法是作業系統為 DMA 提供必要的虛擬位址到物理位址的映射資訊，這樣 DMA 就可以直接基於虛擬位址進行資料傳輸了。

此外，對於有 cache 的系統，如 CPU 中的 L1 cache、L2 cache 等，記憶體中的資料可能有兩份：一份在記憶體中；另一份在 cache 中。關鍵在於這兩份資料並不是時刻都相同的，如圖 6.15 所示。

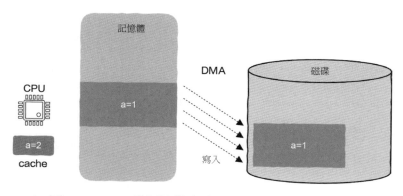

▲ 圖 6.15　DMA 從記憶體中讀取到的資料不一定是最新的

假設在某一時刻變數 a 由 1 被修改為 2，並更新到 cache 中，但變數 a 的最新值還沒有來得及更新到記憶體中，此時 DMA 需要將變數 a 從記憶體中讀取後寫入裝置，在這個時刻 DMA 寫入的就不是變數 a 的最新值了。這又是一類一致性問題，該問題的一種解決方法是立即將對應 cache 中的資料更新到記憶體中，以確保不會出現一致性問題。

現在，我們可以獨立自主地在裝置和記憶體之間傳輸資料了，還有最後一個問題，CPU 怎麼知道資料傳輸是否完成了呢？

很簡單，當 DMA 完成資料傳輸後就利用 6.1 節講解的中斷機制來通知 CPU。

現在就可以回答本節開頭提出的問題了。

6.2.4 Put Together

當 CPU 執行的執行緒 1 利用系統呼叫發起 I/O 請求後，作業系統暫停執行緒 1 的執行，並將 CPU 分配給執行緒 2，這樣執行緒 2 開始執行。

此時磁碟開始工作，在資料準備就緒後以 DMA 機制直接為基礎在裝置與記憶體之間傳輸資料，當資料傳輸完畢後利用中斷機制通知 CPU，CPU 暫停執行

緒 2 的執行轉而去處理該中斷。此時作業系統發現執行緒 1 發起的 I/O 請求已經
處理完成，因此決定把 CPU 再次分配給執行緒 1，這樣執行緒 1 從上一次被暫
停的位置繼續執行下去。

這裡的關鍵在於，當磁碟在處理 I/O 請求時 CPU 並沒有原地等待，而是在
作業系統的排程下去執行執行緒 2，如圖 6.16 所示。

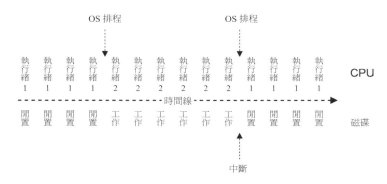

▲ 圖 6.16 在作業系統的排程下充分利用 CPU 資源

從這個過程中我們可以看到，得益於作業系統、裝置、DMA 和中斷等軟體
和硬體的精密配合，電腦系統的資源獲得了最大限度的利用，整個過程非常高
效。

6.2.5 對程式設計師的啟示

從同步、非同步的角度來看，磁碟處理 I/O 請求相對 CPU 執行機器指令來
說實際上是非同步的，當磁碟處理 I/O 請求時 CPU 在忙自己的事情。

從軟體的角度來講，我們可以把磁碟處理 I/O 請求看成一個單獨的執行緒，
把 CPU 執行機器指令也看成一個單獨的執行緒，當 CPU 執行緒發起 I/O 請求後
直接建立磁碟執行緒去處理該任務。此後 CPU 執行緒該幹什麼就幹什麼，CPU
執行緒與磁碟執行緒開始平行處理執行。當磁碟執行完 I/O 請求後通知 CPU
執行緒，這樣 CPU 執行緒和磁碟執行緒也是非同步的。

可以看到，不管對軟體還是對硬體來說，高效的秘訣之一就在於非同步（到目前為止我們已經見到過多次了），也就是「不相依」，或「解耦」，只有相對獨立才能更高效率地利用系統資源（前提是配合高效的排程）。用軟體的類比理解硬體如圖 6.17 所示。

6.1 節和 6.2 節主要講解電腦底層的 I/O 處理機制，我們了解了 CPU、磁碟和作業系統是如何互動的，然而對程式設計師來說可能更感興趣的是程式如何讀取檔案這種抽象層次更高一點的問題，因此接下來我們的角度從底層轉移到程式設計上來，看一下程式是如何讀取檔案的。

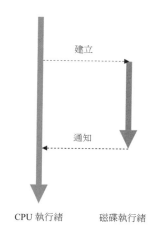

建立

通知

CPU 執行緒　　　磁碟執行緒

▲ 圖 6.17　用軟體的類比理解硬體

6.3　讀取檔案時程式經歷了什麼

相信對程式設計師來說 I/O 操作是最熟悉不過的。

當我們使用 C 語言中的 printf、C++ 中的「<<」、Python 中的 print、Java 中的 System. out.println 等時，這是 I/O；當我們使用各種程式語言讀寫檔案時，這也是 I/O；當我們透過 TCP/IP 進行網路通訊時，這還是 I/O；當我們移動滑鼠、敲擊鍵盤在評論區裡指點江山抑或埋頭苦幹努力製造 bug 時，當我們能在螢幕上看到漂亮的圖形介面時，等等，這一切都是 I/O。

想一想，沒有 I/O 能力的電腦該是一種多麼枯燥的裝置，不能看電影，不能玩遊戲，也不能上網，這樣的電腦最多就是一個大號的計算機。

既然 I/O 這麼重要，那麼從記憶體的角度來看，什麼才是 I/O 呢？

6.3.1 從記憶體的角度看 I/O

從記憶體的角度看，I/O 就是簡單的資料拷貝，僅此而已。

那麼拷貝資料又是從哪裡拷貝到哪裡呢？如果資料是從外部設備拷貝到記憶體中的，那麼這就是 Input；如果資料是從記憶體拷貝到外部設備的，那麼這就是 Output。記憶體與外部設備之間來回地拷貝資料就是 Input/Output，簡稱 I/O，如圖 6.18 所示。

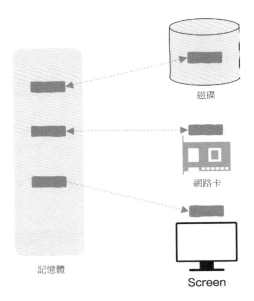

▲ 圖 6.18 記憶體與外部設備之間來回地拷貝資料就是 I/O

I/O 其實就是資料拷貝，以讀取檔案內容為例，資料又是如何從裝置拷貝到處理程式位址空間中的呢？

接下來，我們用一個範例來說明處理程式讀取檔案的整個過程，這和 6.2 節關於磁碟 I/O 的過程類似，只不過我們在這裡將從程式設計師的角度來講解，並把重點放在記憶體和處理程式的排程上。

6.3.2 read 函式是如何讀取檔案的

假設現在有一個單核心 CPU 系統，該系統中正在執行 A 和 B 兩個處理程式，當前處理程式 A 正在執行，如圖 6.19 所示。

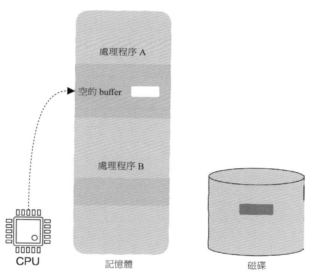

▲ 圖 6.19 處理程式 A 正在執行

處理程式 A 中有一段讀取檔案的程式，無論用什麼程式語言撰寫，通常我們都會先定義一個用來裝資料的 buffer，然後呼叫 read 之類的函式，像這樣：

```
char buffer[LEN];
read(buffer);
```

這就是一種典型的 I/O 操作，該函式在底層需要透過系統呼叫向作業系統發起檔案讀取請求，該請求在核心中會被轉為磁碟能理解的命令並發送給磁碟。

與 CPU 執行指令的速度相比,磁碟 I/O 是非常慢的,因此作業系統不會把寶貴的運算資源浪費在無謂的等待上,這時重點來了。

由於外部設備執行 I/O 操作是相當慢的,因此在 I/O 操作完成之前處理程式無法繼續向前推進,這就是第 3 章講解過的阻塞。作業系統暫停當前處理程式的執行並將其放到 I/O 阻塞佇列中,如圖 6.20 所示(注意,不同的作業系統會有不同的實現,但這種實現細節上的差異不影響我們的討論)。

這時作業系統已經向磁碟發起了 I/O 請求,磁碟開始工作,並利用 6.2 節講解的 DMA 機制將資料拷貝到某一塊記憶體中,這塊記憶體就是呼叫 read 函式時傳入的 buffer,這個過程如圖 6.21 所示。

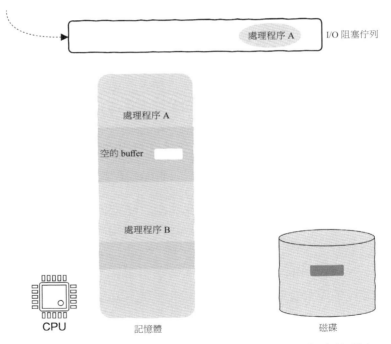

▲ 圖 6.20 處理程式 A 被暫停執行並被放到 I/O 阻塞佇列中

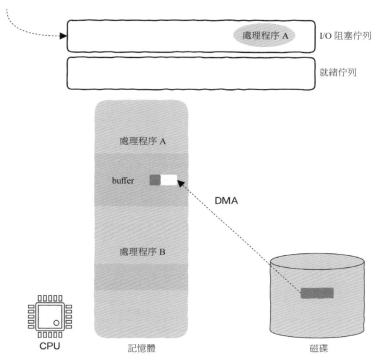

▲ 圖 6.21 把磁碟資料寫入記憶體

讓磁碟先忙著，我們接著看作業系統。

實際上，作業系統中除了有阻塞佇列還有就緒佇列。就緒佇列是指佇列裡的處理程式具備了重新執行的條件。你可能會問為什麼不直接執行它們而非要有個就緒佇列呢？答案很簡單，因為「僧多粥少」，在即使只有單核心的機器上也可以建立出成千上萬個處理程式，CPU 核心數可不會有這麼多，因此必然存在這樣的處理程式：即使其準備就緒也不會被立刻分配到 CPU，這樣的處理程式就被放到了就緒佇列。

現在處理程式 B 就被放到了就緒佇列，萬事俱備只欠 CPU，如圖 6.22 所示。

當處理程式 A 發起阻塞式 I/O 請求被暫停執行後，CPU 是不可以閒下來的，因為就緒佇列中還有嗷嗷待哺的其他處理程式，這時作業系統開始在就緒佇列中找到下一個可以執行的處理程式，也就是這裡的處理程式 B。

　　此時作業系統將處理程式 B 從就緒佇列中取出，並把 CPU 分配給該處理程式，這樣處理程式 B 開始執行，如圖 6.23 所示。

　　注意觀察圖 6.23，此時處理程式 B 在被 CPU 執行，磁碟正在向處理程式 A 的記憶體空間中寫入資料，大家都在忙，誰都沒有在閒置著，在作業系統的排程下，CPU、磁碟都獲得了充分的利用。

　　現在你應該理解為什麼作業系統這麼重要了吧？

　　此後，磁碟終於將全部資料都拷貝到了處理程式 A 的記憶體中，這時磁碟向 CPU 發出中斷訊號，CPU 接收到中斷訊號後跳躍到中斷處理函式，此時我們發現磁碟 I/O 處理完畢，處理程式 A 重新獲得繼續執行的資格，這時作業系統小心翼翼地把處理程式 A 從 I/O 阻塞佇列取出後放到就緒佇列中，如圖 6.24 所示。

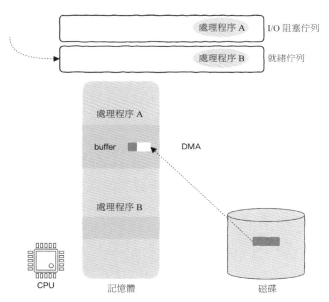

▲ 圖 6.22 處理程式 B 具備了執行條件

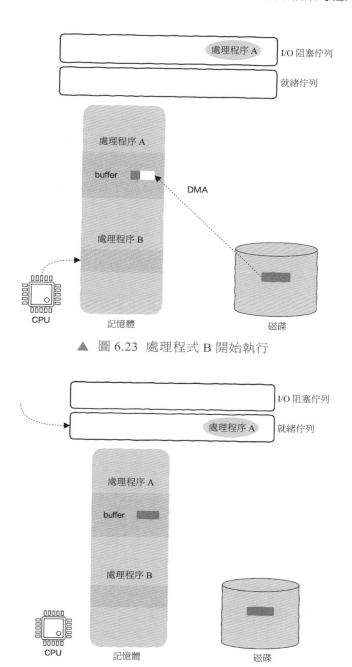

▲ 圖 6.23 處理程式 B 開始執行

▲ 圖 6.24 I/O 請求處理完畢後，處理程式 A 再次具備重新執行的條件

此時，作業系統需要決定把 CPU 分配給處理程式 A 還是處理程式 B，在這裡假設分配給處理程式 B 的 CPU 時間切片還沒有用完，因此作業系統決定讓處理程式 B 繼續執行。

此後處理程式 B 繼續執行，處理程式 A 繼續等待，處理程式 B 執行了一會兒後系統中的計時器發出計時器中斷訊號，CPU 跳躍到中斷處理函式，此時作業系統認為處理程式 B 執行的時間夠長了，因此暫停處理程式 B 的執行並將其放到就緒佇列，與此同時把處理程式 A 從就緒佇列中取出，並把 CPU 分配給它，這樣處理程式 A 得以繼續執行，如圖 6.25 所示。

注意，作業系統把處理程式 B 放到了就緒佇列，處理程式 B 被暫停執行僅是因為時間切片用完了而非因為發起阻塞式 I/O 請求被暫停執行。

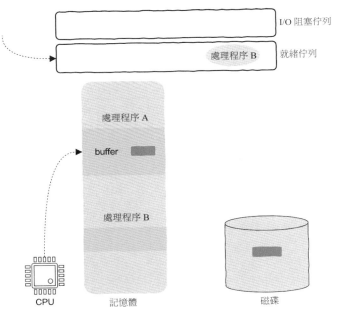

▲ 圖 6.25 處理程式 B 被暫停執行並被置於就緒佇列

這樣處理程式 A 繼續執行，此時的 buffer 中已經裝滿了程式設計師需要的資料，處理程式 A 就這樣愉快地執行下去了，就好像從來沒有被暫停過一樣，處理程式對於自己被暫停一事一無所知，這就是作業系統的魔法。

現在你應該明白了程式讀取檔案的過程了吧？

在本節我們認為檔案資料直接被拷貝到了處理程式位址空間中，但實際上，一般情況下 I/O 資料首先要被拷貝到作業系統內部，然後作業系統將其拷貝到處理程式位址空間中。因此我們可以看到這裡其實還有一層經過作業系統的拷貝，當然我們也可以繞過作業系統直接將資料拷貝到處理程式位址空間中，這就是零拷貝（Zero Copy）技術。

關於 I/O 的理論部分已經介紹的不少了，接下來我們轉向 I/O 應用，介紹兩種高級 I/O 技術：I/O 多工和 mmap。

首先來看第一種，I/O 多工。

6.4　高並行的秘訣：I/O 多工

程式設計師撰寫程式執行 I/O 操作最終都逃不過檔案這個概念。

在 UNIX/Linux 世界中，檔案是一個很簡單的概念，程式設計師只需要將其理解為一個 N 位元組的序列就可以了：

```
b1, b2, b3, b4, …, bN
```

實際上，所有的 I/O 裝置都被抽象為檔案這個概念，一切皆檔案（Everything is File），磁碟、網路資料、終端，甚至處理程式間通訊工具管道 pipe 等都被當成檔案對待。

所有的 I/O 操作也都可以透過檔案讀寫來實現，這一抽象可以讓程式設計師使用一 Socket 埠就能操作所有外部設備，如用 open 打開檔案、用 read/write 讀寫檔案、用 seek 改變讀寫位置、用 close 關閉檔案等，這就是檔案這個概念的強大之處。

6.4.1 檔案描述符號

6.3 節講到用 read 讀取檔案內容時程式是這樣寫的：

```
read(buffer);
```

這裡忽略了一個關鍵問題，那就是雖然指定了往 buffer 中寫入資料，但是該從哪裡讀取資料呢？

這裡缺少的就是檔案，該怎樣使用檔案呢？

大家都知道，週末在人氣高的餐廳就餐通常都需要排隊，然後服務生會給你一個排隊號碼，透過這個號碼服務生就能找到你，這裡的好處就是服務生不需要記住你是誰，你的名字是什麼，來自哪裡，喜好是什麼，等等，這裡的關鍵點就是服務生對你一無所知，但依然可以透過一個號碼找到你。

同樣地，在 UNIX/Linux 世界中要想使用檔案，我們也需要借助一個號碼，這個號碼就被稱為檔案描述符號（File Descriptors），其道理和上面那個排隊使用的號碼一樣，因此檔案描述符號僅就是一個數字而已。當打開檔案時核心會傳回給我們一個檔案描述符號，當進行檔案操作時我們需要把該檔案描述符號告訴核心，核心獲取到這個數字後就能找到該數字所對應檔案的一切資訊並完成檔案操作。

儘管外部設備千奇百怪，這些裝置在核心中的表示和處理方法也各不相同，但這些都不需要告知程式設計師，程式設計師需要知道的就只有檔案描述符號這個數字而已。使用檔案描述符號來處理 I/O 如圖 6.26 所示。

有了檔案描述符號，處理程式可以對檔案一無所知，如檔案是否儲存在磁碟上、儲存在磁碟的什麼位置、當前讀取到了哪裡等，這些資訊統統交由作業系統打理，處理程式不需要關心，程式設計師只需要針對檔案描述符號程式設計就足夠了。

因此，我們來完善之前的檔案讀取程式：

```
char buffer[LEN];

int fd = open(file_name); // 獲取檔案描述符號
read(fd, buffer);
```

怎麼樣，是不是非常簡單？

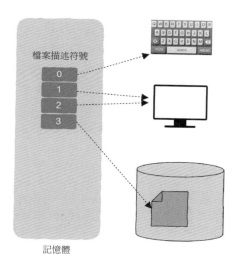

▲ 圖 6.26 使用檔案描述符號來處理 I/O

6.4.2 如何高效處理多個 I/O

經過了這麼多的鋪陳，終於來到高並行這一主題了，這裡的高並行主要是指伺服器可以同時處理很多使用者請求，現在的網路通訊多使用 socket 程式設計，這也離不開檔案描述符號。

如果你有一個 Web 伺服器，三次交握成功以後透過呼叫 accept 函式來獲取一個連結，呼叫該函式後我們同樣會得到一個檔案描述符號，透過這個檔案描述符號我們就可以和使用者端進行通訊了。

```
// 透過 accept 函式獲取使用者端的檔案描述符號
int conn_fd = accept(...);
```

伺服器的處理邏輯通常是先讀取使用者端請求資料，然後執行某些處理邏輯：

```
if(read(conn_fd, buff) > 0) {
  do_something(buff);
}
```

是不是非常簡單？

既然我們的主題是高並行，伺服器就不可能只和一個使用者端進行通訊了，而可能會同時和成千上萬個使用者端進行通訊，這時你需要處理的就不再是一個檔案描述符號這麼簡單，而有可能要處理成千上萬個檔案描述符號。

為簡單起見，現在我們假設該伺服器只需要同時處理兩個使用者端的請求，有的讀者可能會說，這還不容易，一個接一個地處理不就行了：

```
if(read(socket_fd1, buff) > 0) {
  // 處理第一個
  do_something();
}

if(read(socket_fd2, buff) > 0) {
  // 處理第二個
  do_something();
}
```

這裡的 read 函式通常是阻塞式 I/O，如果此時第一個使用者並沒有發送任何資料，那麼該程式所在執行緒會被阻塞而暫停執行，這時我們就無法處理第二個請求了。即使第二個使用者已經發出了請求資料，這對需要同時處理成千上萬個使用者端的伺服器來說也是不能容忍的。

聰明的你一定會想到使用多執行緒，為每個使用者端請求開啟一個執行緒，這樣即使某個執行緒被阻塞也不會影響到處理其他執行緒，但這種方法的問題在於隨著執行緒數量的增加，執行緒排程及切換的銷耗會增加，這顯然無法極佳地應對高並行場景。

這個問題該怎麼解決呢？這裡的關鍵點在於，我們事先並不知道一個檔案描述符號對應的 I/O 裝置是不是讀取的、是不是寫入的，在外部設備不讀取或不寫入的狀態下發起 I/O 請求只會導致執行緒被阻塞而暫停執行。

我們需要改變想法。

6.4.3　不要打電話給我，有必要我會打給你

大家在生活中肯定接到過推銷電話，而且肯定不止一個，這裡的關鍵點在於推銷員並不知道你是不是要買東西，只能一遍一遍地來問你，因此一種更好的策略是不要讓他們打電話給你，記下他們的電話，有需要的話打給他們，這樣推銷員就不會一遍一遍地來煩你了（雖然現實生活中這並不可能）。

在這個例子中，你就好比核心，推銷員就好比應用程式，電話號碼就好比檔案描述符號，推銷員與你用電話溝通就好比 I/O，處理多個檔案描述符號的更好方法其實就在於「不要總打電話給核心，有必要的話核心會通知應用程式」。

因此，相比 6.3 節中我們透過 read 函式主動問核心該檔案描述符號對應的檔案是否有資料讀取，一種更好的方法是，我們把這些感興趣的檔案描述符號一股腦扔給核心，並告訴核心「我這裡有 10 000 個檔案描述符號，你替我監視著它們，有可以讀寫的檔案描述符號時你就告訴我，我好處理」，而非一遍一遍地問「第一個檔案描述符號可以讀寫了嗎？」「第二個檔案描述符號可以讀寫嗎？」「第三個檔案描述符號可以讀寫了嗎？」

這樣應用程式就從繁忙的主動變成了清閒的被動——反正檔案描述符號讀取寫入時核心會通知我，能偷懶我才不要那麼勤奮。

這是一種方便程式設計師同時處理多個檔案描述符號的方法，這就是 I/O 多工（I/O multiplexing）技術。

6.4.4 I/O 多工

multiplexing 一詞其實多用於通訊領域，為充分利用通訊線路，希望在一個通道中傳輸多路訊號，為此需要將多路訊號組合為一路，對多路訊號進行組合的裝置被稱為多工器（multiplexer）。顯然接收方接收到訊號後要恢復原先的多路訊號，這個裝置被稱為分離器（demultiplexer），如圖 6.27 所示。

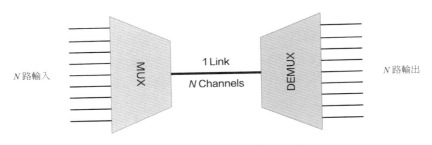

N 路輸入　　1 Link　　N Channels　　N 路輸出

▲ 圖 6.27 通訊領域中的 I/O 多工

回到我們的主題。

I/O 多工指的是這樣一個過程：

（1）我們獲得了一堆檔案描述符號，無論是與網路相關的，還是與檔案相關的，任何檔案描述符號都可以。

（2）透過呼叫某個函式告訴核心「這個函式你先不要返回，你替我監視著這些檔案描述符號，當其中有可以進行讀寫操作的檔案描述符號時你再返回」。

（3）該函式返回後我們即可獲取到具備讀寫條件的檔案描述符號，並進行對應的處理。

透過該技術我們可以一次處理多路 I/O，在 Linux 世界中使用 I/O 多工技術時有這樣三種方式：select、poll 和 epoll。

接下來，我們簡單介紹一下 I/O 多工技術三劍客。

6.4.5　三劍客：select、poll 與 epoll

　　本質上 select、poll、epoll 都是同步 I/O 多工技術，原因在於當呼叫這些函式時如果所需要監控的檔案描述符號都沒有我們感興趣的事件（如讀取、寫入等）出現時，那麼呼叫執行緒會被阻塞而暫停執行，直到有檔案描述符號產生這樣的事件時該函式才會返回。

　　在 select 這種 I/O 多工技術下，我們能監控的檔案描述符號集合是有限制的，通常不能超過 1024 個。從該技術的實現上看，當呼叫 select 時會將對應的處理程式（執行緒）放到被監控檔案的等待佇列中，此時處理程式（執行緒）會因呼叫 select 而阻塞暫停執行。當任何一個被監聽檔案描述符號出現讀取或寫入事件時，就喚醒對應的處理程式（執行緒）。這裡的問題是，當處理程式被喚醒後程式設計師並不知道到底是哪個檔案描述符號讀取或寫入，因此要想知道哪些檔案描述符號已經就緒就必須從頭到尾再檢查一遍，這是 select 在監控大量檔案描述符號時低效的根本原因。

　　poll 和 select 是非常相似的，poll 相對於 select 的最佳化僅在於解決了被監控檔案描述符號不能超過 1024 個的限制，poll 同樣會隨著監控檔案描述符號數量增加而出現性能下降的問題，無法極佳地應對高並行場景，為解決這一問題 epoll 應運而生。

　　epoll 解決問題的想法是在核心中建立必要的資料結構，該資料結構中比較重要的欄位是一個就緒檔案描述符號列表。當任何一個被監聽檔案描述符號出現我們感興趣的事件時，除了喚醒對應的處理程式，還會把就緒的檔案描述符號增加到就緒列表中，這樣處理程式（執行緒）被喚醒後可以直接獲取就緒檔案描述符號而不需要從頭到尾把所有檔案描述符號都遍歷一邊，非常高效。

　　實際上在 Linux 下，epoll 基本上就是高並行的代名詞，大量與網路相關的框架、函式庫等在其底層都能見到 epoll 的身影。

　　以上就是關於 I/O 多工的講解，接著我們來看另一種高級 I/O 技術——mmap。

6.5 mmap：像讀寫記憶體那樣操作檔案

對程式設計師來說，讀寫記憶體是一件非常自然的事情，但讀寫檔案對程式設計師來說就不那麼方便、不那麼自然了。

回想一下，你在程式中讀寫記憶體有多簡單，簡單定義一個陣列，為其賦值：

```
int a[100];
a[10] = 2;
```

看到了，這時你就在寫入記憶體，甚至在寫這段程式時你可能都沒有去想過寫入記憶體這件事。

再想想你是怎樣讀取檔案的：

```
char buf[1024];

int fd = open("/filepath/abc.txt");
read(fd, buf, 1024);
// 操作 buf 等
```

看到了，讀寫磁碟檔案其實是一件很麻煩的事情，首先你需要打開一個檔案，意思是告訴作業系統「Hey，作業系統，我要開始讀取 abc.txt 這個檔案了，把這個檔案的所有資訊準備好，然後給我一個代號」，這個代號就是 6.4 節講解的檔案描述符號，只要知道這個代號，你就能從作業系統中獲取關於這個代號所代表檔案的一切資訊。

現在你應該看到了，操作檔案要比直接操作記憶體複雜，根本原因就在於磁碟的定址方式與記憶體的定址方式不同，以及 CPU 與外部設備之間的速度差異。

對記憶體來說，我們可以直接按照位元組細微性去定址，但對在磁碟上儲存的檔案來說則不是這樣的。一般來說，磁碟上儲存的檔案是按照區塊（block，一區塊有多個位元組）的細微性來定址的，此外 CPU 與磁碟之間的速度差異太

大，因此必須先把磁碟中的檔案讀取到記憶體中，然後在記憶體中按照位元組細微性來操作檔案內容，如圖 6.28 所示。

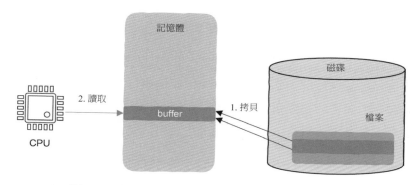

▲ 圖 6.28 與讀寫記憶體相比，操作檔案內容相對複雜

因為直接操作記憶體很簡單、很方便，所以有的讀者想我們有沒有辦法像讀寫記憶體那樣去讀寫磁碟檔案呢？

答案是肯定的。

6.5.1　檔案與虛擬記憶體

對在使用者態程式設計的程式設計師來說，記憶體在他們眼裡就是一段連續的空間。

巧了，磁碟上儲存的檔案在程式設計師眼裡也存放在一段連續的空間中，如圖 6.29 所示。有的讀者會說檔案其實可能是在磁碟上離散存放的。注意，我們在這裡只從檔案使用者的角度來講。

▲ 圖 6.29　在使用者看來檔案連續地存放在磁碟上

那麼這兩段空間有沒有辦法連結起來呢？

答案是肯定的。怎麼連結呢？

答案是透過虛擬記憶體。你猜對了嗎？

虛擬記憶體這個概念幾乎貫穿了全書，我們已經講解過很多次，虛擬記憶體的目的是讓每個處理程式都認為自己獨佔記憶體，在支援虛擬記憶體的系統上，機器指令中攜帶的是虛擬位址，但在虛擬位址到達記憶體之前會被轉為真正的實體記憶體位址。

既然處理程式看到的位址空間是假的，那麼一切都好辦了，既然是假的，就有「動手腳」的操作空間。

檔案的概念可以讓使用者認為其儲存在一段連續的磁碟空間中，既然這樣，我們就可以直接把這段空間映射到處理程式的位址空間中，如圖 6.30 所示。

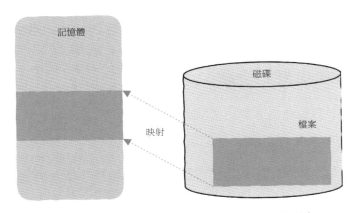

▲ 圖 6.30 把檔案映射到處理程式位址空間中

假設檔案長度是 200 位元組，我們把該檔案映射到處理程式的位址空間中，假設放到了位址 600~800 中，你可以在這段位址空間中按照位元組細微性來操作檔案，也就是說當你直接讀寫 600~800 這段位址空間中的記憶體時，實際上就是在操作磁碟檔案，你可以像直接讀寫記憶體那樣來操作磁碟檔案。

聽上去很神奇，這一切是怎麼做到的呢？

6.5.2　魔術師作業系統

這一切都要歸功於作業系統。

當我們第一次讀取 600~800 這段位址空間時，可能會因為與之對應的檔案沒有載入到記憶體中而出現缺頁中斷，此後 CPU 開始執行作業系統中的中斷處理函式，在該過程中會發起真正的磁碟 I/O 請求，將檔案讀取到記憶體並建立好虛擬記憶體到實體記憶體之間的連結，此後程式就可以像讀取記憶體一樣直接讀取磁碟內容了。

寫入操作也很簡單，使用者程式依然可以直接修改這塊記憶體，作業系統會在背後將修改內容寫回磁碟。

現在你應該看到了，即使有了 mmap，我們依然需要真正的讀寫磁碟，只不過這一過程是由作業系統發起的並借由虛擬記憶體對上層使用者隱藏起來了。對使用者態程式來說，「看起來」我們可以像讀寫普通記憶體那樣直接讀寫磁碟檔案，如圖 6.31 所示。

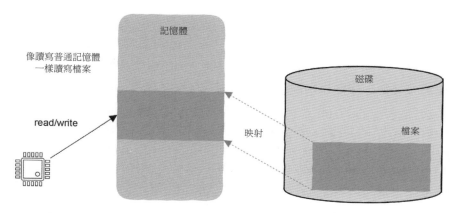

▲　圖 6.31　像讀寫記憶體一樣讀寫檔案

現在你應該明白 mmap 是什麼意思了吧？

接下來問題就是，mmap 有什麼好處呢？既然我們有 read/write 這樣的函式為什麼還要使用 mmap 呢？

6.5.3 mmap vs 傳統 read/write 函式

我們常用的 I/O 函式，如 read/write 函式，其底層涉及系統呼叫，另外，使用 read/write 函式讀取檔案時需要將資料從核心態拷貝到使用者態，寫入資料時需要再從使用者態拷貝到核心態。顯然，這些都是有銷耗的，如圖 6.32 所示。

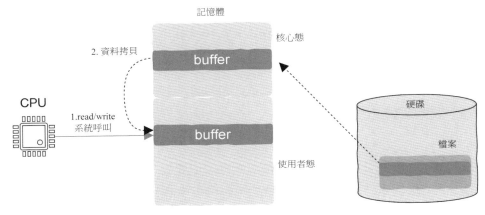

▲ 圖 6.32 read/write 函式涉及系統呼叫和資料拷貝

mmap 則無此問題，以 mmap 讀寫為基礎入磁碟檔案時不會招致系統呼叫和記憶體拷貝的銷耗。但 mmap 也不是完美的，核心中需要有特定的資料結構來維護處理程式位址空間與檔案的映射關係，這當然是有性能銷耗的。除此之外還有缺頁問題（page fault），當然缺頁中斷是有必要的，當出現缺頁中斷時對應的中斷處理函式會把檔案真正載入到記憶體。

顯然，缺頁中斷也是有銷耗的，而且不同的核心會有不同的實現機制，因此我們不能肯定地說 mmap 在性能上就是比 read/write 函式更好。這要看在具體場景下，read/write 函式的系統呼叫加上記憶體拷貝的銷耗與 mmap 方法相比哪個更小，銷耗小的一方將展現出更優異的性能。

還是那句話，談到性能，單純的理論分析有時並不好用，需要以真實的場景為基礎進行測試才能有結論。

6.5.4 大檔案處理

到目前為止，大家對 mmap 最直觀地理解是可以像直接讀寫記憶體那樣來操作磁碟檔案的，這非常方便。此外 mmap 與作業系統中的虛擬記憶體密切相關，這就為 mmap 帶來了一個很有趣的優勢。

這個優勢在於處理大檔案的場景，這裡的大檔案指的是大小超過實體記憶體的檔案在這種場景下，如果你使用傳統的 read/write 函式，那麼你必須一塊一塊地把檔案搬到記憶體，處理完檔案的一小部分再處理下一部分，如果不慎申請過多記憶體可能還會招致 OOM killer，同時，如果需要隨機存取整數個檔案那麼會比較麻煩。

但如果用 mmap 情況就不一樣了，借助虛擬記憶體，只要你的處理程式位址空間足夠大，就可以直接把整個大檔案映射到處理程式位址空間中，即使該檔案大小超過實體記憶體也沒有問題，根據你呼叫 mmap 時傳入的參數，如 MAP_ SHARED，對映射區域的修改將直接寫入磁碟檔案，這時系統根本不會關心你操作的檔案是否比實體記憶體大。如果使用 MAP_ PRIVATE，則表示系統要為你真正分配記憶體，這時實體記憶體加上交換區的總和就比較關鍵了，你操作的檔案數不能超過這個總和太多，否則會導致記憶體不足。

不管怎樣，利用 mmap 你可以在有限的實體記憶體中處理超大檔案，至於系統如何騰挪記憶體，這一點程式設計師不需要關心，虛擬記憶體系統都幫我們處理好了。mmap 與虛擬記憶體的結合可以讓我們在處理大檔案時簡化程式設計，尤其針對需要隨機讀寫的場景，但這種方法在性能上是否優於傳統的 read/write 方法則無定論，還是那句話，如果你關心性能的話則需要以真實的應用場景為基礎進行測試。

使用 mmap 處理大檔案要注意一點，如果你的系統是 32 位元的，處理程式的位址空間就只有 4GB，這其中還有一部分要預留給作業系統；如果你處理的檔案超過剩下的使用者態位址空間，那麼呼叫 mmap 將失敗，因為此時不足以找到一塊連續的位址空間來映射該檔案，在 64 位元系統下則不需要擔心位址空間不足的問題。

6.5.5 動態連結程式庫與共用記憶體

假設有一個檔案，很多處理程式的執行都相依它，而且有一個特點，那就是這些處理程式以唯讀（read-only）的方式相依於此檔案。你一定在想，這麼神奇？很多處理程式以唯讀的方式相依此檔案，有這樣的檔案嗎？

答案是肯定的。這種檔案就是第 1 章講解的動態連結程式庫。

我們知道靜態連結會把函式庫的內容拷貝到最終的可執行程式中，假設你寫的程式本身只有 2MB，卻相依了一個 100MB 的靜態程式庫，如果你使用到了這個靜態程式庫中所有的程式，那麼最終生成的可執行程式可能有 102MB，儘管你的程式本身只有 2MB。

如果有 10 個程式相依該靜態程式庫，那麼生成的 10 個可執行程式中僅靜態程式庫的部分就將近 1GB，但這些程式中靜態程式庫的部分是重複的，而且當這 10 個可執行程式都載入到記憶體中執行時期也會浪費記憶體的儲存空間。

動態連結程式庫可以解決這個問題。

依然假設你寫的程式本身只有 2MB，相依了一個 100MB 的動態連結程式庫，那麼最終生成的可執行程式可能有 2MB，無論有多少程式相依此動態連結程式庫，可執行程式本身都不會包含該函式庫的程式和資料，最棒的是所有相依該函式庫的程式載入到記憶體中執行起來後可以共用同一份動態程式庫，這不但節省了磁碟空間而且節省了記憶體空間，讓有限的記憶體可以同時執行更多的處理程式，是不是很酷？

現在我們已經知道了動態連結程式庫的妙用，那動態連結程式庫和 mmap 又有什麼連結呢？

不是很多處理程式都相依於同一個動態連結程式庫嗎？可以用 mmap 將其直接映射到各個依賴該函式庫的處理程式位址空間中，儘管每個處理程式都認為自己的位址空間載入了該函式庫，但實際上在實體記憶體中這個函式庫只有一份，如圖 6.33 所示。

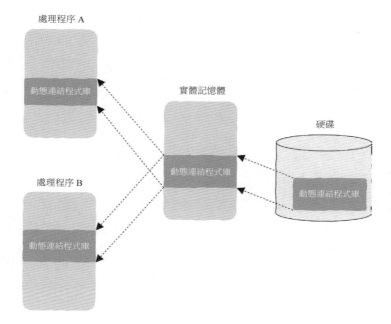

▲　圖 6.33　將動態連結程式庫映射到各個處理程式的位址空間中

mmap 就這樣很神奇的和動態連結程式庫聯動起來了。

6.5.6　動手操作一下 mmap

為了讓大家更直觀地感受一下 mmap 與動態連結程式庫的連結，這裡用一個實際的例子來講解。

我們用到的工具是 strace 命令，這個工具能告訴我們程式啟動的很多秘密，因為它會列印程式執行過程中涉及的所有系統呼叫。

在 Linux 下 ls 恐怕是最常用的程式了，這個程式用來列印目前的目錄下都有哪些檔案。我們使用 strace 命令來追蹤一下 ls，得到的輸出結果如圖 6.34 所示。

```
1    $ strace ls
2    execve("/bin/ls", ["ls"], [/* 19 vars */]) = 0
3    brk(NULL)                               = 0x18fa000
4
5    ...
6
7    open("/etc/ld.so.cache", O_RDONLY|O_CLOEXEC) = 3
8    fstat(3, {st_mode=S_IFREG|0644, st_size=36768, ...}) = 0
9    mmap(NULL, 36768, PROT_READ, MAP_PRIVATE, 3, 0) = 0x7fd18fd97000
10   close(3)                                = 0
11
12   open("/lib/x86_64-linux-gnu/libselinux.so.1", O_RDONLY|O_CLOEXEC) = 3
13   read(3, "\177ELF\2\1\1\0\0\0\0\0\0\0\0\0\3>\0\1\0\0\0260Z\0\0\0\0\0\0"..., 832) = 832
14   fstat(3, {st_mode=S_IFREG|0644, st_size=130224, ...}) = 0
15   mmap(NULL, 2234080, PROT_READ|PROT_EXEC, MAP_PRIVATE|MAP_DENYWRITE, 3, 0) = 0x7fd18f7d0000
16   ...
17   close(3)                                = 0
18
19
20   open("/lib/x86_64-linux-gnu/libc.so.6", O_RDONLY|O_CLOEXEC) = 3
21   read(3, "\177ELF\2\1\1\3\0\0\0\0\0\0\0\0\0\3>\0\1\0\0\0P\t\2\0\0\0\0\0"..., 832) = 832
22   fstat(3, {st_mode=S_IFREG|0755, st_size=1868984, ...}) = 0
23   mmap(NULL, 3971488, PROT_READ|PROT_EXEC, MAP_PRIVATE|MAP_DENYWRITE, 3, 0) = 0x7fd18f400000
24   ...
25   close(3)                                = 0
26
27   ...
```

▲ 圖 6.34 用 strace 命令追蹤 ls 得到的輸出結果

列印的內容比較多，這裡已經做了部分刪減，不要被這些內容嚇到，我們忽略掉前幾行，從第 7 行開始看。

在第 7 行打開了一個叫作 ld.so.cache 的檔案，這裡面儲存的就是動態連結程式庫在磁碟上的路徑，連結器根據這個檔案的資訊即可找到需要的動態連結程式庫。在第 9 行利用 mmap 將該檔案映射到了 ls 的位址空間中，注意 open 傳回的檔案描述符號是 3，mmap 倒數第 2 個參數也是 3，因此映射的是 ld.so.cache 這個檔案。

在第 12 行打開了一個叫作 libselinux.so.1 的動態連結程式庫，同樣透過 mmap 映射到了 ls 的位址空間中。

在第 20 行打開了一個叫作 libc.so.6 的動態連結程式庫，這個函式庫的作用是什麼呢？原來這就是大名鼎鼎的 C 標準函式庫，幾乎所有的程式都要相依 C 標準函式庫，寫 C 語言程式時你會 include 很多檔案，使用到很多標準函式庫函式，這些函式庫函式就是在 libc.so 中實現的。在這裡同樣用 mmap 映射到了 ls

的位址空間中，如果你用 strace 去追蹤其他程式就會發現幾乎所有程式啟動時都需要載入 libc 函式庫。

以上就是 ls 這個程式在啟動時的秘密，當把必要的動態連結程式庫載入進來後 ls 程式開始執行。

實際上，如果你用 strace 命令去追蹤一下其他程式就會發現，每個程式的啟動開始部分都差不多，幾乎每個程式都相依這裡提到的幾個動態連結程式庫，每個程式都認為自己獨佔了該函式庫，但該函式庫在記憶體中只有一份，這種實現方法極大地節省了記憶體，可以讓我們在有限的記憶體資源下執行更多處理程式，這當然也離不開作業系統中虛擬記憶體的幫助，實際上正是虛擬記憶體才使得 mmap 成為可能。

以上就是 mmap 和動態連結程式庫的典型應用場景，在 Linux 下每次啟動一個程式的背後 mmap 都幫我們完成了很多工作。

從這個範例中可以看出，如果你的應用場景和這裡類似，即有很多處理程式以唯讀的方式相依同一份資料，那麼 mmap 能極佳地滿足需求。

以上就是關於 mmap 的介紹，儘管本節講解了這一技術，但筆者也不得不承認，可能有很多程式設計師在整個職業生涯中都不會真的用到甚至接觸到它。mmap 在筆者眼裡是一種很獨特的機制，這種機制最大的誘惑在於可以像讀寫記憶體那樣方便操作磁碟檔案，這簡直就像魔法一樣，可以在一些場景下簡化程式設計。

然而，mmap 的使用還是存在著一定的門檻的，需要你對應用場景和 mmap 的機制有一個透徹的理解。此外如果你比較關注性能，那麼相比常用的 read/write 來說，mmap 是否有更好的表現則需要以真實的場景為基礎進行測試才能有結論。

到這裡，我們已經了解了 CPU、記憶體、cache 和 I/O，在本章的最後一部分我們來看一下電腦系統中各種典型操作的延遲是多少，這對系統設計和系統性能評估有著非常重要的參考價值。

6.6 電腦系統中各個部分的延遲有多少

Jeff Dean 是 Google 的工程師，還是眾多知名軟體，如 MapReduce、BigTable、TensorFlow、LevelDB 等的重要開發者，他在一次演講中展示過這樣一組統計資料，如圖 6.35 所示。

從圖 6.35 中我們可以清楚地看到，電腦系統中各種關鍵操作的延遲有多少，這是系統建造商進行方案設計與性能評估時的重要參考之一（注意，這張表格的統計時間是在 2012 年，距今已經有較長時間了，每年都對這幾個指標進行一次更新）。

當然，筆者認為這裡的資料是經驗值，以不同的處理器為基礎、不同的設定等都會得到不同的統計資料，但這並不妨礙我們用這些資料來建立對系統中各種關鍵操作延遲的認知。

在這裡我們以 Jeff Dean 的這一版統計為例來看看各項資料的對比。

L1 cache reference	0.5 ns			
Branch mispredict	5 ns			
L2 cache reference	7 ns			14x L1 cache
Mutex lock/unlock	25 ns			
Main memory reference	100 ns			20x L2 cache, 200x L1 cache
Compress 1K bytes with Zippy	3,000 ns	3 us		
Send 1K bytes over 1 Gbps network	10,000 ns	10 us		
Read 4K randomly from SSD*	150,000 ns	150 us		~1GB/sec SSD
Read 1 MB sequentially from memory	250,000 ns	250 us		
Round trip within same datacenter	500,000 ns	500 us		
Read 1 MB sequentially from SSD*	1,000,000 ns	1,000 us	1 ms	~1GB/sec SSD, 4X memory
Disk seek	10,000,000 ns	10,000 us	10 ms	20x datacenter roundtrip
Read 1 MB sequentially from disk	20,000,000 ns	20,000 us	20 ms	80x memory, 20X SSD
Send packet CA->Netherlands->CA	150,000,000 ns	150,000 us	150 ms	

▲ 圖 6.35 電腦中典型操作的延遲經驗值

首先看與 cache 和記憶體相關的幾項，存取 L2 cache 的耗時經驗值大概是存取 L1 cache 耗時經驗值的十幾倍，而存取一次記憶體的耗時經驗值則高達存取 L2 cache 的 20 倍，是存取 L1 cache 耗時的 200 倍。這些數字清楚地告訴我們與 CPU 速度相比，存取記憶體其實是很慢的，這就是為什麼要在 CPU 和記憶體之間增加一層 cache。

其次看分支預測失敗的懲罰，關於分支預測我們已經在第 4 章講解過了，現代 CPU 內部通常採用管線的方式來處理機器指令，因此在 if 判斷語句對應的機器指令還沒有執行完時，後續指令就要進到管線中。此時 CPU 就必須猜測 if 語句是否為真，如果 CPU 猜對了，那麼管線照常執行，但如果猜錯了管線中已經被執行的一部分指令就要作廢，從這裡我們可以看到預測失敗的懲罰大概只有毫微秒等級。

程式設計師都知道存取記憶體的速度比存取 SSD 的速度快，存取 SSD 的速度比存取磁碟的速度快，那麼到底能快多少呢？同樣順序讀取 1MB 資料，記憶體花費的時間為 250000ns， SSD 花費的時間為 1000000ns，磁碟花費的時間為 20000000ns。可以看到，同樣是順序讀取 1MB 資料，磁碟花費的時間是 SSD 花費的時間的 20 倍，是記憶體花費的時間的 80 倍，SSD 耗時是記憶體耗時的 4 倍。因此，在順序讀取資料時磁碟的速度並沒有我們想像的那麼慢，但磁碟的尋軌時間很長，來到了毫秒等級。當我們隨機讀取磁碟資料時很有可能會招致磁碟尋軌，這也是很多高性能資料庫採用「追加」，即順序寫入的方式來向磁碟寫入資料的原因。

6.6.1　以時間為度量來換算

從圖 6.35 中可以看到，電腦世界的時間是非常快的，人類對毫微秒、微秒、毫秒等單位可能沒有太多概念，為了能讓大家更加直觀地感受速度差異，我們依然以圖 6.35 為例，並且把電腦世界中的 0.5ns 當作 1s 來換算一下，如圖 6.36 所示。

```
L1 cache reference                               0.5 ns        1    s
Branch mispredict                                  5 ns        10   s
L2 cache reference                                 7 ns        14   s
Mutex lock/unlock                                 25 ns        50   s
Main memory reference                            100 ns        3    min
Compress 1K bytes with Zippy                   3,000 ns        90   min
Send 1K bytes over 1 Gbps network             10,000 ns        5    hour
Read 4K randomly from SSD*                    150,000 ns        3    day
Read 1 MB sequentially from memory           250,000 ns        5    day
Round trip within same datacenter            500,000 ns        10   day
Read 1 MB sequentially from SSD*           1,000,000 ns        20   day
Disk seek                                 10,000,000 ns        200  day
Read 1 MB sequentially from disk          20,000,000 ns        1    year
Send packet CA->Netherlands->CA          150,000,000 ns        7    year
Physical system reboot               120,000,000,000 ns        5600 year
```

▲ 圖 6.36 將 0.5ns 當作 1s 來換算

現在就很有趣了，假設 L1 cache 的存取延遲為 1s，那麼存取記憶體的延遲就高達 3min；從記憶體中讀取 1MB 資料需要花費 5day，從 SSD 中讀取 1MB 需要花費 20day，從磁碟中讀取 1MB 資料需要花費高達 1year 的時間。

更有趣的是，假設電腦重新啟動的時間為 2min，如果將 0.5ns 當作 1s 的話，2min 就相當於 5600year，中華文明上下五千年，大概就是這樣一個尺度，在 CPU 看來電腦重新啟動就是這麼慢。

6.6.2 以距離為度量來換算

以上是以時間維度為基礎來換算的，接下來我們以距離維度為基礎再來換算一下，將 0.5ns 當作 1m，換算結果如圖 6.37 所示。

```
L1 cache reference                               0.5 ns          1       m
Branch mispredict                                  5 ns          10      m
L2 cache reference                                 7 ns          14      m
Mutex lock/unlock                                 25 ns          50      m
Main memory reference                            100 ns          200     m
Compress 1K bytes with Zippy                   3,000 ns          6       km
Send 1K bytes over 1 Gbps network             10,000 ns          20      km
Read 4K randomly from SSD*                    150,000 ns          300     km
Read 1 MB sequentially from memory           250,000 ns          500     km
Round trip within same datacenter            500,000 ns          1000    km
Read 1 MB sequentially from SSD*           1,000,000 ns          2000    km
Disk seek                                 10,000,000 ns          20000   km
Read 1 MB sequentially from disk          20,000,000 ns          40000   km
Send packet CA->Netherlands->CA          150,000,000 ns          300000  km
Physical system reboot               120,000,000,000 ns          240000000 km
```

▲ 圖 6.37 將 0.5ns 當作 1s 來換算

　　CPU 存取 L1 cache 的延遲為 0.5ns，假設在這個時間尺度下我們能行走 1m，這大概就是你在家裡走兩步開門拿一個快遞的距離。

　　在 CPU 存取記憶體的延遲裡我們可以行走 200m，大概是你出門去便利商店的距離。

　　在 CPU 從記憶體中讀取 1MB 資料的延遲裡我們可以行走 500km，大概是從北京到青島的直線距離。

　　網路資料封包在資料中心內部走一圈的延遲可以讓我們行走 1000km，大概是從北京到上海的直線距離。

　　從 SSD 中讀取 1MB 資料的延遲可以讓我們行走 2000km，大概是從北京到深圳的距離。從磁碟中讀取 1MB 資料的延遲可以讓我們行走 40000km，大概是圍繞地球轉一圈的距離。

　　網路資料封包從美國加州到荷蘭轉一圈的延遲可以讓我們行走 300000 km，大概是從地球到月球的距離。

　　電腦一次重新啟動的延遲可以讓我們行走 240000000 億 km，差不多是從地球到火星的距離，如圖 6.38 所示。

▲ 圖 6.38　電腦一次重新啟動的延遲與地球到火星的距離

現在你應該對電腦系統中的各種延遲有一個清晰的認知了吧？

6.7 總結

至此，我們從硬體到軟體、從底層到上層全方位了解了 I/O。

在當今的電腦系統中，CPU 並不是一個能獨立執行的元件，就馮·諾依曼架構來說，至少指揮 CPU 的機器指令，以及機器指令操作的資料要儲存在存放裝置，也就是記憶體中。CPU 要想執行機器指令就必須與記憶體進行互動，然而我們並不能保證總在程式執行起來之前就為其準備好所有資料，程式必須也能在執行過程中接收外部設備輸入的資料並進行處理，處理完畢後輸出結果，這便是 I/O 存在的目的。

同時，由於外部設備產生資料相對 CPU 執行機器指令來說是非同步的，且外部設備的速度相對 CPU 來說非常慢，因此如何高效處理 I/O 並充分利用電腦中各種速度迥異的硬體資源會產生一系列有趣的問題，利用中斷機制、DMA，同時結合作業系統的排程能力可以解決這些問題。

關於 I/O 這一部分的內容就到這裡。

時間過得可真快呀，轉眼之間我們就來到了本次旅行的終點！

在這次旅行中我們了解了程式語言到底是什麼，用高階語言撰寫的程式是怎樣一步步被轉變為機器指令的，可執行程式是如何生成的，程式是如何執行的，為什麼會存在作業系統處理程式、執行緒、程式碼協同這樣的概念，記憶體的本質是什麼，堆積區域、堆疊區域又是什麼，程式是怎樣申請記憶體的，CPU 的工作原理是什麼，為什麼會出現複雜指令集和精簡指令集，為什麼要在CPU 與記憶體之間增加一層 cache，I/O 又是怎麼回事，等等。

以上這些就是電腦系統底層的秘密。

當然，由於筆者水準有限，無法在一本書裡窮盡電腦世界裡各種有趣精彩的設計，大家可以在此基礎之上進一步了解、探索、研究，雖然在這個過程中會有迷茫、會有無助，但一切都是值得的，相信永不放棄的你終將迎來恍然大悟的那一刻，因此本書的終點也會是你新的起點。

　　當了解了更多之後，相信終有一天你會對自己所撰寫的程式和電腦系統有更深層次的理解，到那時程式將不再是一種僅看似能正確工作的東西，因為你知道每一行程式到底是如何被電腦執行的、到底會對電腦產生什麼樣的影響，你會非常確定你的程式就是能按照預期的方式來執行的，這時你會對程式設計和系統設計有更為強大的掌控力。

　　至此，就要真正和大家說再見啦，衷心感謝大家一路與筆者的相伴，同時要感謝這個行動網際網路時代，你可以透過「藍領程式設計師的荒島求生」這個公眾號找到筆者，相信我們還會再見的。

MEMO

MEMO

MEMO

MEMO

MEMO

深智數位
股份有限公司